U0165098

珍 藏 版

Philosopher's Stone Series

哲人石丛书

立足当代科学前沿

彰显当代科技名家

绍介当代科学思潮

激扬科技创新精神

珍藏版策划

王世平　姚建国　匡志强

出版统筹

殷晓岚　王怡昀

技术的阴暗面

人类文明的潜在危机

The
Dark Side
of Technology

Peter Townsend

[英]彼得·汤森——著

郭长宇 都志亮——译

姜振寰——校

 上海科技教育出版社

二十五年矢志不渝炼就"哲人石"

1998年,上海科技教育出版社策划推出了融合科学与人文的开放式科普丛书"哲人石丛书"。"哲人石丛书"秉持"立足当代科学前沿,彰显当代科技名家,绍介当代科学思潮,激扬科技创新精神"的宗旨,致力于遴选著名科学家、科普作家和科学史家的上乘佳作,推出时代感强、感染力深、凸显科学人文特色的科普精品。25年来,"哲人石丛书"选题不断更新,装帧不断迭代,迄今已累计出版150余种,创下了国内科普丛书中连续出版时间最长、出版规模最大、选题范围最广的纪录。

"哲人石"架起科学与人文之间的桥梁,形成了自己鲜明的品牌特色,成为国内科学文化图书的响亮品牌,受到学界的高度认可和媒体的广泛关注,在爱好科学的读者心中也留下了良好的口碑,产生了巨大的品牌影响力。

2018年,在"哲人石丛书"问世20周年之际,为了让新一代读者更好地了解"哲人石丛书"的整体风貌,我们推出了"哲人石丛书珍藏版",遴选20种早期出版的优秀品种,精心打磨,以全新的形式与读者见面。珍藏版出版后反响热烈,所有品种均在较短时间内实现重印,部分品种还重印了四五次之多。读者对"哲人石"的厚爱,让我们感动不已,也为我们继续擦亮"哲人石"品牌确立了信心,提供了动力。

值此"哲人石"诞生25周年之际,我们决定对"哲人石丛书珍藏版"进

行扩容,增补 8 个品种,并同时推出合集装箱的"哲人石丛书珍藏版"(25
周年特辑),希望能得到广大读者一如既往的支持。

上海科技教育出版社

2023 年 12 月 10 日

从"哲人石丛书"看科学文化与科普之关系

◇ 江晓原（上海交通大学科学史与科学文化研究院教授）

◆ 刘兵（清华大学人文学院教授）

◇ 这么多年来，我们确实一直在用实际行动支持"哲人石丛书"。我在《中华读书报》上特约主持的科学文化版面，到这次已经是第200期了，这个版面每次都有我们的"南腔北调"对谈，已经持续21年了，所以在书业也算薄有浮名。因为我们每次都找一本书来谈，在对谈中对所选的书进行评论，并讨论与此书有关的其他问题。在我们的对谈里，"哲人石丛书"的品种，相比其他丛书来说，肯定是最多的，我印象里应该超过10次，因为我们觉得这套丛书非常好。

另一个问题就是我个人的看法了，我觉得叫它"科普丛书"是不妥的，这我很早就说过了，那会儿10周年、15周年时我就说过，我觉得这样是把它矮化了，完全应该说得更大一些，因为它事实上不是简单的科普丛书。我的建议是叫"科学文化丛书"。刚才潘涛对"哲人石丛书"的介绍里，我注意到两种说法都采用，有时说科普丛书，有时说科学文化丛书，但是从PPT上的介绍文字来看，强调了它的科学文化性质，指出它有思想性、启发性，甚至有反思科学的色彩，这也是"哲人石丛书"和国内其他同类丛书明显的差别。

其他类似丛书，我觉得多数仍然保持了传统科普理念，它们被称为科普丛书当然没有问题。现在很多出版社开始介入这个领域，它们也想做自己的科普丛书。这一点上，"哲人石丛书"是非常领先的。

◆ 类似的丛书还有很多，比较突出的像"第一推动丛书"等，其中个别的品种比如说霍金的《时间简史》，和"哲人石丛书"中的品种比起来，知名度还更高。

但是"哲人石丛书"在同类或者类似的丛书里确实规模最大，而且覆盖面特别广。按照过去狭义的科普概念，大部分也可以分成不同的档次，有的关注少儿，有的关注成人，也有的是所谓高端科普。"哲人石丛书"的定位基本上是中高端，但是涵盖的学科领域包括其他的丛书通常不列入的科学哲学、科学史主题的书，但这些书我们恰恰又有迫切的需求。延伸一下来说，据我所知，"哲人石丛书"里有一些选题，有一些版本，涉及科学史，包括人物传记，其实对于国内相关的学术研究也是很有参考价值的。

"哲人石丛书"涉及的面非常之广，这样影响、口碑就非常好。而且它还有一个突出的特色，即关注科学和人文的交叉，我觉得这样一些选题在这套书里也有特别突出的表现。

刚才你提到，我们谈话里经常发生争论，我觉得今天我们这个对谈，其实也有一点像我们"南腔北调"的直播——不是从笔头上来谈，而是现场口头上来谈。我也借着你刚才的话说一点，你反对把这套丛书称为"科普"，其实不只是这套书，在你的写作和言论里，对科普是充满了一种——怎么说呢——不能说是鄙视，至少是不屑或者评价很低？

我觉得这个事也可以争议。如果你把对象限定在传统科普，这个可以接受。传统科普确实有些缺点，比如只讲科学知识。但是今天科普的概念也在变化，也在强调知识、方法、思想的内容。在这里面就不可能不涉及相关的科学和人文。当然不把这些称为科普，叫科学文化也是可以的。但是拒绝了科普的说法，会丧失一些推广的机会。

说科普大家都知道这个概念，而且大家看到科普还可以这么来做。如果你上来就说是科学文化，可能有些人就感到陌生了，这也需要普及。读者碰巧看科普看到了"哲人石丛书"，他知道这里面还有这些东西，我觉得也是很好的事。我们何必画地为牢，自绝于广大的科普受众呢。

◇ 这些年来，我对科普这个事，态度确实暧昧，刚才你说我鄙视科普，但是我科普大奖没少拿，我获得过三次吴大猷奖，那都不是我自己去报的，都是别人申报的。我一面老说自己不做科普，但一面也没拒绝领科普奖，人家给我了，我也很感谢地接受了。

我之所以对科普这个事情态度暧昧，原因是我以前在科学院工作过15年，在那个氛围里，通常认为是一个人科研正业搞不好了才去搞科普的。如果有一个人只做正业不做科普，另一个人做了同样的正业但还做科普，人们就会鄙视做科普的人。这也是为什么我老说自己不做科普的原因。

刘慈欣当年不敢让别人知道他在搞科幻，他曾对我说：如果被周围的人知道你跟科幻有关，你的领导和同事就会认为你是一个很幼稚的人，"一旦被大家认为幼稚，那不是很惨了吗?"在中国科学院的氛围也是类似的，你要是做科普，人家就会认为你正业搞不好。我的正业还不错，好歹两次破格晋升，在中国科学院40岁前就当上正教授和博导了，这和我经常躲着科普可能有一点关系，我如果老是公开拥抱科普，就不好了嘛。

我1999年调到交大后，对科普的态度就比较宽容了，我甚至参加了一个科技部组织的科普代表团出去访问，后来我还把那次访问的会议发言发表在《人民日报》上了，说科普需要新理念。

科普和科幻在这里是一个类似的事情。但咱还是说回"哲人石丛书"。刚才你说选题非常好，有特色，这里让我们看一个实际的例子。我们"南腔北调"对谈谈过一本《如果有外星人,他们在哪——费米悖论的75种解答》,书中对于我们为什么至今没有找到外星人给出了75种解答。这本书初版时是50种解答,过了一些年又修订再版,变成了75种解答。这本书是不是科普书呢?也可以说是科普书,但我仍然觉得把这样的书叫科普,就是矮化了。这本书有非常大的人文含量,我们也能够想象,我们找外星人这件事情本身就不是纯粹的科学技术活动。要解释为什么找不到,那肯定有强烈的人文色彩,这样的书我觉得很能说明"哲人石丛书"的选题广泛,内容有思想性。

◆ 我还是"中国科协·清华大学科学技术传播与普及研究中心主任",在这样一种机构,做科普是可以得到学术承认的,本身就属于学术工作和学术研究,可见科普这个概念确实发生了一些变化。

当然,严格地界定只普及科学知识,这个确实是狭义的。如果说以传统的科普概念看待"哲人石丛书"是矮化了它,那我们也可以通过"哲人石丛书"来提升对科普的理解。今天科普也可以广义地用"科学传播"来表达,不只是在对社会的科普,在整个正规的中小学教育、基础教育、大学教育也在发生这样的变化。

◇ 有一次在科幻界的一个年会上,我报告的题目是《远离科普,告别低端》,我认为如果将科幻自认为科普的一部分,那就矮化了。我这种观点科幻界也不是人人都赞成,有的人说如果我们把自己弄成科普了,我们能获得一些资源,你这么清高,这些资源不争取也不好吧?科普这一块,确实每个人都有自己的看法和想法。

总的来说,传统科普到今天已经过时了,我在《人民日报》上的那篇文章标题是《科学文化——一个富有生命力的新纲领》(2010.12.21),我陈述的新理念,是指科普要包括全面的内容,不是只讲科学中我们听起来是正面的内容。

比如说外星人，我们国内做科普的人就喜欢寻找外星人的那部分，人类怎么造大望远镜接收信息，看有没有外星人发信号等。但是他们不科普国际上的另一面。在国际上围绕要不要寻找外星人有两个阵营，两个阵营都有知名科学家。一个阵营认为不要主动寻找，主动寻找就是引鬼上门，是危险的；另一个阵营认为应该寻找，寻找会有好处。霍金晚年明确表态，主动寻找是危险的，但是我们的科普，对于反对寻找外星人的观点就不介绍，你们读到过这样的文章吗？我们更多读到的是主张、赞美寻找外星人的。这个例子就是说明传统科普的内容是被刻意过滤的，我们只讲正面的。

又比如说核电，我们的科普总是讲核电清洁、高效、安全，但是不讲核电厂的核废料处理难题怎么解决。全世界到现在都还没有解决，核废料还在积累。

我认为新理念就是两个方面都讲，一方面讲发展核电的必要性，但是一方面也要讲核废料处理没有找到解决的方法。在"哲人石丛书"里有好多品种符合我这个标准，它两面的东西都会有，而不是过滤型的，只知道歌颂科学，或者只是搞知识性的普及。对知识我们也选择，只有我们认为正面的知识才普及，这样的科普显然是不理想的。

◆ 确实如此。我自己也参与基础教育的工作，比如说中小学课标的制定等。现在的理念是小学从一年级开始学科学，但有一个调查说，全国绝大部分小学的科学教师都不是理工科背景，这是历史造成的。而另一方面，我们现在的标准定得很高，我们又要求除了教好知识还要有素养，比如说理解科学的本质。科学的本质是什么呢？"哲人石丛书"恰恰如你说的，有助于全面理解科学和技术。比如说咱们讲科学，用"正确"这个词在哲学上来讲就是有问题的。

◇ 我想到一个问题,最初策划"哲人石丛书"的时候,有没有把中小学教师列为目标读者群?潘涛曾表示:当时可能没有太明确地这么想。当时的传统科普概念划分里,流行一个说法叫"高级科普"。但确实想过,中小学老师里如果是有点追求的人,他应该读,而且应该会有一点心得,哪怕不一定全读懂。潘涛还发现,喜欢爱因斯坦的读者,初中、高中的读者比大学还要多。

◆ 我讲另外一个故事,大概20年前我曾经主编过关于科学与艺术的丛书,这些书现在基本上买不到了,但是前些时候,清华校方给我转来一封邮件,有关搞基础教育的人给清华领导写信,他说现在小学和中学教育强调人文,那么过去有一套讲艺术与科学的书,这套书特别合适,建议再版。学校既然把邮件转给我,我也在努力处理,当然也有版权的相关困难。我们的图书产品,很多都没有机会推广到它应有的受众手里,但实际需要是存在的。我觉得有些书值得重版,重新包装,面向市场重新推广。

◇ 出版"哲人石丛书"的是"上海科技教育出版社",这样的社名在全国是很少见的,常见的是科学技术出版社,上海也有科学技术出版社。我们应该更好地利用这一点,把"哲人石丛书"推广到中小学教师那里去,可能对他们真的有帮助。

也许对于有些中小学教师来说,如果他没有理工科背景,"哲人石丛书"能不能选择一个系列,专门供中小学现在科学课程教师阅读?选择那些不太需要理工科前置知识的品种,弄成一个专供中小学教师的子系列,那肯定挺有用。

◆ 不光是没有理工科背景知识的,有理工科背景知识的也同样需要,因为这里面还有大量科学人文、科学本质等内容,他们恰恰是最需要理解的。但是总的来说,有一个这样特选的子系列,肯定是值得考虑的事情,因为现在这个需求特别迫切。

（本文系 2023 年 8 月 13 日上海书展"哲人石——科学人文的点金石"活动对谈内容节选）

对本书的评价

◇

我们期冀技术使我们更安全,但如果事实并非如此呢?《技术的阴暗面》全面、细致地列举了技术呈现的危险。此书传达的信息是:收到预警的人有备无患。我将此书强烈推荐给在现代生活中使用和管理各类检验标准的人。

——约翰·奥康纳(John O'Connor)教授,
澳大利亚纽卡斯尔大学

◇

此书匠心独运,呈现技术带来的潜在危害和负面影响,语言风趣,又传达一线生机。既有饱含洞察力的新想法,又有大多数人尚未给予充分重视的问题的解决办法,这些问题甚至可能毁灭人类。此书行文独特,纵横交错于通信、信息处理、医药、农业,甚至社会孤立等我们未能认识到的技术的阴暗面。

——叶卡捷琳娜·鲍里索娃(Ekaterina Borisova)博士,
保加利亚科学院电子学院

◇

汤森的结论或许令人不悦,但又无法逃避:技术已经发展到危及整个文明的地步。此书和40年前罗马俱乐部发布的报告具有同等重要性,全球决策者均应认真学习。

——塞巴斯蒂安·哈伦斯莱本(Sebastian Hallensleben)博士,
Solysis公司

内容提要

技术进步与其阴暗面如影随形,好的主意和意愿也会产生不良结果。技术的众多不良结果有的引人发笑,有的荒诞至极,有的甚至会危及人类的生存。对有些人来说,发展可能是正面的;但对于其他人(例如老年人和经济较为贫困的人群)来说,可能产生负面影响,造成社会孤立。伴随着更快的电子仪器和计算机大幅缩短数据和知识的存储时间,进步如昙花一现,例如,文件、数据和照片在一代人时间内将不可读取。这还将在全球范围内摧毁过去的语言和文化。技术进步涉及科学和生活的各个领域,如生物、医药、农业、交通、电子、计算机、长距离通信、全球经济。对技术的依赖使得我们在某些自然事件前不堪一击,例如,强烈的太阳黑子活动可能通过摧毁卫星或者电力传输系统而彻底击溃先进社会。同样,电子和通信技术的进步使得网络犯罪和网络恐怖主义暴增。医药技术维系着我们的身体健康,但我们不能忽视其可能造成的基因突变。为了牟取利益,我们大肆破坏环境,造成物种灭绝,资源消耗殆尽。本书内容广泛,为读者呈现了技术的潜在危险和负面影响,并提醒我们,如果我们不采取行动,技术进步将危及人类生存。

作者简介

彼得·汤森(Peter Townsend),英国萨塞克斯大学工程实验物理学荣誉退休教授,马德里自治大学荣誉博士,曾因乳腺癌检测技术方面的成果入围欧盟笛卡儿研究奖。汤森的研究兴趣涵盖了发光学、光电子学、辐射剂量学、纳米科学等15个领域,曾在8个国家的学术界、工业界和国家实验室工作,发表过530余篇论文。

CONTENTS   目录

目　录

第一章

我们有生存下去的知识、毅力和决心吗？

人类是聪明而富有侵略性的物种，在所有动物中只有人类能够使用语言和书面文字将经验和技能代代相传。从燧石工具到金属、运输和电子技术，知识的传递使得技术不断进步。人类从原始的穴居社会发展到现代世界，技术已经成为人类进步的基石。技术巩固了我们在农业、生物学和医学方面所取得的巨大进步。这些成果使我们受益匪浅。多年来，在全球范围内我们过着丰衣足食、优裕富饶、互通互联的生活，寿命也在大幅延长。

所有这一切都标志着人类已经取得美好的、实质性的进展，但是技术却有其阴暗的一面，正如同样的知识既可以用于和平事业，也可以带来破坏力更大的武器、战争和压迫。我们砍木伐林，暴殄天物，荼毒生灵，为了牟取个人或集体利益，在匆忙前行中对资源消耗殆尽和对生灵的灭绝置若罔闻。我们在赖以生存的农业和渔业领域的所作所为反映我们的目光短浅，自私自利。

如果要克服自己所造成的问题，首先必须识别并认清这些问题。进步有赖于传输信息，但记录存储信息的方式正在瞬息万变，以至于过去的知识已然丢失。石雕历千年而弥新，但是互联网通信会在几分钟内丢失或被删除。我们的硬件和软件格式发展得如此之快，十年后就会过时。摄影已经发明了两个世纪，但是电子图像转瞬即逝。在农业方面，人们笃信特定的单一作物而忽略了一个可能性：有一天也许会有一场疾病彻底消灭这一作物。

计算机和通信技术的进步无疑使人类受益良多，但是它们也为网络犯罪、恶意访问电子存储数据、侵犯隐私以及战争和恐怖主义创造了机会。损坏易，弥补难。对于无法应对这些新技术的人来说，是很难克服这些缺点的。

全球化和通信技术在文化交流和信息传播或形成新的音乐风格方面，起到了非常了不起的作用，但是它们同样以前所未有的速度在摧毁古老的语言。这些语言的灭失也摧毁了以语言为载体的文化和知识。即使是快速的全球运输也有阴暗的一面，因为新的流行病可以随着人的快速流动在很短时间内广泛传播。

过于依靠先进的、相互关联的复杂技术，使我们很容易受到以前无关紧要的自然和人为事件的影响。例如，通信和电力供应故障会带来长期的混乱和无政府状态，因为文明生活完全依赖于它们，所有主要发达国家都面临着这一人为现象的风险。

本书旨在帮助人们认识到，科学和医学的进步是如何以微妙的方式改变并控制着我们的生活。只要我们取其精华去其糟粕，已经取得的进步将在未来继续普惠众生。例如，食物供应的品种和数量会不断增加，但是人类自我控制能力的缺失，会导致肥胖和许多相关疾病，这是食物易于获取的直接后果。

科学进步已经为许多发达国家的人们延长寿命、增益健康、创造财富，而在欠发达国家，人口却在呈指数级增长。如果我们要将欠发达国家和地区人们的生活条件提高到发达国家的水准，那么人们对资源和粮食的需求将超出可持续发展的负荷，这必将招致诸多纷争。然而欠发达国家改善物质条件的需求是合情合理的。

人口过剩和粮食短缺在不知不觉中加剧,但是还有许多其他灾害情景可能会迅速且不可预测地发生。它们甚至可能在不久的将来就会发生,与我们正在享受的进步一样,它们都是我们过于依赖和痴迷技术进步的结果。

我们都喜欢看灾难电影,因此在第二章中我将描绘一个电影剧本,以说明与过去几代人无关的自然事件和经常发生的事件,有着消灭技术先进的社会的可能性。我们有预测此类事件所需的知识,并可以未雨绸缪,以求生存。因此,我将就采取哪些行动提出建议。如果我们不作好准备,或许不会造成人类的灭绝,但是很容易摧毁许多发达国家。

如果有足够的信息、数据、知识和理解能力,就可以克服未来的许多困难,但是现有的知识和数据在新的存储格式中会更快地消失。同样,我们需要认识到我们的进步是由年轻人推动的,但是他们只关注自身这一代,这意味着老年人比在非技术社会中会更加孤立。

我希望通过揭露并讨论技术产生的问题,使我们认清并试图解决它们。实际上,我们已别无选择。

第二章

技术与生存——二者可以兼得吗？

灾难电影情形

在我们生活的分分秒秒、方方面面，从能源到食物、运输、通信和知识，文明取决于科学和技术。我们需要技术才能生存，没有它，我们的文明就会分崩离析。在许多方面我们都非常脆弱，而产生灾难的种子就有可能在这些方面生根发芽。我将重点介绍其中的一部分，但是为了确定所存在的问题的"特色"，我将首先分析一下如果世界大部分地区突然发生长时间电力故障，将会产生怎样的社会混乱，甚至会造成家破人亡。要知道，在当今社会几乎所有的系统都依赖于电。

我们的第一反应，可能只是担心失去必须依赖的先进的电子设备和具有计算能力的设备。当然这一损失将是惨重的，但是实际上它只是全球灾难的一小部分。显然，这就是灾难电影情节的精髓。唯一的区别是，在电影版本中，在最后一刻会有能力超凡、英俊而聪明绝顶的科学家跳出来拯救世界。

现实世界可就截然相反了。一些科学家可能外形迷人，但是真正能找到一位能力超凡的科学家则难若登天，而且在我设定的场景中，人类是在劫难逃的。我将为我的电影情节选择一个非常现实、可行又极有可能的原因。我所担忧的以及我所挑选的这种有潜在危险的原因，并不是说它是不太可能发生的，相反，它是大势所趋。只是灾难的严重程度是不可预测的，所以我可以有两个版本的电影情节：一个是灾难在人类控制能力以内，另一个是人类在劫难逃。大多数成功的灾难电影都有续集，但是在我设定的场景中，其中一个或两个都可能发生。

如果我只考虑一个现实主义的灾害剧本，就可能忽略真正的重大事件，例如造成恐龙和大多数其他物种灭绝的大型陨石撞击。这些重大事件的破坏力摧枯拉朽，它们已然发生，而且可能再度来袭。在这些事件中，人类生存的机会渺茫，以至于我们束手无策，只能坐以待毙。好消息是这些大灾难极为罕见。

更有趣的考量因素，以及应该准备的考量因素，都是重大灾难，或者基于现有条件和事件在可预见的未来必然会发生的危险。人类桀骜不驯、自私自利，所以我们倾向于认为，由于我们拥有一个高度发达的社会，并且已经存活了几万年，我们能够不断地克服自然灾害。乐观是好的，但从务实的观点来看，过于乐观反而适得其反，正因为我们过于依赖先进的技术，我们的文明更有可能被灾难所摧毁，而灾难对于前几代人来说只是次要的。这些不是科幻类型的场景（例如外星人或怪物），因为有足够数量的现象证明，技术已经成为阿喀琉斯之踵*，这是唯一致命的要害。

谁会受伤？

我选择了一个自然事件，虽然它很常见，但对人类的生存来说完全不重要，而且在我们完全依赖电子产品之前，这一自然事件并没有任何

---

* 阿喀琉斯之踵，原指阿喀琉斯的脚踵，唯一未浸入冥河水的地方。现用来比喻致命的弱点。——译者

危险。第一个危险的迹象发生于19世纪50年代和20世纪20年代,当时雷电风暴破坏了电气系统。不过并未伤筋动骨,因为它们只是破坏了本地独立的简单的电气设备。事实上,我怀疑在现代计算机、移动电话和互联网尚未普及的30年前,这一事件对人类也无甚大碍。虽然这些都是构成日常生活的关键要素,但是我们所有的人都无力反抗。这意味着我描绘的电影情节的神话色彩不够浓厚,只是概述了一个非常严重的潜在灾难。不过这一灾难尚未发生,而且我们能够认识自身的脆弱性,进而可以未雨绸缪地作出适当的防御准备,以尽量减少损害。

因此,生活在高科技地区的人们可能会面临风险,而处于欠发达地区的人们则不会立即感受到雷电风暴造成的损害。

反面角色

危险背后的反面角色就是太阳。它为我们提供了光热形式的能量,因此也是生命之源。太阳能量来源是一个巨大的核反应堆,其中含有极高温的等离子体,一层非常热的电离气体在等离子体周围旋转,有时会从表面喷薄而出。我们可以用望远镜和护目镜保护眼睛不被太阳光伤害,并很容易从较暗的太阳黑子中看到在太阳表面跳跃的耀斑。不仅有太阳耀斑发出的光,而且还有大量的热电离气体不断地从表面喷出。我们关于太阳科学的研究已经很发达,所以可以解释为什么会发生这种情况,以及磁场如何将等离子体材料弯曲成环并导致太阳表面的爆炸。我们甚至知道太阳黑子的周期,大约每11年达到峰值,也知道斑点以可识别的方式在表面上扩散。对于它们的出现,我们深感欣慰,因为它们发出的热量、可见光、紫外线和X射线,对于地球大气的运行和我们生活中的化学反应都至关重要。这对于灾难情景来说是个好消息。

太阳的表面活动会产生的电离材料耀斑抛射出大量物质(称为日冕物质抛射)。它们有点像大型火焰喷射器,因为可以看到在所有方向上发出的光(加上热量和 X 射线),而且这种火焰喷射器的燃料大多会向前移动。我的描述过于乏味,对于灾难电影来说,这并不可怕,那是因为我还没有提到事件的规模。一旦我们知道典型太阳黑子的直径与地球的大小相当,这些太阳黑子火焰喷射器就变得非常可怕了。2014 年发生的太阳黑子爆发,体积是地球的 10 倍。因此,就比作火焰喷射器而言,其规模是非常惊人的。

这种日冕物质抛射事件一直在发生,幸运的是它们具有方向性,因此大多数没有射向地球。我们在日冕物质抛射事件发生后大约 8 分钟看到来自耀斑的光线和 X 射线(它们都以光速行进),可是粒子流移动得很慢,可能在 18 小时或更长时间后才能进入地球的太阳轨道范围。与光速相比,粒子移动速度很慢,但是最高速度的粒子可以以每小时约 320 万千米的速度移动。如果它们正朝着我们前进,我们几乎无法躲过它们,但至少我们可以发出预警来试图保护我们的电子产品等。更大的耀斑产生更少的可见光,但是会导致更强烈的 X 射线爆发。中等规模的耀斑发出的光和 X 射线能量,约为太阳发射出总能量的六分之一。

太阳表面的正常温度仅约 6000 摄氏度,而太阳内部是一个聚变反应堆,其温度高达 100 万摄氏度左右。以我们的度量尺度来看,驱动日冕抛射的表面磁场是巨大的,而且中等规模的耀斑比数百万个原子弹的能量还要强。遗憾的是,如此规模的数字,除了表明它们能创造大量的电力以外,目前对我们还没有别的用途。

太阳黑子似乎有一个大规模喷射的时间模式。小型喷射经常发生,大规模的爆炸发出大量的能量,平均每 100—150 年就会发生一次,而且超大规模的爆发则更少发生,几百年才发生一次。在过去,所有这些都不重要,因为唯一的明显特征是在天空中出现一些非常绚丽多彩的景象。这些景象美轮美奂,令人兴奋,而且对于迷信的人而言,这些景象预示着重大事件将要发生。我们可以把迷信放在一边不谈,但是它们肯定可以预兆潜在危险。原始部落,甚至埃及人都崇拜太阳,视太阳为生命和食物之源,对于这一现象我们多少觉得有点可笑。然而,他们正是那些永远不会直接受到这一事件影响的人,也是认为太阳不可能有黑点区域的人。

我们现在需要担心的是我们的电子设备,而不是宗教预兆,因为 X 射线和带电粒子(离子)可以摧毁电子设备。所有位于大气层外的卫星都内置了敏感电子设备,即便在地球表面运行的电子和电力系统也可能面临损坏或被破坏的风险。

一旦粒子和离子到达地球表面,地球的磁场就会弯曲它们的路径;当它们撞击地球的大气层时,会激发空气中的气体。磁极附近的弯曲效果最大,从高纬度地区看,视觉效果最为明显。当离子激发大气中的氮气和氧气发出颜色时,产生的气流波浪和光线会在天空中形成涟漪。这一宏伟的光线涟漪就是北半球的北极光和南极洲上空的南极光。太阳射出的粒子和离子规模越大,能看到北极光的距离就越远。与极光相关的是直接来自太阳的 X 射线和在离子碰撞期间形成的 X 射线。即使对于中等规模的极光事件,X 射线产生的这些变化也是显而易见的,特别是在耀斑爆发时,X 射线的辐射量比正常光线的高得多。

人们一直欣赏太阳耀斑产生的奇观,但是太阳耀斑同时也有技术特征。来自离子和高能电子的电流和磁场产生的电信号,可以淹没我们电子设备处理的任何电子通信或信号。这种干扰可以发生在整个电磁波长范围内(包括微波、无线电和可见光)。因此,它们干扰移动电话、无线电、电视以及雷达的所有频率,使其发出噪声。对于直接与粒子流频率一致的电子设备,不仅电子功能会被电噪声淹没,而且粒子也有足够的能量,通过高能离子的物理冲击或通过产生大电压脉冲来物理地破坏电子元件。离子可能不重,但是它们可以以每小时几十万千米的速度行进,因此离子具有很大的动能。

物理伤害就像非常小的子弹穿过物质,因此,太空中的卫星(或宇航员)在没有被地球大气层屏蔽的环境中非常脆弱。我看过宇航员头盔的照片,可以在头盔的一侧发现有穿入的损坏痕迹,而在另外一侧发现有穿出的损坏痕迹!宇航员经常报告说他们看到粒子轨道发出的闪光穿过他们的眼睛。除了非常明显的破坏性影响之外,还会有电子损坏,因为许多结构充当天线(如无线电),更大的天线产生更大的信号,最终效果是在我们的敏感电子设备上施加高电压。例如,如果我们将电源电压连接到移动电话上,就会发生爆炸造成电话毁坏。太阳耀斑的伤害实际上可以产生同样效果!粒子轰炸期间关闭电子设备可能会有所帮助,但是无法保证系统可以在之后重新被激活。

卫星崩溃和空中交通

我将从一个中等规模的非常可能发生的(或者根据许多人的说法,肯定会发生)灾难电影情节开始。我们暴露最多的电子设备是在太空中绕行的数百颗卫星上,它们不受地球大气层和磁场的任何保护。它们对于在地球上传输信号进行远程通信、GPS(全球定位系统)、电视频道、银行信用卡交易以及一部分互联网和移动电话网络是至关重要的。它们也是雷达监视和军事预警系统的支柱,在远程天气预报中至关重要。在欧洲,卫星为大约 8000 万家庭提供信息和娱乐,甚至大约 6600 万个网站依靠卫星运行的电缆连接。它们的建造和发射成本可能很高昂,但是仅卫星驱动的娱乐业务每年收费就大约 3000 亿美元/英镑/欧元。

因此,保护卫星是一个战略问题。至关重要的是,我们必须对太阳黑子爆发进行足够早的预警,以保护卫星免受太阳耀斑辐射以及后来到达的离子的伤害。遗憾的是,由于 X 射线以光速传播,在我们意识到辐射水平异常高之后没有足够时间关闭设备。即使我们关闭了设备的大多数功能,在确定太阳黑子活动结束后也不能保证可以重新启动它们。

人们可以在 X 射线爆发一段时间后收到预警,由于 X 射线可能对电子产品造成很大的破坏,因此预警是有价值的。人们已经意识到这种危险,而且为了收到预警,人类已经让一颗不再使用的古老卫星作为哨兵来寻找太阳释放的粒子。这颗古老卫星正在与第二个新发射的探测器(340 米深空气候观测站)串联。这两颗卫星都比我们的通信卫星更接近太阳,所以它们可以提前警告大规模粒子流的到来。

它们的位置非常有趣,因为它们位于一个叫第一拉格朗日点的地方。这个地点离地球大约 150 万千米,是一个理想的地点,可以最大限度地节约燃料。节约燃料的原因是卫星通过太阳在一个方向上的引力和地球在另一个方向上的拉力来寻求平衡。新卫星将检测到粒子,因此可以通过无线电发出警告:在 15 分钟到 60 分钟内会有粒子撞击地球,当然这两颗卫星很容易受到破坏。这也相当于古代中国在临近蒙古的地方布置的前哨,在那里,一小队小堡垒的士兵使用旗帜传达信号:入侵者正朝着中国前进。这是一项崇高的任务,因为这很可能是他们的最后一次行动。

温和的太阳黑子场景中会发生什么?

一旦系统重新启动,最直接受到卫星崩溃或位置坐标故障影响的,是那些使用自动驾驶模式的飞机驾驶员。这种危险可能是由相当小的太阳耀斑造成的,不过这种情况并非罕见。例如,2014 年 4 月,太阳耀斑阻断了太平洋部分地区的通信和 GPS 导航。在这个案例中,由于当时空中交通密度非常低,因此没有发生事故。如果在欧洲或美国东部发生同样的事件,后果不堪设想。

卫星停机和通信故障对于飞机和地面控制台之间的联络是极为关键的,因为技术改进的趋势将是导航和着陆的自动化,定位由 GPS 极为精确地控制着。因为对电子产品的过度依赖,空中交通管制人员的数量已经下降了。卫星定位错误会产生严重的着陆困难。此外,许多飞机将偏离航线,尤其是因为不再借助电子设备的导航驾驶技术不像以前那样被视为必要,而且对于许多类型的飞机而言,相关培训和手动经验也不可避免地在减少。但请注意,无论如何,军事人员在实际操作方面可能做得更好。

我们可以估计出受影响的可能规模,进而作出较为精准的猜测。每天有多达 3000 个航班从主要机场出发穿越北大西洋;此外,还有大约 30 000 个欧洲航班。北美有定期和非商业航班,目前总数约为每天 10 000 班次。对于主要的机场枢纽而言,无法使用 GPS 自动着陆功能将构成巨大的困难,特别是对于像伦敦希思罗这样的大型机场,在高峰时段大约每分钟就会降落一架飞机,困难是无法逾越的。

因此,卫星导航功能故障是重大根源性危险。对于真正的灾难电影版本,我们只需要在北欧上空添加浓厚的或黑暗的云层,或两者兼而有之(当然也不是那么罕见)。太阳耀斑造成的电子噪声将导致地面和机组之间的通信故障,因此很容易发现太阳耀斑电子噪声造成机上无线电通信发生故障。在这一级别的灾难情况中,乘客死亡人数将会飙升,而且在飞机撞击地面的地区会有更多人员伤亡。对于伦敦、法兰克福和纽约等机场而言,飞机碰撞事故很可能祸及人口稠密的城市地区。

不幸的是,我绝对不是在耸人听闻:我们不需要太阳干预就能引起空中交通流的问题,因为能够损害电子通信正常运行的设备故障

(或恐怖袭击)也会影响空中交通流。2014 年 12 月在英格兰南部的国家空中交通管制中发生了一个非常小的计算错误,导致数天的航班延误、取消,尽管有备用设施和诸多预防故障的安全功能,而且设备也没有断电。我们对中断的敏感性,由此可见一斑。这对于卫星通信故障,仅算是一个微不足道的问题,而且从安全的角度来说,处理得也很好。

卫星或控制中心的故障不仅给航空公司和乘客带来了风险,还会产生间接的财务影响,卫星通信业务每年创造的价值大约为 1 万亿美元。因此,卫星崩溃将影响整个全球经济数月或数年,直到可以建造并发射新的卫星。

从地球的视角审视这一事件

卫星功能故障同样将影响地面活动:使用信用卡进行银行交易,以及许多类型的通信和卫星导航都将失败。因此,不仅电话功能受影响,金融和其他交易都将被阻断。这会使得我们不能在商店或网上购物,而且对于许多交通系统而言,不能交费以进入桥梁、收费公路等。改进技术的另一个方面是我们现在依赖于卫星导航系统,它们已经取代了地图,许多司机不再将纸质地图作为备用。因此,如果卫星导航失败,很多人就会迷路。实际上,自从引入卫星导航技术以来,很少有人学习如何查阅地图。这只是由于依赖现代技术而造成技能丧失的一个例子。

更难预测的结果是,由于互联网、电话等与卫星系统相互连通,丢失一个分段会对剩余部分造成过载压力,很可能会出现电子交通堵塞,使所有电子通信都完全被阻断。

如果卫星能够在电磁风暴中幸存下来并且随后可以重新启动,那么整个事件可能会持续数天,然而在工业和通信领域也会产生高昂的成本。生命损失的多少主要取决于与飞机有关的灾难。总体而言,这种中等规模的太阳活动影响严重,但大多数国家都可以幸存下来。

极光和太阳黑子活动的历史

从中等规模的太阳 X 射线和日冕抛射频繁发生的例子开始,下面将重新分析更大型的太阳黑子活动对现代社会的影响。从积极的方面来说,它们将发出亮度极高、瑰丽无比的极光。1859 年,发生了巨型的太阳风暴,南至古巴(被称为卡灵顿事件,以报道这一事件的记者命名)都可以观测到这次太阳风暴引发的极光。1859 年,我们已经掌握了通过电线进行远程莫尔斯电码通信的技术。长电缆为无线电接收器充当了出色的天线系统,在后来的长波广播中是(现在仍然是)标准设备。1859 年莫尔斯电码电报电缆对大气中形成的太阳耀斑电流作出响应。电缆从大气电磁风暴中吸收能量,并沿着电缆发送高压脉冲。据电报运营商反映,产生的火花和冲击以及电浪涌都超过了电力部门提供的火花和冲击。即使对于这种原始电气系统,电磁风暴也威力无穷,使得电报线和设备无法正常工作或被破坏。

到 1921 年,发电机及其配套设备已经成为工业国家的主要动力装置,这些动力装置通常直接与其运行的设备相连,而不是与任何国家电网相连接。这么做是幸运的,因为一场中型规模的太阳黑子爆发与地球轨道相交只能导致北半球出现孤立的故障。与 1859 年一样,电报运营商报告说,美国和瑞典的电缆都产生电压过高、设备损坏和火焰现象,电报建筑被电火灾烧毁。在纽约,中央铁路信号设备被摧毁,至少有一栋楼发生火灾。总体而言,这是一次孤立事件,因为将过多的电能接入系统和充当天线的电源线和信号线相对较短,而且是互相独立的。

现代互联电网的脆弱性

现在已经无须再依赖私人发电机。世界上主要的发达地区,如北美和欧洲,在拥有各种技术(太阳能电池板、水电、风能、煤炭、天然气和核能)运行的电站中具有高度复杂的能源模式。这些区域的电网分布图看起来像复杂的蜘蛛网。功率通量在广泛的区域互连,并通过不断变化的需求和供应进行调整以优化性能。系统是敏感的,即使是一个区域的输出发生微小变化也需要仔细调整,以维持整个区域的全部功率平衡。对于可预测的日常需求,这是显而易见的,但即使 2015 年 3 月欧洲的日偏食也需要在前瞻性规划中给予考量,因为这次日偏食减少的太阳能发电量占欧洲中部发电量的 10%。发电供应会下降 5% 或 10%,而这只能通过增加其他来源的发电量来快速补偿。

在大多数情况下电网运行良好,但是没有什么是绝对可靠的,曾经多次出现由于人为错误和需求过强而导致大规模的断电事故。在过去 10 年左右的时间里,更广泛的互连性导致更多人受到断电事故的影响。在大多数情况下断电时间相对较短 (以小时为单位或不到一天),但是严重干扰了一大批人的工作生活节奏。

1999 年,巴西一个变电站遭受雷击,造成了电网崩溃等连锁反应,该电网占全国供电网络的 70%,影响了 9700 万人。巴西在 2009 年、2011 年和 2013 年遭遇了多次大规模的电力故障。2003 年,由于故障和人为错误导致大约 5000 万人受到影响。美国东北部的电力故障长达 4 天,2005 年爪哇的电力故障影响人群达 1 亿人。到目前为止,单一电力故障影响人数最多的是 2001 年印度的供电不足,殃及 2.26 亿人。回顾各种原因造成的重大事件,我要强调这样一种观点,即随着需求的不断增加,类似电力故障在未来将会多次重复出现。

电网过载的后果

上述电网故障事件的直接后果显然令人不快。人们被困在电梯里，或者如果不走下长长的楼梯，人们就无法离开高层建筑。通常，地下和其他铁路系统变成了"监狱"，在没有主电源的情况下，电力供应切断了交通控制和通信系统以及燃料泵系统，污水泵送和处理系统也同样停止运转。移动电话系统有时会幸免于难，但是由于现代手机需要相对频繁地充电，仅仅断电两天就可能产生灾难性的影响。在大多数国家，犯罪活动会利用警报失效和报警超负荷的"良机"。从财政角度来看，我所引用的短期例子——工业损失及商品供应链中断等，估计损失金额通常以数十亿为单位。可以作为财务影响参考的是，即使美国平均每位消费者每年仅遭受 9 小时的因小规模电力中断而造成的电力故障，每年的经济损失也高达 1500 亿美元。

城市神话可能有一定的现实元素。在长时间停电后，人们会被困在电梯和火车中，或没有家庭娱乐，随之 9 个月后就会出现婴儿潮。我引用的例子大多为大范围、短时间（不到一天）的电力故障。然而，对于持续数周的断电事故，婴儿潮效应可能会变得更加明显，尽管到目前为止这种长期故障主要波及小社区。

电网系统的电缆网络大多暴露在空气中，高压电力传输线搭设在塔架上。这些天线规模庞大，效率颇高。许多线路在单个链路（即非常长的天线）中的电力传输路径长达千里，而相互连接的电网布局的天线长度则更长。因此，极光事件在这种网络线路中引起的附加电压和电流大到令人错愕。虽然电源电压在欧洲是 240 伏，在北美是 110 伏，但长距离传输损耗很严重。因此，电网的工作电压高于 100 000 伏特，因为电压越高，功率损耗越小。实际数字对于这一灾难情节来说并不重要,但有些系统的电压高达 750 千伏。英国电网的高电压部分的工作电压通常为 275 千伏或 400 千伏。这一数字远远超过 240 伏,因此将此电压降低到我们日常所使用的电压极其复杂。更为复杂的是保持恒定频率(例如英国的 50 赫兹)。能够完成所有这些工作的设备非常重要且价格昂贵,所以一旦其任何部分被破坏,它就会立即对替代路径施加更高的电压。这是一项伟大的技术,但是它在电气极端过载的情况下可能会崩溃。

尽管有高质量的工程设计,但是太阳异常事件引起的电压和功率波动可能会使电网进入过载模式,由此造成的过载引起的损坏情况很多且有详尽的记录。电缆可能会熔化或弧形落地,可能导致塔架坍塌。或者,电涌可能穿过变电站,额外的电力足以烧毁变压器和频率控制电路。

在 21 世纪,电力电缆系统变得更长、更复杂,而且连通性更强,结果是即使小型太阳耀斑也会造成停电并摧毁变压器和其他设备。过去的 15 年里发生了许多事故,特别是在瑞典和加拿大等高纬度国家。这是可以预料的,因为极光效应在那里最为明显,但是真正的巨型太阳耀斑在远离两极的地方都可以观测到,它们会引起更大的电气干扰。人类已经在高纬度地区采取了一些预防措施,但是在极光干扰罕见的低纬度地区,人类还没有尝试采取足够的防耀斑干扰措施。对于电力系统相互连接的地区和国家,该系统受其电力供应链最薄弱环节的威胁。

如果庞大的网络中单个变压器发生损坏,可以通过替代路径的方式重新布局以达到修复网络的效果。如果电网的多个部分关闭,替代路径就无济于事了。这种情况曾经发生在美国,由于电网过载跳闸,美国大面积地区出现了全面停电。当多个变压器单元被摧毁时(太阳耀斑时可能会发生)会出现严重的长期问题,更换变压器单元要难得多,因为电力公司没有足够的备件(备件品种繁多,价格高昂)。因此,单个变压器损失导致的问题可能需要几个月来修复。然而，多重损失将集灾难性和长期性于一身，因为它们可能导致大范围的电力故障。在极端情况下，整个国家将没有能力生产替代品，该国将完全依赖外国供应商，这样也就容易遭受剥削或入侵。

真正的灾难情形

我描述的奇幻灾难电影场景似乎不会引起人们的注意，正如我所说，只有一个相当大规模的太阳黑子事件才能够摧毁大部分电网，而且具有足够破坏性的太阳黑子活动并不是特别罕见。与早期的大型太阳黑子事件相比，现在唯一的区别是，我们连接在一起的巨大电网系统会作为触发破坏力的天线。在地方层面，当然会发生相同类型的损坏，包括设备的破坏和一连串的电气火灾（如 1921 年及之后的事件）。之前有足够多的失败案例，现在唯一值得讨论的是，多久发生一次规模大到足以影响到国家生死存亡的太阳黑子事件。然而，这种可能性是有现实基础的，以至于欧洲和美国（因为它们纬度较高）已经开展相关研究，以评估灾难的可能规模，预测死亡人数和经济损失，以及国家恢复所需要的时间。官方报告令人不寒而栗。

美国的"官方"研究实际上比其他国家的研究更乐观。我的猜测是，这是因为就纬度和电导率（重要因素）而言，美国只有新泽西州和纽约以北的东部海岸处于重大风险之中，而且如果出现意外可以从南部和西部各州调动供应和援助。早在 20 世纪 60 年代就有人主张，如果发生核攻击，主要设施应在 8 个小时内得到修复，这种主张过于乐观，肯定与同期电网的实际情况不符。真实的情况是，纽约等城市将 24 小时以上电力全无，与可能的太阳黑子造成的电气故障相比，这类事件微不足道。

以 1859 年卡灵顿事件作为基准，并将其应用于当前的电网供应，我可以引用美国官方的一项研究，表明太阳风暴会直接影响到 2000 万—4000 万人，持续时间为 16 天到 1 或 2 年。由此造成的经济损失高达几万亿美元。现在重读这一段，想想这些平淡的文字对于真实的人意味着什么。

何时发生？

我要提醒大家，从 1859 年卡灵顿事件以来，地球上还没有发生过类似规模或更大规模的太阳耀斑事件。虽然 2012 年同样强大的太阳磁暴穿越了地球的轨道，但是若太阳磁暴早发生 9 天，地球正好处于磁暴轨迹上，那么我们将损失惨重。这些事件并不罕见，规模也正不断增强，记录显示地球大约每 100—150 年就有一次如此规模的磁暴。现在已经知道曾发生过更大的太阳耀斑，因为它们在冰盖中留下了化学特征。大的磁暴可能 500 年发生一次，因为它们属于随机事件，所以即使说其平均每 100 年发生一次也可能会产生误导，在更短时间内发生几次也不无可能。尽管如此，1859 年已经过去了一个多世纪，所以新的太阳离子轰炸的可能性正在急剧上升，这个领域的专家认为，下一次大型太阳离子风暴在几年内发生的可能性为 10%，到 21 世纪末为 100%。

美国进行的研究的另一个不幸特点是，大部分数据和评估结果尚未向公众公布。这可能意味着分析中所使用信息的机密性是分类的，因为它可能暴露出弱点或成为潜在恐怖主义攻击的目标，或者，不公布数据是为了避免大众的恐惧和焦虑。

非常不受欢迎的结论是，真正的灾难情景要么在我们的生命中来临，要么非常可能在下一代人的生命中来袭。我们需要认真看待我们对电子产品的热爱以及太阳耀斑危险的潜在后果。从配电线路开始，即使电路故障仅持续几天,也要立即行动,确保电力系统可以继续运转。维修所需的资金虽然不算庞大,但值得忧虑的是,由于短期经济原因没有哪个电力公司会有足够的资金投入其中。还有一个问题是,有些国家发电和配电由不同的公司经营,他们认为维护设备正常和相关费用的支出是对方的责任。合乎逻辑的建议是,资金应由政府提供,因为电力网络的崩溃将席卷全国,民用和军用设施无一幸免。

美国估计如果停电的持续时间超过几天(如过去 10 年在许多国家所发生的那样),每次停电的损失和保险索赔的成本就会高达数十亿美元。到目前为止,所有电力故障事件都是局部性的或轻微的,它们主要是由于人为错误和设备故障造成的,而不是来自太阳耀斑活动等自然事件。更严重的停电事件(比如停电一个月),根据总体结果和死亡人数的不同,电力损失预计可达到数万亿美元。与 1859 年相当的重大事件足以令像英国这样的国家彻底崩溃。因此,我认为中央政府应当优先考虑采取措施保护电力网络。电网的崩溃将比我们过去经历的任何事件都更具有灾难性,将使军事和民事陷入前所未有的混乱之中。

有多严重?

令此类灾难情景雪上加霜的关键因素,是天气状况和季节。对于北美东部地区,蒙特利尔和魁北克市 1 月份平均气温可分别低至 -9℃ 和 -13℃,而纽约则较温暖,为 -3℃。因此,即使是短至 16 天的电力故障也会给供暖和生存带来难以置信的困难。由于没有照明和交通控制,大城市将陷入困局,人们将惊惶不安并试图逃离城市。在交通堵塞的城市中,火灾是不可避免的(如 1921 年等),因为处理火情是非常困难的。缺乏抽水的能力势必会使火情失控,而这无异于火上浇油。

　　伦敦大部分地区曾在1666年的大火中被摧毁,我们认为现在这种情况不太可能发生,因为那时的房屋大多是木制的。然而,"9·11恐怖袭击事件"的例子表明,即使是现代化的摩天大楼也可以迅速沦为人间地狱。在任何一个主要城市,由太阳耀斑引起的极光所造成的电压脉冲会引发火灾,进而引发混乱,造成大规模破坏和生命损失。

　　火灾危险不局限于城市和变电站或发电机,将能量输送到任何可能地点的横跨乡村的铁塔或其他电缆也可能引发火灾。加拿大的例子表明,朝向塔架钢丝生长的树木是短路过量电荷的良好路径,就像雷击一样,是致使森林火灾的主要来源。因此,在极端极光条件下,森林和农田乡村,甚至城市花园,都可能成为潜在的火灾隐患。

　　城市居民将面临难以置信的风险,伤亡人数将会很高。这是他们完全依赖技术获取能源和生存所需的直接后果(更偏远的地区有可能因拥有其他替代设施而幸免于难)。然而由于无法获得医疗用品和及时治疗,产生的健康风险将是巨大的。高楼大厦变成监狱,水、电、煤气、污水和无法运作的商店或食品供应的失败意味着几天之后大多数人将缺乏水和食物,卫生将极度恶化。没有食物,我们可以存活很多天,但没有水,生命将在一周内终结。

电网故障导致更广泛的区域后果

　　上文主要讨论了大规模破坏地区,但是太阳耀斑风暴会在更广泛的地区带来轻微的故障,即使低纬度地区也不能幸免,因为在很多情况下电话和电力线路都要远距离运行。因此,它们与1859年的电报系统一样脆弱。家用设备肯定无法使用,中央工业装置可能会遇到与1859年和1921年相同的难题。

　　现如今发电站还包括太阳能电池板发电站、风力发电站和核反应堆发电站。这些发电设施大多远离城市用户，要通过能够与以过剩功率耦合的长距离网络连接，原则上，这一情况可以摧毁各个单位。在核系统面临耀斑风暴的情况下，真正不幸的事件组合可能会消除自动关闭反应堆所需的电力。从俄罗斯、日本和美国的例子可以看出，设计不合理、材料不足以及不可预测的自然事件可能导致严重的灾难。目前，某些类型的反应堆正在发生变化，因为人们已经意识到无法应对同时损失本地和外部电网电力的情况。

在乡村地区，农业仍然依赖于燃料和电力，随着集约化农业和大面积农田的不断增加，电力故障将在短期内影响粮食供应，而且波及长期种植和收获的能力，细节取决于事件发生的时间。

制造并安装替代电网设备预计可能需要数月时间，基于这一预测，可能和必要的结果是城市居民将试图迁移到乡村地区。在美国这样的大国，大规模迁移可以组织起来，但受太阳耀斑影响的人多达 4000 万人，不可避免地仍会出现混沌状态，甚至不得不引入军队来控制局面。

地球哪些区域有危险？

如果认为纽约处于遭受太阳磁暴严重打击的纬度下缘，那么从欧洲的角度来看，这意味着马德里以北的所有地区都同样脆弱。物质损害、秩序混乱、社会崩溃和彻底的国家破产将席卷整个欧洲。虽然南非发生过太阳磁暴引发的电力故障，但对此我采取了较为乐观的观点，即如果磁暴仅对纬度高于 40 度的地区（即纽约，马德里或北京北部）发生影响，那么由于南半球几乎所有国家的城市较少，南半球遭受的损失会更低。如果太阳黑子活动更加激烈，则会进一步在两个半球的低纬度地区造成灾难。

总的来说，先进文明突然发生严重崩溃的这种脆弱性，是过于依赖高技术的潜在代价。危险最初来自内部,联络缺失、食品匮乏和治安困难是主要原因,这将危及个人安全。外部因素同样令人不快,因为陷入混乱的欧洲国家将无法对幸存下来的扩张主义军事邻国的入侵,采取强有力的防御措施。我们同样是极端原教旨主义*者进行宗教征讨时的明显目标。如果我们考虑到中美洲在15世纪发生的欧洲扩张主义宗教入侵事件,那么当前欧洲世代的前景就一片暗淡。

有好消息吗?

想想许多发达国家有可能崩溃就非常令人沮丧了,但人性显然存在积极的一面,因为混乱不会对整个世界产生影响。肯定会有一些欠发达国家,以及那些设在大陆更偏远地区的独立社区,能生存下来。我认为我的答案是斩钉截铁的。毫无疑问,世界贸易和技术的格局将不可逆转地改变,总死亡人数将以数千万计。当然这只占世界总人口的一小部分。历史告诉我们,灾难造成的帝国的起起落落实际上只能促成全球权力和贸易平衡发生同等转换。因此我的积极观点是,人类将会生存下来,但权力、意识形态、工业制造和全球贸易将由试图利用因北半球工业化国家临时消亡而有隙可乘的那些国家进行争夺。

在历史上,曾经有许多国家经历过战争和瘟疫,却又东山再起。欧洲黑死病吞噬了三分之一人口的生命,引发经济和社会混乱,并造成了社会秩序的全面重组。然而,黑死病可以被视为一个积极的先例,因为尽管社会结构发生了变化,但是欧洲文明最终涅槃重生,虽然瘟疫逐渐消失,而其他疾病仍然存在于许多代人中。同样,在20世纪的两次主

---

* 原教旨主义是指这样一种宗教现象,即当感到传统的、原信仰的权威性受到挑战时,对挑战和妥协予以坚决回击,甚至用政治和军事手段表明态度。所以原教旨主义有极强的保守性、对抗性、排他性及战斗性。——译者

要战争中,死亡人数也达到了数千万,而在 1914—1918 年第一次世界大战之后,流感疫情加上流行病导致 3000 多万人死亡。当然相关国家已经恢复了元气。

特定文明的丧失源于很多原因,无论是自然事件还是战争、入侵、宗教运动,抑或"信仰改变"。每次灾难,相关地区及其前几代人的知识、技能和文化都失传了。信息和文化损失比个人的有限生命更重要,所以特别令人遗憾的是,迄今为止,最大的损害和生命损失都是人类引火自焚的结果,通常是政治或宗教战争,以及我们用技术制造了更具破坏性的武器。尽管如此,人类仍在艰难生存,继续发展。

人类显然是一个有弹性的物种,但不要指望我们会从错误中吸取教训。

知识就是力量,是生存的绝对必需

在本章中,我刚刚分析了一个中等规模的自然事件对地球上许多人来说可能造成的灾难性后果,原因正是我们所依赖的先进技术。这里想象的灾难不仅是可行的,而且在统计上是极有可能的。我担心的是,对随之而来的混乱的预测可能过于保守。太阳活动的现象并不罕见,即使在有记录的历史中也是如此。唯一的区别是现在我们很容易受到电子产品的影响。

我们拥有智慧、决心、知识和规划未来的能力。在灾难模型中,一个简单自然事件的潜在危险是清晰明了的,我们没有理由不把我们所有的技能和知识用于积极备战。这将花费大量财力和人力,但替代方案是如此重要,以至于我们必须严阵以待。未雨绸缪可能不像将人送入太空那么具有普遍的吸引力,但是为非卫星通信所做的准备工作、为电网系统更换埋地电缆和安全功能,更为重要。这种准备工作可能只在幕后进行,正如两颗正在探测太阳能粒子风暴的卫星,它们需要更便捷的地面断路器、电网备用变压器和地面光纤通信等国际性支持,而不是临时规划。有了它,我们便能够生存;没有它,我们则无法生存。

我们应该怎样看待技术?

虽然技术对人类带来许多好处,但是我们过于依赖技术,对识别技术进步带来的明显缺点总是高度盲目,而且对我们自以为是的聪明才智的意外负面特征反应迟钝。因此,在本书的其余部分中,我希望突出那些看似可取的技术所存在的不符合我们最佳利益的阴暗面。一些问题源自无知,其他问题源自贪婪和对眼前利润的渴望,以及人类固有的利用他人为个人或企业谋取利益的欲望。这些贪欲反映在我们发起战争和对他人的身体或经济的奴役中。这种模式并不新鲜。制造石斧、精良武器以及生存工具就是这样。历史冲突和现代冲突的规模和破坏性之间的唯一区别是武器更先进,宣传更到位。我们的技术进步经常因为军事目的得到资助和发展,随后的收益只是副产品。举一个微不足道的例子,很少有人意识到,使阳光变暗的变色太阳镜,是军方为防止士兵被核爆炸的闪光闪瞎眼睛的副产品。

从积极的角度来看,技术进步为我们的生活带来了无数的改善。因此,我们需要理解并深入了解我们该如何应对社会,以及各种科学和生产过程。

在知识就是力量这一共识的基础上,人类的假设是我们应该渴望学习新的想法和步骤,那么科学的进步将永远受到青睐,永远造福人类。但是这个假设的两个方面都是错误的。相当令人惊讶的是,我们非常不愿意学习新的想法,更喜欢已经熟悉的想法(即便它们是错误的)。同样,许多技术是出于商业驱动的原因而开发的,而不是为满足客户的需求才开发的。当然,如果现有技术不足,则需要新的想法,例如,扩充互联网通信的容量,因为系统不断在与使用需求的增长速度超过技术所能承受的速度这一事实作斗争。这里的选项非常有限,可以通过定价或其他限制性手段来减少使用量。

许多其他"进步"都是非必要的,目的是促进产品的销售。通常,替代商品与现有系统并不兼容,现有系统随后会变得过时。计算机和移动电话系统就是这样的例子。这不仅是不幸的,因为累积效应可能意味着大量的信息丢失,还会导致以前技能的损失。各行业较少考虑的是,这些变化有可能孤立并损害大部分人,特别是老年人和不富裕的群体。

这种损失有很多种变化形式,我打算概述损失的原因以及使我们忘记积累的技能和知识的驱动因素。我们在生活方式上的技术进步,以及我们对宗教或政治信仰的变化,都是知识和历史逐渐丧失或削弱的原因。尽管它们的变化并未引人注目或轰动一时,但却影响犹在。这方面有许多例子,从制作燧石工具的技能的丧失(因为我们不再需要),到我们不再使用纸质记录文档,不再用胶片洗出照片,因为计算机升级使我们传统的文件和存储系统变成过去式了。

贯穿本书的一个明显趋势是,技术进步越快,所记录信息的保存时间就越短。在我们大肆赞扬技术飞快进步并尽快接受技术进步的时代时,很少意识到这会令我们存储的信息被迅速遗忘。我们可能有维多利亚时代祖先的照片,甚至还保存着他们的情书,但是目前的趋势是现在使用的数字图像和通信在 20 年后可能是不可读的,我们的子孙和未来的历史学家将无法获取这些信息。

电子产品将以各种形式出现,因为它会影响许多技术,而这些技术将以前所未有的规模迅速发展。许多人已经经历了从 60 年前人们家中几乎没有电视,到 30 年前完全没有超强运算能力的计算机,再到本世纪才有移动电话的变化。这些变化发生得如此之快,以至于我们完全不知所措并对其印象深刻,我们从未考虑过如果我们被迫回到祖父母的技术世界(或更早!)会发生什么。

已经损失的过去的知识包括语言、文化、文学、艺术和音乐,以及可见的衰变和被破坏的文字记录方式。该范围非常广泛,我选择的例子是非常个人化的,但它们都符合相同的整体模式。虽然难以量化,但同等重要的是,新技术正在成功孤立并分离不同的社会阶层,并仅通过电子交流以取代人际接触。2015 年的一项调查显示,在英国 14 岁的青少年每天花 8 小时看电脑或手机屏幕,这也使得近视的年轻人数量较前一代人急剧增多。交互行为的这种变化具有极难预测的影响。更明显的是,现在的输家是老人和穷人,他们无法应付或买不起新设备,他们越来越被孤立于技术世界之外。在商业和政府利益的驱使下,年轻人固有的傲慢和乐观情绪忽视了这些问题,等我们意识到后果的严重性时,情况或许已经不可逆转了。

随后的章节中我们将探讨这些想法的某些方面以及技术进步的后果,还有那些我们未曾发现的但热衷的新物件、新玩具、“必不可少”的电子产品和迫使我们“升级”的新软件的阴暗面。

第三章

自然灾害和文明

对危险的迷恋

灾难和死亡一直是我们生活中不可或缺的一部分,我们对这两者都有一种病态的迷恋。对于娱乐,我们喜欢故事、书籍、电影和电视,特别是在剧情涉及可能的不幸、魔法、超自然力量、外星人、谋杀和死亡时。我想,心理学家有许多理论可以解释这种现象,似乎我们控制生活的能力很弱,因此喜欢听会吓到我们的潜在危险,我们乐在其中,因为我们知道所谓的危险纯属虚构。尽管我们可以被这些故事和历史深深打动,但是很少有人能从现实生活的悲剧和苦难中获得快乐。然而,有时我们必须面对潜在的不幸,特别是如果积极行动可以帮助我们生存下去,现实应该激励我们采取行动。因此,在我们对自然灾害的迷恋中,尝试将那些不可避免和我们无法控制的事件,与那些可以通过思想准备来缓解的事件分开。但是通常收效甚微。我们总认为准备工作和发现问题对我们来说太难了,这些应该是理事会或政府的分内之事;同样,经常发生的是,我们采取懒惰的选择并托辞说我们无法控制生活,或者所有事件都是上帝的意志力使然,宗教成为推脱个人责任的简单方法。

我在开篇章节中描绘了一个自然的、经常发生的事件,这一事件曾经对我们的生死存亡不太重要,但是现在其已经被置于一个截然不同的角色,因为我们生活的环境已发生了巨大转变,成为"发达"国家的技术型社会。有趣的是,卫星崩溃、电网故障和大城市沦陷对第三世界生活方式造成的损失和影响要小得多。也许,"温顺的人将继承地球"这句话有一些道理。

实际上,这是对大范围严重事件(无论是自然发生的,还是人为造成的)进行的非常基本和标准的预测,因为对于第三世界而言,给技术型国家造成损失的重大灾难将使它们进入空白的有利可图的市场。后面的章节将集中讨论农业、通信、医药、运输、技术和战争等各方面技术革新的阴暗面。在大多数情况下,可以看到我们有明显的优势(包括战争,如果我们是战胜方的话),但我们总是关注短期收益而忽视了长期危险。技术革新的阴暗面可能是全球性的,但毫无例外的是,技术革新的阴暗面对于发达国家来说,可能是最致命和最明显的。发达国家首当其冲,不仅仅是因为"发达"国家严重依赖那些不太可能在全球范围内的破坏性事件中幸免于难的技术。

这不是悲观主义,预期和前瞻性规划还是有其价值的,因为它们将帮助我们减少各种自然灾害的影响。对人类特别重要的是,除非损害事件是全球毁灭性的,否则我们需要尽一切努力保护在全世界范围内共享和传播的知识、技能和信息。这种防御策略的一个明显例子是,不能将所有信息仅存储在通过卫星通信单独访问的电子系统中,或需要电力的计算机中。第一章表明,对于中等规模的自然事件而言,即使死亡率很低,也可能造成不可逆转的知识损失和数据丢失。在个人层面上,大多数人已经经历过这样一种情况:虽然废旧电子文件可能还存在,但是它们的格式和存储系统不可用,进而无法阅读。我曾面临过这个问题,万幸的是,谨小慎微的我做了备份。尽管如此,一台计算机的备用驱动器实际上是放置在主驱动器上方的,如果其中一份卡住了、过热了,那么另一份也就毁了!(我现在使用单独的系统进行备份。)

因此,不断革新的技术产生的危险对我们所有人来说都是显而易见的,未来计算机和电子存储格式取得的进步将使问题变得更糟,而不是更好。

过去发生过许多类型的自然灾害,而且在未来很可能再次发生。它们的相似之处在于,在个人层面上它们超出了人类的控制能力范围,且它们都将毁灭我们的生活。在自然灾害面前我们无所遁形,因为我们无法预测或规避它们,而且"被迫接受"是我们生活在这个星球上乐趣的一部分。对于真正的全球性灾难,希望有些人能够活下来,如果无人幸免,不同的生命形式将取代我们。从行星的角度来看,我们已经存在了很长时间,人类社会崛起得很迅速,分崩瓦解、灰飞烟灭可能同样迅速。只有在想象中,我们才是地球的继承者和不朽的物种。在哲学意义上,恐龙也可能认为它们是最终的物种。

在地质时间尺度上发生的事件

在地质历史上,发生过多次生物灭绝事件,而且在每种情况下大多数物种都已经灭绝,但是到目前为止,总有一些生命形式存活了下来。遗传多样性魔力无限、变化无穷。这是好事,因为它允许幸存者进化以填补灭绝事件后的生态位。最熟悉和经常被引用的例子是,广泛见诸媒体的尤卡坦半岛的流星撞击事件,大约 6500 万年前它可能导致或促成了恐龙以及其他物种的灭绝。值得注意的是,在同一时代,印度次大陆正在进行激烈的火山活动,这也是物种大规模灭绝的主要原因。恐龙的体型庞大,现存恐龙的骨骼和骷髅之大超乎我们的想象。特别是对于儿童来说,恐龙是童话中龙的形象,令儿童欣喜若狂。然而,它们的消失并不是第一次大规模生物灭绝事件,当然也不会是最后一次。

在整个地球历史中,流星撞击事件经常发生;到目前为止,至少发现10个因大型的流星和其他物体撞击地球表面而造成的陨石坑,其他小型的陨石坑可能已经被覆盖或消失。就直径而言,我们所知道的10个最大的陨石坑直径至少有200千米,产生的时间在20亿—3500万年前。许多陨石坑看起来其貌不扬,但是说明了地球在近代经历了很多次巨型陨石撞击事件。事实上,我们绝对没有理由认为未来不会发生大规模的流星撞击事件,只是这类大规模事件发生的频率很低,可以认为在我们的一生中其永远不会发生。陨石撞击地球的十大影响事件中,人们肯定遗漏了那些撞向海洋的流星。地球的表面大约有四分之三被水覆盖,所以,我认为大规模撞击的数量应该乘以4。其他科学家似乎并不强调这一点,这令我诧异不已。尽管海啸会在沿海地区掀起滔天巨浪,但是与岩石和碎片相比,海水呼啸穿过天际的破坏力要小得多。

在陆地或海洋中,撞击地球的流星不需要非常大,但是因为撞击速度是高速的,所以产生的动能则是相当大的。因此,著名的尤卡坦撞击区的火山口面积约为5400平方千米。对我而言,这个数字是毫无意义的,因为我无法理解大的程度,但是在可识别的条件下,尤卡坦撞击区的火山口面积与威尔士(在欧洲)或新罕布什尔州或新泽西州(在美国)的地区面积大小等同。

除许多大型流星撞击外,更多的是小型流星的撞击。事实上,它们甚至可能是地球上水的来源。即使对于中等规模的撞击,长远的问题也不是来自初始碰撞现场发生的破坏,而是来自抛入高层大气的碎片。这些碎片将在地球上空盘旋一段时间(数月或数年),因为一旦它们到达平流层,就不会被云和雨冲毁。明显的效果是阻挡阳光,从而导致地球表面降温,这意味着农作物减产。这一现象与阻挡阳光、降低气温、引发饥荒的大规模火山喷发问题如出一辙。其中一个例子是 19 世纪 80 年代冰岛的火山爆发,它造成了欧洲多年的作物歉收。当时的其他气候问题是由太平洋洋流的变化造成的,厄尔尼诺现象导致了南美的干旱和 1787 年欧洲春季过量降雨及随后而来的夏季干旱。这些都促成了可能诱发"法国大革命"的粮食短缺。

无论是流星、火山,还是洋流变化引起的气候干旱,它们都引起了饥荒,进而导致多个文明或帝国的灭亡,并成为社会革命的根本原因。这样的例子很多,包括被认为摧毁了美洲阿兹特克人和印加人,引起柬埔寨帝国倒台,导致撒哈拉沙漠化及许多其他地区社会崩溃的干旱。

因为 21 世纪我们对电子设备以及卫星和通信的痴迷,平流层碎片将更具破坏力,它将毁灭我们的大部分或全部电子通信系统。因此,从这个意义上讲,就像太阳耀斑一样,我们目前的生活方式比我们祖先的生存方式更为脆弱。然而,我不想预测一些戏剧性的世界末日场景,只有在没有准备和预想的情况下,我们才会面临重大的通信故障和信息损失,以及关乎我们生死存亡的严重后果。我们希望幸存者可以利用简单的技术获得知识。这在目前是可行的,因为我们有书面记录,但随着我们转向完全电子存储,依赖其他高科技设备,那么即便有这样的机会也将把握不住。

一个非常积极的观点是,过去人类对全球性灾难毫无免疫力。人们认为,由于自然灾害,早期原始人口不止一次锐减,后来的原始人类休养生息,繁衍子嗣,恢复了人口规模。所以我乐观地猜测,即使有一个非常不同的文明水平,人类人口数量仍将恢复如初。我们可能身体虚弱,但是我们是一个有弹性的物种,至少我们现在不必与可能想吃掉我们的恐龙斗争。

地震和火山

从安全的距离观看和在电视上观看,火山爆发、地震、海啸和洪水等壮观且具有毁灭性的自然事件,确实令人敬畏和兴奋。媒体人制作的引人入胜的电视和新闻,人们会欣然观看重播。这些事件的媒体报道同样因我们无法理解或对远离家乡的事件深感兴趣而扭曲。地球另一端一场地震吞噬了上千人的生命,这场地震可能在本地报纸的内页有报道。但是,如果当地社区的两个居民在地震中受伤,那么这将上头版新闻。这种对比不是我们缺乏人性,而是采取了一种有效的机制来应对可能会立即直接影响我们的新闻事件。

我们生活在一个充满活力的星球上,所有这些自然事件非常频繁地发生。就位置而言,地震和火山主要局限于构造板块边界。板块是陆地的块体,它们漂浮在地球表面,缓慢地移动,有时它们相互滑动引起地震和非常明显的裂缝。大陆板块之间的断裂可以非常清晰地被定义,我在加利福尼亚看过一些例子,那里有野外边界围栏的步梯。在英国,一个典型的例子是尼斯湖,它是由两个不同的板块相互漂流而成。只要观察两侧的岩石结构,可以看出湖两岸之间有一段十几千米的滑坡。

我们只看到了相关重大事件的媒体报道,但其实借助敏感设备,地质勘测发现每年会发生100多万次地震。所以地质活动比我们大多数人意识到的要活跃得多。

或者,板块可能迎面碰撞,然后一个板块被挤压进另一个板块的下方。板块碰撞不仅会导致地震,而且为火山活动创造了非常有利的条件。由于板块碰撞,太平洋的整个边缘在地质上都非常活跃。板块碰撞很慢,但从火山和地震的景象中可以看出它们蕴含巨大的能量。板块碰撞的影响不仅仅局限于碰撞现场,火山爆发将大量的岩石和灰尘喷射到高层大气中,围绕地球盘旋很多年。地震地质学不是一门精确的科学,但是在过去的50年里,我们已经获得了关于板块构造的知识,因此现在可以合理地了解这些事件可能发生的位置。它们处于板块边界的事实意味着地震可能发生在沿海地区(例如环太平洋地区),因此涉及人口密集的港口和土地肥沃的地区。火山喷发产生良好的土壤,尽管历史上有大量人口死于火山喷发,但是我们不可避免地要在肥沃地区耕种,并假设火山永远不会杀死我们。未来的地质事件肯定会导致当地的人口灭绝,当地居住的人越多,被杀死的人就越多。

大到足以被电视报道的地震每年可能发生30—50次,而较大的地震通常与火山活动有关。火山喷发有目共睹,每年发生大约50次。与地震不同,火山喷发不是突然的、短暂的事件,经常持续相当长的一段时间。因此,任何时间都会发生多达30次活跃的地质活动。地震的强度各不相同,令人惊讶的是,大多数地震对我们来说并不明显,因为它们不足以让我们脚下的地面震动。

在有记录的历史中,最具破坏性的地震发生在1556年的中国陕西省,当时有近百万人口命丧于此(当时世界人口比现在少得多)。在过去的1000年里,世界上还发生了10多次大地震,死亡总人数超过10万,所以我们对地震的关注和着迷似乎是合理的。英国这个地区相对要安全,大地震目前不太可能发生。

在公元前1600年左右的青铜时代,地中海发生了一场壮观的火山喷发,火山岛圣托里尼岛的爆发摧毁了米诺斯文明,这是人类历史上规模最大的火山活动。从人类的角度来看,这次火山爆发特别不幸,因为有书面记录和绘画痕迹表明,米诺斯人是一个非常文明、平等的社会(尤其女性在米诺斯文明中有显而易见的重要地位)。与此同时,如此巨大的火山喷发影响的不仅仅局限于地中海。中国的相关记录意味着正是此次火山喷发造成了夏朝的灭亡。公元前 1618 年左右,高空中的大气碎片造成黄雾,夏季霜冻和饥荒的气候影响持续数年之久,进而造成夏朝土崩瓦解。圣托里尼岛火山爆发也可能是亚特兰蒂斯世界神话的起源,因为圣托里尼岛沉降到了海平面以下(除了矗立在空气中的部分)。

根据电视节目的规律,我可能应该引用数据说明喷射入大气层物质的数量。圣托里尼岛最初是一座中等大小的山峰,现在被一个大约 8×11 千米充满火山喷发残留物质的火山口所取代。然而,这个火山口体积只表明岛屿消失了多少,我们只能猜测火山喷发期间喷出的岩浆量。一些估算表明,大约有 240 立方千米的火山岩浆。想象这个数量很难,但无论如何这一数量算是很大的了。

其他火山事件确实有真实数字。1980 年,美国华盛顿州的圣海伦斯火山爆发估计喷发了约 2.8 立方千米的物质。这一数字不算大,当然不能与黄石火山爆发同日而语。直径 72 千米的黄石国家公园实际上是一个巨型火山口,曾发生大规模有规律的火山爆发。有一次喷发遮云蔽日,在大片土地上留下了大量的表面沉积物,喷发物质约是圣海伦斯火山喷发的 2500 倍。黄石火山喷发大到令人无法想象,它喷发的物质可达勃朗峰的高度,可以填满伦敦周边以 M25 高速公路为界的地区,相当于将美国长岛堆积到华盛顿山的高度。

未来,黄石火山还将再次喷发,目前的估计表明,潜在的岩浆已经扩散了大约 32×80 千米。如果要预测火山爆发时产生的灰尘量,那么我们可以说灰尘将会摧毁美国的中部地区,甚至东部海岸将被埋在几厘米的灰烬之下。因此,野外动物将大量死亡、庄稼绝收、通信系统彻底崩溃,以及数千万的人口伤亡。

在大约 10 万年的地质时间尺度上,大规模的火山爆发很少发生。然而,若不考虑时间尺度的话,这类重大事件在世界各地此起彼伏地发生着。尽管如此,人们还是发现人类洞穴壁画的历史可以追溯到 3 万年前,而原始人类的骨头可以追溯到更早时间。因此,这两个时间尺度更接近现代。

最后一个令人担忧的事实是,黄石火山最后 3 次爆发大约是 210 万年前、130 万年前和 64 万年前。我绘制了火山喷发事件的图表,进而试图估算下一次火山喷发可能发生的时间(假设火山喷发有一个潜在的模式)。图表走势非常平滑,这表明下一次喷发可能已经迟到了 2 万年。或许我们不需要担心,但是从地质时间尺度上看,下一次喷发已迫在眉睫。

第二个有清晰记录的地中海火山喷发是公元 79 年维苏威火山喷发。这次喷发规模非常小,但是湮没了庞贝和赫库兰尼姆两座古城。由于我主要讨论的是信息丢失,我们可以更积极地看待火山喷发,它就好像考古学家一样,为当时的生命提供了一个"时间胶囊"。年轻的普林尼(Pliny)观察并详细描绘了火山喷发,包括描述灰烬像山坡上的高速洪水一样移动。他对于岩浆高速流动的描述最初不为大家采信,但1980 年圣海伦斯火山喷发记录了相同的模式。现在,大量固体和膨胀的热气体被称为火山碎屑流,而且已经有示例证明火山碎屑流会以极高的速度移动。

维苏威火山仍然是一座对那不勒斯*构成威胁的活火山。也许不那么明显的是,它是一个更大系统的一小部分,整个那不勒斯湾实际上是一个火山口,是一个早年喷发的大型火山的残余。

谈到大型火山喷发,必须提到 1883 年印度尼西亚的喀拉喀托火山,这次火山喷发持续数周,一连串的喷发将大量物质喷向空中。火山喷发及其引起的海啸造成约 3.6 万人死亡。最大规模的喷发响彻云

---

* 意大利南部的第一大城市,坎帕尼亚大区以及那不勒斯省的首府。——译者

霄,据称在欧洲都听到了音爆。事件发生后,巨量的尘埃和灰烬云改变了全球气温并产生了持续数年绚丽多彩的日落。实际上,喀拉喀托是中央火山口周围一组火山岛的一部分,这些火山岛曾经多次爆发过,实际上该地点正在再次增长,新的中心锥体将再次爆发。

利用人们对灾难偏好,1969 年一部电影上映了,该电影使用实际火山爆发的元素作为情节的基础,以爪哇东部的喀拉喀托命名*。这部电影的名称有精妙的情感环,但遗憾的是,喀拉喀托实际上是位于爪哇岛以西,爪哇和苏门答腊之间的海峡!

未来的火山爆发

日本、土耳其和加利福尼亚等人口密度高的地区,将出现更多火山爆发和地震,因为这些国家/地区都位于高度活跃的构造板块边界。从它们的位置看,未来每次地质运动都将不可避免地造成严重后果。预测很难,但是地震会在一个区域引起压力反应,从而沿着应力线移动到下一个可能的位置。例如,已经研究出沿土耳其北部向西移动的地震,呈现稳定且大致可预测的模式。预测地震的地点比估计地震发生的时间更可靠。不幸的是,这意味着伊兹密尔和伊斯坦布尔(曾经是西方世界最大的城市)最终将在不远的地质和人类的时间尺度内受到大地震的袭击。

随着全球经济的发展,这些灾难可能会产生令人惊讶的长时期、长距离的影响。以激光打印机的零件为例,某种零件只在日本神户生产,神户地震导致了这种零件在世界范围内供应紧张。还有许多其他独特的工厂,一旦工厂受损会产生类似的长期影响。这类问题就是技术进

---

* 原名为 Krakatoa, East of Java;中文译名多为《火山情焰》。——译者

步的后果之一。我们现在使用的是距我们更为遥远的供应商和原产地高度专业化的材料,而这不仅仅依赖当地的粮食供应和资源。资源的损失,无论是由于自然灾害还是人为灾害,都将造成严重的供应困难。当然我们同样容易受到关键物品因政治控制产生的制约。

一般来说,地震仅在当地具有破坏性,而世界其他地区却能幸免于难。唯一需要注意的是,地震发生多年后,大型工业区遭受破坏所造成的经济影响。例如,加利福尼亚州的地震可能会摧毁硅谷,这对美国来说将是一个重大的经济灾难,但是在全球范围内,相关技能将得以传承。

同样,中国这个日益重要的工业强国幅员辽阔且地震频发,其主要城市和工业园区有时会不可避免地遭到破坏。最大的灾难将是长江三峡大坝水力发电站受损。三峡电站是人类有史以来建造的最大的水力发电系统,发电量为22 500兆瓦。大坝损坏或倒塌不仅会造成众多人口死亡,还会抑制国家大部分地区的工业运转。在这种情况下,地震和洪水不仅可能来自自然事件,因为施工所涉及的水位变化也会导致土壤不稳定。三峡电站自2010年竣工以来,已有近100起山体滑坡的相关报道。坝体发生溃坝的可能性极小,坝体建筑的规模和新颖性彰显出其设计处于工程技术的最前沿。三峡大坝已经减少了自然洪水的发生率,这是它的积极作用,但是如此规模的任何工程项目都可能出现意想不到的、不利的长期影响。

在不可避免的自然灾害中,最严重的全球事件可能是由中等规模的火山爆发引起的,世界上每天都发生多起火山爆发。本世纪早期冰岛火山爆发的规模并不是特别大,只持续了几个星期,但是腐蚀性尘埃颗粒对飞机来说是危害严重。相比之下,当下一次黄石火山爆发时,我们目前所知的北美将会一片死寂。很难预测长期影响,但是下次黄石火山爆发必将改变整个世界文明,经济和军事力量结构将在全球范围内发生巨大变革。造成这种情况的原因包括：导致作物歉收和饥荒的循环灰云（特别是在北半球），许多国家的经济崩溃，以及两个甚至更多世界主要大国的解体。

冰岛火山对欧洲的影响

对于英国来说，冰岛火山爆发最有可能造成局部影响，我将简要回顾一下近期引起欧洲问题的事件。冰岛地质活跃，拥有至少30座独立的火山。1783年，一起名为莱基（Laki）的大喷发事件在欧洲上空产生了浓雾和灰烬，致使气温降低，农作物歉收和饥荒。正如已经提到的那样，它还导致法国大革命的骚乱。

一座不同的冰岛火山，Eyjafjallajokull（只在英语中可以发音，因此很少口头讨论）在2010年爆发，喷发的细微碎屑物使北欧空中交通陷入了瘫痪。水和冰将喷出的大块物质粉碎成细小的火山灰，考虑到火山灰的危险性，关闭空中交通的做法是谨慎的。这些火山灰长时间悬浮于大气中，通常处于空中交通工具的飞行高度。由于它很细微，很难被发现，不像烟云一样可见。当灰尘被吸入喷气发动机时，它会在强烈的火焰区（高达2000°C）熔化成玻璃液滴，当液滴离开发动机时会冷却到1000°C，然后以玻璃的形式粘在发动机部件上。之前也有例子表明，这种玻璃液滴导致喷气发动机发生故障，造成飞机失事。

由于大气中岩浆颗粒很细，因此不易检测，很容易让人认为这个问题可以忽略不计。然而，现代喷气式飞机每小时吸入约60 000千克的空气（因为飞机很重，需要很大能量才能维持其飞行）。因此，即使灰尘的浓度只有空气质量的千分之一，而且只有百分之一的灰尘粘在发动机表面上，那么玻璃也将以每小时上千克的速度堆积起来，这必将引起引擎灾难。有趣的是，这也是由改进技术引起问题的一个例子，因为在早期的飞机中,内部发动机的温度不足以形成玻璃液滴。2010 年,关闭北欧空中交通似乎是无关痛痒的小事,但是它使全球经济损失了大约 50 亿美元。然而,这一损失仍远低于空难的间接影响。

空中管制政策已经改变(可能是受经济影响),前提是可能(实际上的确可能!)比 2010 年的危险要小。但是,如果冰岛火山再次喷发,我将和其他旅客一样只能改乘欧洲之星火车。

另一座有趣的冰岛火山是巴尔达邦加(Bardarbunga,也很难发音),它位于冰帽之下。由于该纬度的温度显著上升,在一些地区冰帽每年以 0.3 米的速度升起,冰川的重量在火山顶盖上减少,冰帽正在稳定地融化。不可避免的后果是更多的火山喷发和局部洪水泛滥,当然还有可能将火山灰喷射到大气中。人们正在持续监测,在有记录的人类历史中,冰岛火山活动至少增加了约 30 倍。

海啸和洪水

海啸和洪水都是局部问题,难以预测,且都具有局部破坏性,但总的来说,它们也不太可能改变世界的进程。海底地震和水下山体滑坡都可能引起海啸。因此,海啸不局限于构造板块边界区域。例如,几千年前的挪威峡湾滑坡引发一股横跨北海的海浪,致使沙子和海底碎石满布平坦的英格兰沼泽地附近 80 千米的区域。这一事件好比当物体掉进浴缸一端时,水沿着浴缸晃动。更为重要的例子是,夏威夷火山发生的水下山体滑坡,导致巨浪爬上了澳大利亚北部的山腰处。

通过搜索可以发现一些真实发生的大型事件,一些电视节目充分利用了我们对这些自然事件的兴趣。观看节目,我们身临其境,乐在其中,但是在内心深处,我们认为天灾永远不会发生。尽管如此,应该指出的是,佛得角群岛将有可能发生(在不久的将来确实可能发生)山崩,进而引发一场横跨大西洋的大规模海啸,摧毁美国东海岸城市。这一海啸规模肯定是巨大的,海啸波将高达数十米,持续数小时。

海啸蕴含的能量以及接踵而来的海啸波将彻底摧毁美国东部沿海地区,造成城市中的大量人口死亡,而且经济上会给所袭击的国家带来混乱。当海啸越过深海时,不足为惧,它们的破坏性影响只有在撞到浅水时才会陡升。海啸可以以每小时近千千米的速度前进,因此可以提前几小时发出警告,但是它仍会在大量人员撤离前到达。

美国东部与预测的主波前峰一致,但横向效应将在大西洋上下发出较小的波浪。此外,英吉利海峡的形状将导致波浪在到达多佛尔和加来之间狭窄的海峡时升得更高。洪水将吞噬这条水道两侧的沿海城镇,造成巨大的破坏。当然,它的发生是数千年以后的事。

暴雨

技术和气象学提升了我们对洪水成因的认识;现在已经知道,高层大气喷射气流包含"雨水流"。(这种"雨水流"符合媒体的"口味",但是气象预测是不准确的。)最近一次因其造成大洪水的例子发生在1862年。由美洲北部地区漂向遥远南部地区的喷射"雨水流",带来了持续40天的强降雨。这场洪水淹没了萨克拉门托和加利福尼亚的附属山谷,同样严重影响了所有邻州。例如,在亚利桑那州形成了一个长约100千米,宽约50千米的湖泊。如果这场洪水发生在今天,破坏性会更强,因为萨克拉门托河谷底已经沉没了200年,因此洪水会更深。再一次可以指出的是,技术导致危险加剧,因为地面下沉是提取农业灌溉水的结果。1862年,该事件导致整个地区的经济崩溃。可以预期,未来因同样原因造成的洪水会造成同样的经济影响。

上述例子多关注相对短暂的自然事件对我们产生的长远影响。我已经提到,干旱是毁灭性的,毁灭了美洲到亚洲的多处文明。但是天气模式的突然变化可能同样具有破坏性和长期性。平均温度的微小变化破坏了季风天气模式,这种模式在大约 5000 年前就已经带来降雨并使北非的土壤异常肥沃。从肥沃的热带草原到撒哈拉沙漠的迅速转变,凸显出我们对气候的依赖程度。(撒哈拉沙漠这个词有点语义重复,因为"撒哈拉"就意味着沙漠。)

我们通过耕作方式和破坏天然森林加强了对这种变化的敏感性,因为砍伐森林可以减少降雨。但是一旦森林遭到破坏,可能就无法恢复。南美丛林也会荒漠化,这点最初看起来很荒谬,但不幸的是,撒哈拉沙漠发生的突然变化比我们预期的来得更快,可能性更大。

冰期

在考虑过去、现在和潜在的未来自然"灾难"时,至少应该提到冰和冰期。冰期经常成为地球气候历史的一部分,幸运的是,我们目前正处于温暖的间冰期。从早期冰河时期的冰芯记录中可以看出,冰期的循环模式表明它们是部分可预测的。冰期发生的原因有很多,包括太阳活动的微小波动和微小偏差。我们知道这些周期性轨道变化的幅度,我们也知道地球相对于旋转轴倾斜的角度以固定的模式(称为岁差)在稳定地变化。

岁差不是一个新的发现,早在几千年前的早期天文观测中就观测到岁差。岁差的发现是因为北极星的方向不是很稳定。岁差发生得非常缓慢,因此岁差对气候的影响不是我们直接关注的焦点。然而,由于需要结合导致岁差的次要轨道异常的数量,下一个冰河期之前的时间尺度很难预测。因此,悲观者预测 2000 年内会再发生冰期,相对乐观者估计是 3 万年,更多的评价多介于两者之间。无论哪个是正确的,对我们这一代来说,这还不是一个火烧眉毛的问题。

相反,我们应该更加关注持续升温这一关乎生死存亡的问题。令人困惑的是,由于许多地方气候的复杂情况,一些模型表明,升温有助于冰融化,这可能反过来影响地球旋转轴的变化和倾斜,从而导致冰期更快来临。无论哪种模型是正确的,冰川事件肯定会再次发生。如果人类文明组织有序,我们就应该能生存下来,但是人口会大为减少,更理想的是通过有意识的行为实现人口减少,而不是借助战争和混乱。

与其担心下一个冰河时代,还不如关注当前极地地区海冰覆盖情况的变化,因为它将在更近的未来影响我们的生活。卫星图像和地面观测明确表明,近年来,与人类探险家以前的记录相比,北极地区的夏季降水量要少得多。这对北极熊来说是一个非常不妙的消息,但对人类也可能是一个奖励,因为在加拿大北部和俄罗斯北部可以开放夏季航线。

关于气候变化和全球变暖程度的讨论、意见和偏见往往与证据无关,证据已有详细记载,任何聪明人即使没有经过科学训练也可以理解。但是预测和建模要困难得多,因为涉及许多因素和一系列意见,甚至气候学家也不同意其细节。因此,这里不讨论预测模型,而只关注不存在争议的数据。

无论是从北冰洋夏季海冰覆盖量逐渐减少的卫星图像中,还是从无需科学背景就可看出海冰覆盖情况的不断变化的年度照片中,北半球正在变暖是个不争的事实。其证据是显而易见的,只是人们对这种现象产生的原因仍存在分歧。

在世界的另一端,南极陆地上有巨大的冰川,还有许多冰川在冰冻的海洋上延伸。有趣的是,由于冰川漂浮的海洋正在变暖,冰川的稳定性正在遭受破坏,因此冰川冰盖开始随着潮汐运动而弯曲。其中一个结果就是大块的冰和冰川已经破碎并漂向大海。当代和早期的冰川消融之间的唯一区别是,来自各种冰架(特别是在南极西部)碎片的规模、速度和大小。卫星数据显示,目前年度冰融化量已超过了 1500 亿吨,这听起来好像很多,但是地球绝大部分面积为海洋所覆盖,所以就欧洲海平面而言,每年只有不到 1 毫米的微小上升。

然而,融化的速度正在加快,因此在 22 世纪海平面的变化肯定会影响到世界上许多低洼地区,包括低海拔岛屿、威尼斯等城市,以及荷兰的大部分地区。伦敦需要一个潮汐屏障来防止洪水和地下交通系统被淹。可以想象,根据目前的趋势,当前的南极模式将导致所有阿蒙森海冰融化,在未来两个世纪内全球海平面将上升 1 米多。其他较大的冰川区可能会紧随其后。就南极而言,预测中一个令人困惑的因素是,坚固的南极山区大陆上的冰在一些地区实际上正在增加,否认全球变暖的人正是抓住了这一现象。

冰川科学家面临的一个难点是,有必要测量冰的厚度,而不仅仅是表面升降。这点大众媒体在报道中并没有解释。整个南极大陆覆盖在厚重的冰川之下,因此当冰川移动或融化时,下面的岩石可以缓慢地向上弹起,从而产生冰表面升高的错觉。在高度上,海平面可能已经上升,但就厚度而言,冰川正在减少。当然,需要更复杂和详细的数据来区分这些现象。

我怀疑这不是媒体过度简化科学信息的唯一例子,实际上即便具备科学背景的人也不明就里。

预测气候的尝试

气候预测很困难,值得记住的是,一个世纪前我们对气候变化的驱动力及其后果一无所知。谚语说,朝霞不出门,晚霞行千里。这一谚语是正确的,但我们对天气的预测能力是有限的。我们现在掌握了更多的数据和知识,并拥有高度复杂的计算机建模,可以提前一周作出相当准确的天气预测。尽管广泛的气候预警模式是可行和可预测的(只有细节是不确定的),但将这种模型扩展到真正的长期变化仍然具有挑战性。非常令人鼓舞的是,在计算机功率远低于今天的 1987 年,气象学未能成功地警告小型飓风将在 10 月份袭击英国,相比之下,2013 年英国气象专家不仅可以预测大西洋地区将要发生的大风暴,而且还可以在风暴发生的前几天就发出预警。此外,建模正确地指出了风暴在美国海岸登陆的地点、时间和强度。超级计算机和精细建模可能会继续改进预测,但费用高昂。2014 年,将计算机的计算能力提高仅 13 倍的花费就高达 9700 万英镑。

对于我们大多数人来说,几度的温度变化似乎影响不大,因为在一年中,英国的日平均气温和月平均气温在局部和全国范围内变化很大。在过去的半个世纪中,从 1 月到 7 月,气温平均值在 4℃—17℃,有些年份与长期平均值相差几度。这一变化幅度在许多国家非常典型,对于像美国这样幅员辽阔的国家,不同地区具有格外分明的季节模式和气温值。

因此,难以识别平均值的长期变化趋势也就不足为奇了。在某种程度上,如果某件事会造成资金负担,那么人类就不愿意作出改变(即下意识地否认全球变暖的可能性)。缓慢的变化也难以识别,因为在我们的生命周期中温度变化可能小于 1℃。四季分明的国家,其温度变化模式很难可视化。已感知的温度实际上是长期趋势的平均指标。

如此激烈地讨论全球变暖的主要原因之一在于,普通公众和许多政治家面对图形或表格数据时,由于几乎没有接受过科学训练或者主动拒绝任何被称为科学的信息——尽管他们使用了所有现代技术,他们不可能获得任何信息,当然也没有洞察力。

第二个问题是,对于一个复杂的问题,例如预测气候变化的速度和幅度,存在对许多变量解释的一系列观点,以及来自以自我为中心的科学家的曲解,他们乐衷于诋毁竞争对手。对于我们所有人而言(无论有没有接受过科学训练),简单的选择是自以为是,忽略整体问题。或者在大多数复杂的讨论中,专注于支持自己希望听到的结果和观点。此外,更富裕的人在工作和私人生活中都不易感受到气候的变化,因此,他们更有可能只专注于可能改变其财富的事情。从历史上看,在工业方面无一例外地意味着使用更多动力,排放更多污染。

我们不能猜测自己的经验是否清楚地告诉了自己,气候变暖已超出正常波动范围,我们需要找到一种更容易被我们识别的变化,而不是依靠详细的数据。事实上,我们更注重风暴模式和降雨强度的变化而不是温度的变化。然而这两者都与温度有关,因为海水蒸发量随着温度的升高而增加,而较大的蒸发量会给风暴带来更多的能量,降雨量也会随之增加。

考虑一下如果大西洋中部海平面水温为 21℃,那么海平面温度仅提高 2℃ 会发生什么(这在近几年内可能发生)。这一幅度非常小的温度变化将导致更多的水汽蒸发,更大的降雨量和更多的能量输送到大气中。温度只需提高 2℃ 就可以使总降雨量增加约 13%。因此,暴风雨和洪水的增加将比温度变化更加明显。如果不幸发生更严重的气候变暖,在英国和美国东海岸天气的起源地——大西洋地区,简单的物理计算表明温度上升 5℃ 将增加大约 35% 的降雨量!额外的能量同样会带来更多的风暴,更强的风,更多的飓风。在大西洋的西侧,飓风季节不仅会更强大,而且每年持续时间会更长。

预测变化是复杂的,因为相同的基本温度变化会影响射流在高层大气中的摆动方式。近年来的例子清楚地表明,当射流在高层大气中摆动的方式受到影响时,美国可能会有强降雪,英国天气变化频繁。随后的单日降雨量和总降雨量甚至超过英国 270 多年气象记录中最大值,致使英国部分地区被强烈的突发性洪水袭击。洪水溢出河岸,淹没城镇,部分原因是这些城镇位于河流沿岸或主要水道交汇处。投资雨伞和船只,可能是一个很好的长期策略。

这些不断变化的天气模式的证据是显而易见的(至少在几十年的范围内)。例如,在弗吉尼亚州的部分地区,2015年圣诞节的温度达到21℃(这种天气绝对不适合滑雪橇)。然而,到2016年1月,华盛顿特区有几十厘米厚的积雪并伴随着强飓风。据称这是该地区有史以来最严重的一次暴雪。天气波动反映出通过我们的个人经验跟踪气候变化是多么困难——我们需要更详细地理解天气记录。

疾病和瘟疫

为了继续讨论这些不幸的、超出我们能力范围的问题,我们不应该忽视生物因素。在横扫世界各地的瘟疫的历史事例中,我已经简要地提到了两个最熟悉的瘟疫:1347—1353年的黑死病(一种腺鼠疫)和第一次世界大战结束时的西班牙流感。到1918年,人口数量已比14世纪时多得多,而且在世界范围内传播疾病的流动性比14世纪时要快得多。当时流感造成的总死亡人数中,大多为年龄在20—40岁的年轻人,约2000万—4000万人。流感造成的死亡人数(实际上相当于当时英国总人口数)远远超过因战争而死亡的人数。

黑死病造成的死亡人数,估计差异很大,但一些历史学家认为,其数量高达5000万人(所有年龄段),相当于当时欧洲人口的一半。陆地扩散速度缓慢,典型的瘟疫沿主要公路以每天2千米的速度向前扩散,在乡村地区则较慢。船速更快,它们每天可能行进60千米,因此港口是瘟疫扩散的关键地点。一些港口,例如威尼斯,非常明智地禁止水手在到港后40天内下船,以检查他们是否感染黑死病。从40天内禁止下船的做法衍生出了一个词"隔离"*。总体而言,如此大规模的死亡对整个社会产生了重大影响。在知识靠口头传播的时代,瘟疫不仅造成历史信息的缺失,工匠的手工技能也失传了。

全球范围内爆发了许多其他瘟疫和疾病,可能造成更多的受害者,但到目前为止,没有一个像黑死病或西班牙流感那样显著。现代流行病蔓延的真正严重性在于通过航空旅行以前所未有的速度在各国之间传播疾病的能力。一天之内,足迹足以遍及世界主要城市。空调和乘客的近距离接触实际上可能是单个疾病携带者传染许多乘客的重要途径。因此,空中交通和高流动性传播流行病的速度之快,已经远远超过我们的识别能力,特别是因为症状出现之前可能有长达数天的潜伏期。

通过密切接触来传播的特别令人讨厌的流行病是埃博拉病毒。潜伏期长短不一,从几天到 21 天不等。该疾病唯一的好处是,疾病在症状出现之前可能不会有传染性。在很大程度上可以通过良好的卫生条件和隔离已感染的病人来避免疾病扩散,而且到目前为止,埃博拉病毒仅在世界上相对有限的地区流行。但这决不应该让人感到满意,最初埃博拉疫情的病例死亡率高达 80%。

最后一个问题是这些疾病在持续地进化。通过航空传播传染病显然很快,未来的致命病毒和高死亡率是不可避免的,在症状出现之前产生具有传染性的任何新变种都将是灾难性的。

我们的前景有多么暗淡?

这个问题可能是一个很好的横幅标语,但实际上它太天真了。在个人层面,我们的生命周期通常不到一个世纪。在可预见的未来,其结

---

* 英语中的 quarantine(隔离)源自拉丁文 quadraginta(意为 40)。——译者

果不太可能显著增加。许多降低预期寿命的因素,包括战争、迫害、疾病和自然事件,项项都超出我们的个人控制范围。因此,真正的问题是,整个人类物种如何应对这些困难?如果大型流星撞击地球或新的冰期来袭,人口总数将不可避免地大幅下降,人类灭绝也不无可能。如果有幸存者而且我们设法保留下了一些记录,那么信息和知识可能会传承下去。这里所指的信息不仅仅是在流星撞击地球之后立即通过口口相传保留的信息。

在地质时间尺度上,我们是一个非常新的物种,而且仍在不断进化中,因此,就像我们的祖先尼安德特人一样,我们(人类的当前版本)可能会消失,而且随着我们缓慢进化,我们也有可能会消失。作为物种,我们的消失仅仅是一种自然的转变,因为我们被一些新的衍生物种所取代。这是进化,如果我们足够幸运,可能是进步。

我们目前所知道的文明必将改变。因此,应当花大力气控制这种变化的发生。比如,提供更多的平等待遇和机会,完全独立于性别、种族和宗教,并保留目前被视为有利于全球文明的特征。这是一个重大转变,需要对资源和所有其他行星生物进行评估,当然这是非常理想化的。不幸的是,我也认识到,我们拥有先进的技术不仅仅是因为智力,还因为人类横征暴敛、争权夺利和唯图己利的本性。人类的这些本性不太可能改变。肯定会有更好的技术,但我们需要仔细研究从长远来看新技术是否有利可图。

从本质上讲,我是绝对乐观的,因此我(在本能上而非客观地)确信人类即使在重大灾难中也能生存下来,但是最终会演变成一种与我们现有模式不同的人种形式。换句话说,就是像过去几万年那样的进化模式。如果我们能做到这一点,对于我们智慧和技术的进步可能是有益的。

当然,如果我们要生存下去,那么我们需要意识到可能的危险,未雨绸缪,并能够在世界舞台上为全人类的利益进行合作,而不仅仅是出于当地的政治、种族或宗教原因。人类要做的恰恰是大多数人类当前行为(过于频繁地关注权力,控制他人和土地,以及贪婪)的对立面,我常忧心不已。

我将举出一个简单的例子,说明当被贪婪、利润和权力驱使时,世界上大多数人的行为如何。在用机械手段囊括进技术这一总括性的术语之前,提高生产率的高利润途径是使用奴隶。可能很少有人可以免受其同类的剥削。鉴于本人是英国人,我将引用英国有罪的历史行为,但是同样可以引用几乎所有国家不人道的例子。引用的例子有一点点积极的色调,至少在英国,最终从这种残酷的行为中取得了进步。

我的例子基于我们对奴隶制的态度,特别是工业家、政治家,以及英格兰教会的道貌岸然和可耻行径。基督教教义明确指出,我们应该向所有人类表达关怀和爱心。尽管如此,英国还是从非洲偷走了大约300万人口,并将他们运往美国和加勒比地区做奴隶。以将他们带入基督教世界为由,掩盖其背后的经济利益掠夺。使用奴隶生产的产品和财富的大多数家庭用户,从未认为他们的生活方式是建立在奴隶制之上。奴隶给英国带来了巨大的财富,没有奴隶制,我们可能永远不会成为19世纪主导世界的国家,也不会有现在的地位。

令人愤慨的是,英格兰教会在这个奴隶贸易中是如此贪得无厌、积极主动。有充分证据表明(在国家档案馆),加勒比地区有数百名奴隶的胸膛上被烙有"协会"这个词。这表明他们是福音传播协会的财产。该协会鞭笞奴隶(有时甚至殴打死奴隶)、锁链加身以限制人身自由。无法想象基督教如何能够将这种罪行与基督教教义联系起来,除非他们获得了足够巨大的财富利润,以至于良心可以被忽视。

英国人参与奴隶贸易长达3个多世纪,后来奴隶贸易被废除,然后在19世纪30年代被取缔(事实上,基督教教徒在这一进步中作出了积极的努力）。然而,对人类的最终侮辱是,当奴隶被释放时,他们的主人收到了赎身费,而奴隶分文未得。目前来看,奴隶主收到的赎身费总额估计约为 200 亿英镑。在英国,19 世纪 30 年代的法律基础是薄弱的,直到 2010 年才认定拥有奴隶是刑事犯罪。

奴隶制的虚伪在过去（和现在）普遍存在。在《美国独立宣言》中,有一些精雕细琢的文字和细腻的情感被广泛引用。很少见诸媒体的是:在 57 个签署人中,41 个当时是奴隶主;在另外的 16 个人中,有几人拥有继承来的奴隶。奴隶所有权背后的财务原因是显而易见的,按今天的货币计算,单个奴隶价值在 2 万美元到 20 万美元之间。事实上,独立宣言签署人中的 16 名非奴隶主中,有些人没有奴隶是因为他们太穷了。

在世界上很多地区,废奴运动进展不太顺利。根据许多熟知内情人士的估计,目前世界上大约有 3000 万奴隶,这个数字大约是一些欧洲国家的总人口,而且这个数字还在不断增加,但这一事实在一些主要宗教中被宽恕或者被视为常态。尽管存在这种不人道的行为,但是我们却将自己描述为"文明人"。即使在最先进的文明国家,这仍然是一个问题。2016 年,欧洲各地的媒体反复披露非法移民被困为奴从事体力劳动或充当性奴的例子。

如果我们因固有利益,无法改变贪婪的本性和剥削行为,以消除社会中的这种毒瘤,那么因受自然事件的影响和对技术的依赖,无论我们可能变得多么脆弱,我不相信我们会改变自己的行为,更不会提前计划以保护后代。

大规模杀伤性武器

除了自然事件之外,人为活动也有可能摧毁自己,其中包括大规模杀伤性武器和恐怖主义行径。在本章中提及的它们可能不同程度地被视为悲观主义或现实主义。

从核武器到生物武器,技术进步催生的大规模杀伤性武器已经存在着危险,其破坏性威力和存量是巨大的。如果使用它们,可能会摧毁我们所有的人。这不是一个新的危险,大多数理性政府都意识到并试图控制大规模杀伤性武器。不幸的是,真正的危险在于,一旦大规模杀伤性武器被发明出来,就覆水难收了。因此,非理性领袖的行为,甚至恐怖分子或精神病患者的行为,都可能引发全球性的破坏。很多人都怀着悲观态度审视这种武器。这些观点并不仅限于脾气暴躁或眼光毒辣的观察者,而是经过仔细平衡和充分考虑的,正如 2002 年马丁·里斯勋爵(Lord Martin Rees,皇家天文学家)在《我们最终的世纪——人类能在 21 世纪存活下来吗?》(*Our Final Century — Will the Human Race Survive the Twenty-First Century?*)一书中描述的那样。

这类灾害的后果因事件的性质而异,小规模行为使用常规武器或自杀式炸弹。炸弹可以很容易地被运送到人口稠密的地区。如果恐怖分子使用核武器将会造成更大的破坏。实际上,许多人都有足够的知识来制造核武器。运输核武器不需要通过复杂的导弹,通过船舶、火车或大型货运卡车就可以完成。尽管这种爆炸造成的放射性和政治性影响巨大,但是直接影响不会是全球性的。

更难以预测的是生物武器的后果。到目前为止,大多数作家都采取了相当狭隘的观点,并只考虑使用我们熟知的物品进行化学或生物攻击,例如沙林、埃博拉或我们过去经历的其他疾病媒介。这是一个弱点,因为在过去的 10 年中,生物化合物的相关知识和工程已经取得了相当大的进步(通常出自有价值的目标)。但是,生物武器知识的阴暗面是,一般情况下,我们对此毫无办法,没有疫苗也没有治疗方法。

真正成功的生物武器攻击可以在全球范围内传播,但不受控制的传播将传回发起生化攻击的国家。因此,至少在政府驱动的攻击或宗教狂热主义方面,由于破坏随处可见,缺乏适当的控制手段保护自己可能会限制更理性的用户。现在的问题是,如果狂热的个人或团体采用生物武器攻击,他们就希望尽可能多地杀人。

虽然我们会对生物攻击事件保持警惕,但是现实情况是,一旦发生生物攻击事件,它将与重大自然灾害属于同一类别。开放式讨论甚至会适得其反,因为开放式讨论将为我们极力避免的事件提供可能实施的建议。

好消息

在接下来的篇章中,我将着重讨论的问题是,技术给予我们或有可能给予我们的问题,不过一旦我们识别出它们,就可以将它们控制住。所以,虽然本章有着浓重的绝望情绪(特别是在对奴隶制的态度中),但本书其他章节会带着些许希望的色彩。

◆ 第四章

好技术也有副作用

我们掌控之中的技术变革

一个普遍发生的自然事件,对于那些拥有先进技术的国家来说是灾难性的,除非这些国家有先见之明立即采取行动,先发制人。作为对比,下面分析了一些壮观的自然现象,这些现象在下一次发生时对每个人都有可能是毁灭性的。对于下面这些例子,我认为没有必要担心,因为它们产生的全球性影响是罕见的,而且在我们的控制范围之外。我对以下章节内容的态度完全不同,因为现在我们展示的是可能可以控制,或可预测但未及时察觉出危险的事情。糟糕的是,在许多情况下,我们意识到存在着严重的副作用,但是出于直接收益和财务利润的考虑而主动忽视它们。

这里面临的困难不是找到这样的例子,而是挑选那些可能再次发生的事,或者引导我们进入一个不可逆转的下行方向的事。在很多领域,技术正在向前推进,并带来积极的影响,兴奋之中我们未能考虑可能产生意外或灾难性后果的那些领域。事后看来,最初出色的想法和进步的阴暗面是那么显而易见或荒谬至极,但是对于消极因素以及新的和令人兴奋的创新的隐患,我们的批判意识不足。因此,本章旨在提醒读者,过去我们已经犯了错误而且可能会再次犯错。特别令人担忧的是,更加壮观的进步可能与同样非常糟糕的副作用如影随形。技术进步越来越快,我们需要积极地意识到它们存在的缺陷,并考虑那些最初看起来非常出色的创新可能带来的不幸后果。

美、风格和时尚

从近1万年开始,有详细的记录,包括书面记录和证据记录,在整个过程中,人类痴迷于改变我们的外表、拥有时尚的服装风格和符合我们当地社会的理想形象。我们的喜好驱使我们作出种种尝试,使我们更迷人、更威武、更男性化。驱动力是形象,超越了对健康或长寿相关的问题的关心。当人类预期寿命很短时,这无关紧要,但现在我们必须作进一步思考。

最简单的变化通常是使用身体涂料和面部涂料,使我们看起来肤色更棕黑、更多彩,或更白。涂料是有效的,但是我们很少考虑涂料的属性和其是否对人有长期影响。使皮肤显得白皙的乳霜可以证明我们不是在农田里工作的农民,但是其中含有氧化铅(一种明显有毒的化学物质),其他红色和黑色的涂料也可能同样有潜在的毒性。

这不仅仅是一种历史模式,这种做法风头正劲,尽管对白皙皮肤的渴望可能已经被偏爱美黑*所代替。当然西方人对美黑趋之若鹜,但为了快速拥有健康的肤色,许多人放弃日光浴和紫外线灯,诉诸快速紫外线照射。在短期内,效果立竿见影,但是一旦皮肤遭受损伤,尤其是年轻人,晚年罹患皮肤癌的风险剧增。美国已经立法禁止美黑工作室向儿童和年轻人提供服务。老年人客户越来越多,面霜的使用量也与日

---

* 美黑是让皮肤变成光亮的古铜色,以示健康。美黑设备出现于19世纪末,美黑服务于20世纪在欧美流行起来。——译者

俱增,以隐藏肝斑和皱纹。美黑用品和面霜将新化学物质带入我们的身体,通常具有未知的副作用。

关于美黑和皮肤癌之间可能存在联系的讨论非常复杂,因为涉及癌症、情绪化和不良信息。一般公众可能没有意识到有两种类型的皮肤癌,其中一种(黑色素瘤)非常严重,而另一种更常见的类型则没有生命危险。快速美黑,无论是通过晒灯还是躺在地中海海滩上,都会导致黑色素瘤。相比之下,稳定积累的棕褐色色素危害较小,即使可能出现皮肤癌病灶,也很少会危及生命。人们认为来自阳光的紫外线只会促进人体分泌维生素 D(我们需要它),但显然人体不仅仅分泌维生素 D。最近的统计数据令人错愕,稳定积累黑色素的人(即使他们患有皮肤癌)的预期寿命比正常肤色的人要长。医学知识和数据正在积累,但因为亮点要压缩进新闻或电视的标题或短篇文章中,过于简单的媒体陈述模糊了研究结果,对安全和利益的评论可能会令人困惑或索性被删除。更糟糕的是,虽然医学观点最终可能会改变,但是最初的简单化观点在大众心目中是根深蒂固的。

在某些年龄组中其他人工肤色(通过纹身)非常流行。与大众市场一样,工业标准也是可变的;在某些国家,使用的染料具有长期致癌性。纹身技术的一个明显缺点是,去除纹身可不容易。当一个人与玛丽(Mary)坠入爱河,他纹上了"我爱玛丽"字样固然是好的,但玛丽被他人取代,这个纹身就不那么"顺眼了"。好消息是,玛丽是一个极为普通的名字,所以取代者叫玛丽是可能的。还有一个事实是,坚硬的年轻肌肉上的纹身可能看起来不错,但是一旦老化,纹身遮盖于层层皱纹中就没什么吸引力了。纹身是特定一代的宣言,但模式和风格在不断进化,随着设计和颜色过时,纹身成为一个年龄段的明确标志。即使我们改变了朋友圈,纹身这一艺术作品仍是生活方式的永久标签。

通过穿孔或留下部落疤痕图案,佩戴金属环使脖子更修长或耳垂更大等剧烈的方法重塑身体形象已经有数千年的历史,在当地环境中可能是理想的。这种做法与来去自由、长距离旅行、体验不同文化的现代世界格格不入。一些早期裹脚或束头以扭曲其形状的做法呈现着地域美感或社会地位,但是在成熟度方面明显不足,例如,孩童时代就裹脚的女性行走起来都会很困难。

现代健身也可以让人看起来挺拔、健康(如果不过量),但一旦停止训练,外形可能会比原来更糟糕。由于优先考虑的是形象,人们往往忽略了饮食、药物和医疗,以及用于实现完美体形的刻苦训练,这往往是极不利于健康的。许多增强体能的药物都是非法的,但是仍然在使用,因为这些药物最初是有效的。但这些药物的长期影响远没有那么正面。例如,合成代谢类固醇与情绪障碍、肾损伤和与原本提升形象的其他变化密切相关,因为它们可能导致生育能力丧失和性功能障碍,甚至男性乳房增长。

对身体造成的类似损害,还可能是过量摄入食物和饥饿模式的重建造成的。现代手术充分利用了我们的弱点,因此人们经历多次大型手术以实现理想的身材或脸型。我在电视节目上看过一些例子,一个旁观者也能看明白这些变化是不值得的,甚至算不上"改进"。整形行业当然是非常有利可图的,对外科医生来说,这也是一项出色的业务。仁者见仁智者见智,许多患者非常满意,但我个人认为,在大多数情况下,整形结果看起来并不自然,浪费时间、金钱和手术技巧。为避免老化而进行整形却失败的例子屡见不鲜。

历史上风靡一时的潮流有:巨大的假发(肮脏不堪,虱子满头),紧身胸衣使腰细胸大(或使胸部更平坦)。尽管人们知道紧身胸衣会扭曲骨骼和内脏器官,诱发昏厥等,但是人们仍趋之若鹜。这些"进步"中的每一方面都有新技术驱动,无论紧身胸衣的材料是骨架的还是塑料的,无论用于乳房植入术和面部塑形术的材料是硅胶的,还是肉毒杆菌毒素和人造物质填充的。很明显后代仍将痴迷整形手术，只是整形目标难以预测。由于人们缺乏对长期负面影响的考虑（无论对健康还是年老时的外形），从事整形行业的医生仍然有利可图。

我希望通过评论整形和美容传达一个重要的信息：如果我们无法认识到技术改变我们的健康和外表的缺点，我们就不能看到技术造成的复杂问题和超乎个人日常经验与知识的问题。

不惜一切求发展

近十年来，我们争相推出新想法、新创意、多样化的消费品、电子游戏以及各种噱头，我们展现出天马行空的创造力。可悲的是，这是由对赚快钱以及即时沟通和满足的渴望造成的。人性使然，但这种方法有很多缺点，我们选择了对自己岌岌可危的处境采取忽视的态度。

可以将这些消极因素分为三大类。第一类是纯物质活动的混合体，我们正在开发和破坏整个世界（矿物和人类）的资源。这些都是不可逆转的变化，我们食其肉，毁其居，把动物或植物逼上濒临灭绝或者处于灭绝的危险之中。我们还将它们用于许多衍生产品，例如犀牛角、虎皮、象牙、玳瑁和鲸油。在人类存在的情况下，我们继续造成永远无法恢复的森林砍伐，我们无节制地滥用有限的石油和矿物等自然资源。现在还有许多武装入侵、种族灭绝和部落土地被盗的案例，这些罪行完全由"文明人"进行。

第二类是未能认识到，历史上原以为可以惠及万民的部分创意和发明，后来显现出灾难性的副作用。

第三类是进步仅惠及社会有限的一部分人；由于技术的进步，富人和穷人之间的差距正在扩大。现在，随着媒体和互联网传播揭示贫富差距的事实和景象，社会分离也愈发明显。几代人以前，贫富差距的敏感信息会被打压,因此阶级隔离从未像现在这样明显。如果在20世纪90年代中期随意抽取一个日期,当时计算机技术蒸蒸日上,日益影响我们的生活,那么在不到20年内(或一代人内)电子技术已经在使用电子设备的人和不会使用电子设备的人之间划了一道鸿沟。这种社会分裂已经非常明显,但不幸的是,将来会变得更加糟糕。

在本章中,将重点讨论我们未能预测到的、更为实际和更机械的后果,这些后果在过去和现在都是不可取的。后见之明当然很容易,但进步缓慢,先见之明似乎更为可取。龟兔赛跑的故事可以很好地揭示这一道理。

稍后,我将就第二个方面——技术变革和进步是如何直接造成大部分人越发孤立的——提出更多想法。在很大程度上,被孤立的永远是穷人或老人,因为创新技术总是起源于富裕的年轻人,他们看不到老一辈或失业者的生活。尽管如此,人类的预期寿命却在不断延长,老年人的比例随之越来越高。因此很有必要多替老年人着想,尤其是成功人士将在极短的时间内步入老年。没有谨慎的态度和深谋远虑,我们很容易破坏未来文明的前景。

接受新思想

一个更令人惊讶的人类特征是,面对新思想和"进步"的态度。有两种相互矛盾的反应,因此不分析两种反应就不能洞悉整体模式。第一个反应是面对一个全新的提案,将其全盘否定,并说我们不理解或不需要;第二个反应是面对新产品或新程序,欣喜若狂、全盘接受,完全忽略任何潜在的长期副作用。为了强调说明这两种反应方式,首先以接种疫苗为例,然后在下一节中举例说明已经发明的新技术、新商品和新玩具。

对于原本旨在惠及大众的产品,人们非但没有欣喜若狂,反而极力阻止。不愿意接受新想法的一个典型例子是试图治愈或免疫于天花。我们现在经常使用疫苗来降低许多疾病的传播,通常认为疫苗是成功的手段。然而,对于最致命疾病之一的天花,人们却极不愿意接受这种技术。天花是一种很严重的疾病,多达60%的人口受到感染,死亡率至少达到20%。即便幸存下来,幸存者也会满脸疤痕。

1721 年,一位英国驻土耳其大使的妻子在土耳其报告了天花接种事件,但由于她的报告不太可能被考虑而被驳回(因为她是一名女性,该建议被为男性垄断的医学界忽视)。通过感染相关疾病天花以获得免疫力这一不太明显的途径,已经被农民认可,但医学界并没有认真对待这一做法,部分原因是他们与农民之间存在社会隔阂。

由于詹纳(Edwarol Jenner)尝试用活牛痘接种疫苗,医学界的观点开始发生变化。他取得了成功,但是这个过程仍未被立即接受;甚至有人建议立法禁止任何此类疫苗接种。为了替那些反对接种疫苗的人辩解,必须记住的是,反对者和詹纳都不了解这种疾病的生物学原理,他们也不了解接种疫苗的运作机制。我们现在认为接种天花疫苗是有史以来最重要的医学成就之一。这种疾病在 1979 年左右在全世界被消灭。

历史上不幸的技术事件

维多利亚时代出现了许多令人兴奋的、时髦洋气的技术,但这些技术最终产生了可怕的副作用。虽然所有历史时期的例子都可以被引用,但 19 世纪显然是最有创意、最有想象力、最有勇气敢于尝试新思想的时代。因此,我们可以回顾这一时期在对用户的影响方面存在严重缺陷的许多产品。从维多利亚时代的例子开始,好处是我们不太可能在情感上感同身受,也不会受当前的论点、观点和现代商业压力所左右。当分析更多当前的例子时,就会发现情况并非如此。

历史上的许多创新富有想象力,且基本上是合理的,但是可取的材料和生产方法并不安全。从21世纪的观点来看,当时的创新者对化学、生物学和物理学的无知几乎令人瞠目结舌,医学实践的例子往往令人毛骨悚然。基于天然气和电力的新设备的事故率特别高,不是因为人们没有掌握原理,而是因为安装人员和用户的无知。因此,与烧开水再把热水倒进浴缸相比,使用天然气直接加热的浴缸(就像平底锅一样)是一种奢侈。但是边洗澡边做饭的可能性是存在的;另外,存在把水和金属浴缸加热到过热、烫伤和气体爆炸的风险。报纸上经常报道此类事故。

家里的电力同样危险,因为电在当时是一个很难理解的新奇事物。因此,电工对于潜在危险可能缺乏培训,经验不足。开关、绝缘和布线的设计甚至远远落后于市场。确实,维多利亚时代的开关具有吸引人的黄铜按键和盖子,漂亮的设计可能看起来比现代塑料包装更好,但是金属部件可以导电,发生人被电击致死的事件。

维多利亚时代的富人大都喜欢绿色,因为他们如痴如醉地使用绿色图案壁纸。一个隐藏的危险是绿色颜料是由含砷化合物生产的,含砷化合物与大气中的水分反应释放出砷蒸气,结果许多人在他们时髦的房间里生病或死于这个隐藏的杀手。制造商当然否认壁纸与伤亡之间的关联;至少有一位著名的壁纸设计师拥有生产砷的矿山,所以他不可避免地拥有狭隘的观点。不过在赞扬他的工作和文化影响时,从未提及相应的采矿活动。

绿色在着色玻璃的设计中同样受欢迎,但用作着色剂的金属之一是铀。铀发出的绿黄色令人着迷,因为在漆黑的夜晚,玻璃会发出苍白飘渺的光芒。那时,没有人知道原子核的概念,因此也不会有原子会分解并放出高能辐射的概念。含铀玻璃肯定是装饰性的，但业主不知不觉地接触到了铀辐射源。时代并没有改变，物理学也没有改变。我认识这种玻璃的现代收藏家，他已经收藏了相当多数量的含铀玻璃。有一次，一位研究物理学的同事在他的办公室用盖革计数器捕获了铀发出的信号（实际上是一个不健康的信号）。他经常感到疲倦，因为他把这些玻璃藏品放在他经常用来休息的沙发下面。

对于那些经常接触在表盘上涂上荧光数字的人来说，辐射也是一个隐藏杀手。为了使刷子的尖端纤细一些，工人会用舌舔刷子尖使尖端湿润一些，转移到舌上的镭经常诱发癌症。

19 世纪末，科学家正在研发 X 射线源。机器能清晰地呈现出骨骼图像，用户可以愉快地展示出骨骼的阴影图片。当时的人对 X 射线的能量没有任何危险感，尽管事后人们应该意识到许多使用者死于因 X 射线辐射而导致的癌症。对于辐射的无知一直持续到 20 世纪中叶。我记得小时候，在鞋店中看到店员使用 X 射线设备确认鞋子是否合脚。客户暴露于相当大的辐射剂量中，但是可怜的店员由于长期暴露于辐射中，因此患癌症的并不罕见。

现代青年会感到诧异：20 世纪 50 年代人们对辐射照射的态度是非常积极的，将其视为"可接收的能量"。矿物温泉和瓶装水自豪地标明其放射性含量。放射性含量越高，销售额越好。我们需要记住，在申请工作时需要做胸部 X 射线检查，当时对辐射的危害缺乏了解。任何看过原子弹试验新闻影片的人都会意识到，对现场工作人员的保护几近于无。工作人员几乎立即返回爆炸现场，以评估留在试验区的建筑物和车辆的损坏程度。然后，辐射安全标准开始设定较低的允许暴露限值，在接下来的半个世纪中每 10 年下降约 10 倍（对安全水平的认定存在惊人的差异）。

对"冷战"和原子弹试验的反应导致对任何与"辐射"或"核"相关

的产品的态度完全发生逆转。人们的态度从梦寐以求急转直下到咬牙切齿。公众并未对其有任何逻辑或真正的理解，所以当医学成像进化到一种称为"核磁共振"的新技术时，患者和医生都会因为"核"这个词而拒绝使用。尽管事实上这项技术诊断信息良好而且不会产生有害影响。睿智的公关宣传和重新将其命名为磁共振成像才使得这一技术很快被大家接受。

相比之下，由于X射线图像已存在了60年，人们对X射线成像的使用漠不关心，尽管有不可避免的电离和损伤，以及造成细胞的突变。不幸的是，X射线检查不可能不受到这些影响，这些影响更常见的结果之一是癌症。无知情绪仍然存在，人类需要高级X射线成像、牙科X射线、乳房X射线摄影筛查和计算机辅助断层扫描，这些都依赖于X射线照射。更高质量的图像（如在计算机辅助断层扫描中）只能通过更高的辐射剂量来实现。

许多医生和患者仍然忽略X射线诊断会诱发癌症的事实。这不是一个微不足道的副作用，因为大约2%的癌症实际上是由X射线成像引起的。对我来说，2%似乎很高，但是这个数字是目前使用最先进的高灵敏度X射线探测器的正面评估，而在之前的几十年中，X射线检查的副作用更加严重。事后看来，一些早期的历史后果是高达几成的患者因暴露于X射线而罹患癌症！对于其他人来说，2%现在看起来是可接受的风险，但值得注意的是，每年约有100万欧洲女性罹患乳腺癌，2%意味着这些病例可能是由暴露于X射线诊断而引发的。从这个观点来看，这是完全不可接受的，特别是因为完全可以使用其他非破坏性方法。

为了使辐射暴露最小化，可以牺牲图像质量。辐射暴露确实减少了，但却产生了两个后果。首先，图像质量差可能意味着我们忽略了小的早期肿瘤。其次，存在一个更显著的缺点，即很容易将较差的图像解释为假阳性(即相信体内不存在肿瘤)。一些医生声称,在许多筛查项目中检测到的实际肿瘤存在更多的假阳性。误诊导致焦虑,重复检查,而且偶尔还会进行不必要的手术,以及消耗医疗服务的巨额成本。

现在回到维多利亚时代,当时的人们有理由为他们的室内厕所感到骄傲,但是他们并不知道管道设计时应考虑到甲烷和硫化氢气体的释放,这意味着这些气体可能无法有效疏散并且浓度很高。如果甲烷和硫化氢气体接触到蜡烛或煤气灯,那么就会发生爆炸。另一个问题是厕所和家庭用水使用铅管道会污染水。现代医学不仅让我们认识到了铅的医疗危险,还让我们知道这种危害在古代就有许多先例。富裕的古罗马人用铅管道,而农民没有。铅造管道的社会效益绝对是一把双刃剑,因为铅管道的副作用与许多精神疾病和生育障碍等疾病有关。管道技术甚至可以解释 1600 年前罗马文明的最终瓦解。

维多利亚时代的人也发明了新的材料,例如称为赛璐珞的塑料,它比象牙便宜,看起来很诱人,但是会随着老化变得不稳定,易燃易爆!由于赛璐珞被用于服装,因此潜在的危害相当大。许多报纸记录了这类事故。早期的电影业也遭遇了同样的自燃自爆惨剧,因为电影胶片的卷轴是卷在一种不稳定的、基于赛璐珞的化合物里。这不仅发生于胶片后面的热膜投影机运行时,甚至还发生在存储容器中。危险性非常严重,因此许多旧电影胶片被故意销毁并重新加工以提取银,而不是保存下来以见证电影业的历史。

19 世纪另一种流行的建筑材料是石棉。它具有出色的隔热和建筑热性能,但是多年前才发现石棉灰尘可能会导致严重的肺部损伤。在危害显而易见之后,人们继续使用石棉将近一个世纪,看来钱比健康更重要。

隐藏的恐怖事例还有很多,但是我的例子证明,当新技术首次使用时,可能会产生未知的副作用,而且,与石棉一样,其副作用在数十年间可能会被忽略,因为该产品物美价廉。

仅举一个现代例子,用塑料或聚氨酯填料的铝包层等物质制成的现代复合材料,具有许多优异的性能,可以用于设计未来主义摩天大楼的外墙。然而,它们可能易燃,而且这也是设计摩天大楼建筑物外观要考虑的因素之一。20年后,我们再来回首今天,还会认为使用这种材料是一个明智的选择吗?

维多利亚时代的厨房

除了用于开水、烹饪、加热和所有其他家务活的危险设备之外,许多19世纪的食品技术"进步"都存在隐患。两个经常引用的例子是改善面包和牛奶外观的探索。有一种方法是将明矾添加到面包中以增加重量和体积,与使用好的谷物相比,添加明矾可以大大提高利润,并有助于提升色泽。明矾是铝基化学品,会降低面包营养价值,导致肠道疾病(这可能是致命的,特别是对于儿童而言)。当时婴儿死亡率高与受污染的面包不无关联。

随着先进铁路网络的出现,牛奶很容易从产地运输到城市,但是整体交付时间仍然缓慢,牛奶不仅可能被牛结核病菌污染,而且在到达目的地时通常会变酸。为了掩饰味道,人们添加了硼酸[这一办法由比顿(Beeton)夫人发明]。不幸的是,加硼酸后的牛奶会使人恶心、呕吐、腹泻。硼酸对抑制结核病没有任何作用;现代估计表明,在维多利亚时代至少有50万儿童死于牛结核病。

在食品方面,现代人没有骄傲自满的理由,因为我们购买的产品已经过处理,使用了许多添加剂加以"改进"。食品包装上确实可能有一份关于食品的营养价值或糖百分比等内容的说明清单,但对于大多数人来说,添加剂、防腐剂和增味剂的名称是毫无意义的行话,我们或许很少真正了解哪些物质可能有害。同样的困惑也适用于食品行业的许多"专家",因为他们对脂肪、糖和胆固醇的看法在好与坏之间摇摆,是好是坏似乎只取决于支持特定观点的专家。

混淆的另一个原因是欧洲的一些添加剂列有 E 编号,但管理其使用的法规因国家而异。即使对于食品专家来说,也很难知道这些化合物究竟存在多大问题。

随着分析技术的进步,额外的信息可能也无济于事。我们现在可以分析口腔或胃中存在的大量细菌,但我们的潜意识告诉我们,细菌都是坏的。我们的本能会产生一种情绪化的反应并试图杀死所有的细菌。这是错误的,因为细菌对我们的健康至关重要。就像最初描述核磁共振中的"核"这个词一样,我们可能需要一些不具有与细菌有相同之处的替代品,并尝试发明一个新词,以把"有益"细菌从"有害"细菌中区分开来。这仍然是一个相当天真的建议,因为同一细菌在不同情况下的作用不同。

到现在为止的后见之明

一个非常积极的方面是,虽然存在隐藏的问题,但是我们的知识基础正在扩展,我们能够回想起前几代人创新的乐趣和惊喜,甚至可能会诧异于先人在没有详细了解基础科学的情况下,竟取得了如此大的进步。然而,令人感到遗憾的是,他们没有认识到他们的新想法和产品的许多负面特征。值得注意的是,在完全祝贺自己之前,我们的子孙们可能会对我们作出同样的评论。

第五章

从火车到晶体管

工业革命

在讨论维多利亚时代和 19 世纪的技术时,不可避免地要谈及工业革命,并将工业革命与大型工厂、大量工人,以及令人耳目一新的创新,制造业的改进和大规模生产联系起来。诞生的新技术包括铁路运输、蒸汽动力船和钢桥。随后出现了体积较小的自行车和飞行器,以及汽车、坦克和更强大的战争武器。这些变化举世瞩目,看得见摸得着。人们在了解这些设备的制造原理和过程的基础上加以改进。所用材料的细节并不重要。许多人都知道钢制品含有铁和碳,但是人们可能不知道特种钢所需的其他添加剂。这一迷茫同样适用于大多数 19 世纪的钢铁制造商。同样,黄铜是由铜和锌制成的,但是许多人并不知道到其具体成分和制造过程。

这种模式——产品成分不为使用者所熟知,但使用者可对产品进行处理和修复——主导了我们对技术的看法,使我们潜意识地认为所有后来的进步都是其衍生品。我们意识到,从 20 世纪后期开始,出现了新的和完全不同类型的工业革命。但我们需要对这一事实进行反思。一些改进,例如冶金和化学的进步,只是原始探索的高度精炼版本,产生了喷气发动机所需的特殊金属和材料,改进了塑料的化学性质等。而半导体电子和光纤通信的材料却需要一种完全不同的发展方法,与我们习惯的操作方式截然不同。

不同之处在于,在电子、计算机和通信革命中,我们需要使出洪荒之力来提升产品的纯度,且在其中添加非常精确数量的精心挑选的元素。"毛估"不行,需要完全排除替代添加剂(同样适用于钢铁制造)。我们的标准是将纯度控制到十亿分之一(十亿个原子中仅有一个的误差),然后在精确区域中添加新的化学元素,要精确到百万分之几。这种严格程度超出了我们的日常经验。实际上,在半个世纪之前,元素组成的变化是不可能被发现的。

一些现代电子设备需要在不同位置对 60 个不同元素实现精确控制。事实上,在第一次工业革命中,仅有 60 种元素被发现并被识别出来。

由于我正在研究技术进步的消极方面,这可是个非同寻常的挑战,因此谈谈技术剥夺了人的快乐和享受也理所应当。19 世纪和 20 世纪初引人注目的蒸汽火车、机械化农场设备和露天游乐设施可能已经生锈,但是它们令人兴奋,而且如果有足够的时间,可以修复如初。因此,有数百人投身于修复这些腐朽设备的活动中,催生了蒸汽铁路主题公园,使它们成为家庭出游和娱乐的目的地。如果我试图预测未来,并且想知道是否会有一代人试图制作过时的电脑,这样人们可以玩无意义的原始电脑游戏,那么我强烈认为答案是否定的,因为制作过时的电脑肯定无法提供利用修复蒸汽火车而吸引家庭外出的效果。

本章希望尝试重新调整我们的思路,以便认识到微量材料可以对大规模材料和环境的性能和生存产生重大影响。当然,现代电子或光纤通信的每种用途都是实际存在的,但是在大多数情况下我们没有考虑这些项目的运作方式。一旦我们接受了少量材料可以决定大型系统的性能这一事实，不仅揭示了现代技术的新亮点，还揭示了我们所使用材料的许多方面以及我们对周围环境的敏感性。这反过来将把我们的注意力引到我们为什么要保护我们的环境上来。

这里不打算讨论电子学的科学原理，但是要审视的是二氧化碳和气候的作用。我们很容易提供出大家熟悉的对这种微小材料痕迹的敏感性的生物学例子，我们可以将它们联系起来，因为我们已经认识到它们的影响。例如，一个人可能被蚊子叮咬，患上疟疾并死亡。叮咬处的有毒物质的实际重量可能远低于人体重量的百万分之一。悬浮在空中的细菌可以使人感冒，足见其具有更高的致病性。

我们积极地对性吸引的信息素作出反应，这些信息素非常有效，即使它们在空气中的浓度低至千万分之一。如果信息素是成功的，那么在它们起作用的下一阶段，即繁殖阶段，我们或许可以进行多学科思考。使卵子受精的精子远远小于出生动物的十亿分之一，而且精子包含的信息比我们目前整个图书馆中包含的信息要多得多，认清这一事实可以帮助我们看清在信息技术方面的微小进步，以及我们取得的成就的局限性。谦虚会鼓励我们看到过度热情地接受新技术理念的结果。

食物——小变化，大影响

民以食为天，我们不仅需要足够的食物以生存，还要以享受美食为乐趣。因此，一个好厨师会添加盐、草药等调味品，以提升食物的层次和风味。就体积而言，这些添加剂可能只是食物的千分之一或更少，但添加剂是至关重要的。对于我们的健康而言，我们需要不同的微量元素和化合物来刺激和调节我们的身体。在某些情况下，微量元素和化合物的数量仅占食物总摄入量的百万分之一。我们可能认为这一数量非常少,不必理解其重要性。事实上,从现代先进的电子学或光学技术来看,百万分之一已经是大数字了。正如前文所述,在许多技术中,例如在半导体或光纤的制造中,人们必须控制在十亿分之一范围内的痕量杂质效应。测量和理解这种敏感程度直到 20 世纪后半期都是不可想象的,其难度相当于在像中国或印度这样的人口大国中识别出一个人。

食品调味、半导体技术和控制生物过程(包括生长)的共同之处在于,它们对各种化合物的微量痕迹都非常敏感。令我在非科学领域工作的朋友总感到惊讶的是,这些微量的材料很重要(不仅在食品中),但是技术的许多不利影响恰恰归因于这种敏感性,因此我会在不同类型的情况下多次介绍它。特别难以预测的是药物和农用化学品残留物的后果,因为我们不仅不了解它们可能产生的影响,而且它们可能已经在植物或动物(包括我们人类)体内积累。

许多事例说明:对新技术的开放程度可能超出我们的谨慎程度。近半个世纪以来能够监测少量材料对于一线科学家来说是很重要的,但是那些开发和使用新材料的人却无法感知其重要性,特别是直到最近我们才知道数量如此之小的化学物质会对我们的健康和生存产生巨大的影响。即使科学家已经知道缺乏微量元素的危险,但相关细节往往隐藏在医学或技术文献中,而这些文献不太可能被公众阅读。而且如果这些文献与人们固有观念发生冲突的话,也可能会被忽视。此外,文献数量呈指数级增长,因此即使是专家也可能会错失宝贵且相关的新信息。

还存在另外两个困难:第一个是显而易见的,但第二个则鲜为人知。最熟悉产品应用和副作用的人,可能是制造产品的公司所雇用的员工,但他们更在乎产品的优点,而不是缺点。这既是人性使然,也是公司不愿意公众知晓其产品和化学品的负面影响的结果。除非得到公司的同意,否则许多员工的合同不允许他们公布任何有负面影响的信息。在极端情况下,可能有人会这样做,但是他们可能面临潜在的被起诉的风险,可能会被相关行业辞退(更糟糕的情况是,由政府机构披露产品的负面影响)。第二个鲜为人知的困难是,科学期刊和一般媒体都不愿意出版那些评论过程或想法有错误的项目,或者某些曾被头条报道证明是无效的项目。

我不止一次遇到过这种困难,从中我认识到,特殊类型的实验和分析方式存在一个非常普遍的严重缺陷。在每种情况下,包括我在内的数百位作者都犯了错误,与我交谈的每个人都认同我发现的长期存在的错误,但是它们很难见诸媒体。所涉及的期刊编辑担心他们的裁决过程受到批评,或者他们的期刊中有太多不正确的文章。但是我坚持了下来,最终所有的项目都被公布了,而且目前的引用量很高。

工业革命的阴暗面

近250年以来,工业和创新呈现出了前所未有的增长速度。由于煤炭和矿产等自然资源的大量开采,以及允许创新、创业和扩大众多行业的文化和政治气候,英国从中受益匪浅。因此,英国人相当自豪于英国在工业进步、思想和产品创新中的主导作用。

然而,俗话说"没有痛苦就没有收获",这句话相当有道理。在工业革命的早期阶段,陶瓷、钢铁、天然气和电力能源以及纺织品等制成品的进步,推动了对煤炭的需求。因此采矿业激增,特别是煤炭和铁。在工业发展的同时,人们从农村大规模迁入城市中紧凑密集的住房,投身工厂和集中化的工业。

所有这些技术进步(为企业主创造财富,实现英国影响力的全球扩张)的可预测的不利因素,不仅剥削了英国人民,也剥削了殖民地,同时导致了全世界自然资源的破坏和污染。

　　触目惊心的污染状况,已见诸图片和文字中;工业中心地带象征性地被称为黑色国家,诗意地被称为"黑暗的撒旦工厂"。煤炭燃烧产生的煤烟、烟雾和有毒气体污染了城市和乡村的空气,缩短了人(不仅仅是那些在大型工厂或矿场直接工作的人)的寿命,发展的代价惨重。黑色和被化学腐蚀的建筑物的证据历历在目,大量的采矿废弃物和废品堆触目惊心,直至今天仍未被完全掩埋。

　　大气中的污染不仅限于工厂和城市,在林地中也是有证据可以证明的。大气污染还阴差阳错地产生了一些对动物有益的副作用。有些种类的蛾的色调从浅到深,在被污染熏黑的树木的映衬下,浅色的蛾因为更扎眼,容易被鸟类吃掉,而深色的蛾幸免于难。这是一个有关自然选择的明显例证,因为深色的蛾有深色的后代。后来工业活动产生的煤烟急剧减少,空气变得清洁,浅色的飞蛾现在大有机会生存下来。不幸的是,这对深色的蛾来说是个坏消息。

　　虽然工业蓬勃发展,污染也满目疮痍,包括废渣堆、酸性河流以及所有明显的工业废物遗迹。与此同时,在过度拥挤的城市中人们的生活条件不断恶化,流行病肆虐,婴儿死亡率居高不下。当时和现在都不太明显的事实是,整个生活圈对非常低量的化学物质非常敏感(与烹饪一样),这些化学物质会影响健康个体的繁殖和生存能力。虽然到本世纪,英国高耸的烟囱和黑暗的天空已经消失,但是过去和现在污染物的更微妙的后遗症依然难以根除。

　　污染无孔不入,在伦敦即使没有工厂、陶器厂或炼铁厂,泰晤士河也是一个开放的下水道。恶臭刺鼻,霍乱和其他流行病司空见惯。

　　工业进步的一个真正严重的阴暗面是对人类和其他生物的剥削。许多行业将工人视为另一种消耗性资源。奴隶制一直是希腊和罗马古典文明的基础,许多英国殖民地的奴隶主靠奴隶赚得盆满钵满。毫不奇怪,他们对英国人工作条件的态度并没有太大差异。只有在名义上,工人才是自由公民并领有工资;大多数人被困在工厂或矿山。采矿一直是高危职业,在维多利亚时代,成千上万的矿工因地下事故或尘肺病而死亡,雇主和工人都对这种情况见怪不怪了。

金钱利润至上,工业事故赔偿被压到最低。在此期间,健康和安全立法被视为进步的障碍,因此工业事故频发。即使在对事故进行赔偿时,所涉及的金额也少得可怜。例如,在布赖顿附近有一口挖掘于1858年的水井,据称它是世界上最深的井,井边上的一块标牌记录着有一名工人在挖掘时遇难。遇难工人的寡妻得到了12先令6便士(或62.5现代便士,不到1美元)的赔偿,仅相当于大约一周的工资。

在推动工业革命的所有活动中,有许多人们熟知的危险工作的范例。当时没有报道所有工伤遇难者,部分原因是危险工作难免致死,因此没有新闻价值。其中一个例子就是1883—1890年建造的老福斯桥,约有57名工人遇难。一个世纪后,后人打算建一块遇难者纪念碑,但是没有遇难工人名单,因为57人遇难仍被认为算不上重大的桥梁死亡事故。桥梁建设仍然很危险:20世纪60年代重新修建福斯桥时,仍有7名工人不幸遇难。

采矿、工厂、建筑和农业的死亡率畸高,致病和致残(如耳聋或四肢伤残)率更高。英国对工人工作条件的漠不关心并不是独一无二,即使在现代世界,所有国家的情况都没有得到根本性改善。由于技术进步的这一阴暗面与工业利润密切相关,要让企业主从态度上发生彻底变化也不太可能。

积极的方面是,英国承认住房、污水、生活条件和安全方面存在问题,并回应这些问题所带来的挑战。在现代英国,健康和安全法规已经激增,与之匹配的是更高的工伤补偿率。因此,工人和产品都比一个世纪前更加安全。我们是否达到了正确的平衡还不太清楚,因为安全行业的发展需要安全官员进行更加详细和限制性的检查、测试和认证。

因此,立法的钟摆带来了超越明智和必要的动力,然而可能导致过度限制。在许多情况下,这些过度的限制规则对于细心而称职的工人来说,意味着明显的障碍或收入下降。

过度的立法提供了一个意想不到的发展退步的例子。此外,如果产品不安全,即使在开发过程中也存在诉讼风险。一位法律专家总结道,按照目前的法规,以下探索和创新必须被扼制:飞机、空调、抗生素、汽车、氯气、麻疹疫苗、心内直视手术、制冷、天花疫苗和 X 射线。

站在我们的时代来理解污染物

研究污染物并不是个简单问题,因为我们都认为自己的经验和想法经常与当前的英国、欧洲、美国或其他全球标准相冲突。由于商业压力而产生的冲突是不可避免的,但是在许多其他情况下,官方专家的观点集中在问题的有限部分,所以很少有人能够提供真正全面的概述。

最近的一个例子是关于运输中使用汽油还是柴油的争辩。10 年前,一些人认为使用柴油较好,因为每立方米柴油行驶的里程比汽油的多,而反柴油者们则表示柴油发动机产生过多的污染物而且噪声很大。这两种观点都有一定的效果,但是在过去的 10 年中,设计师已经大大降低了柴油发动机的噪声和尾气排放,因此现代"清洁"柴油产生的气体污染减少了 60% 以上。在如此短的时间内取得的进步实属难得。

但是当情况开始明显有利于柴油时,一种新的哲学崛起了,即燃烧柴油产生的氮氧化物和颗粒比燃烧汽油产生的气体排放更严重。毫无疑问,氮氧化物和颗粒在拥挤的城市中危害健康;研究表明,氮氧化物和颗粒每年可能导致 25 000 或更多人死亡。因此,有人建议改用汽油,汽油成本的上升和污染气体的增加可以忽略。

这显然是一个漫长的传奇故事,公众将会发现这个故事越来越复杂,汽油会越来越昂贵。大多数人会选择成本更低的燃料,这在很大程度上取决于他们车辆的使用模式。政治上的过度反应,例如禁止在大型城市(比如巴黎)使用柴油车辆,显然对许多人来说是一场经济灾难。在英国,大约有一半的新车是柴油车,因此不管欧洲立法如何规定,禁止使用柴油车会造成财务负担,不切实际。

这场辩论旷日持久,因为汽油不是一种完美的燃料。例如,汽油可能含有苯(有时可以从尾气中检测到)。苯是一种已知的致癌物质,但是这一特征似乎被忽视了。事实上在意大利语中,汽油这个词就是苯。因此未来媒体可能会关注苯或其他微量化学元素,建议禁止汽油,改用柴油。显然,汽油和柴油都有缺点。

典型的模式是关注问题的一个方面,并从特定的观点得出看似明智的结论,然而,这意味着提出论证的数据支撑是正确的。汽车会产生颗粒污染,显然,交通是空气质量差的主要原因。但是,有两个因素需要考虑。第一是询问是否可以对污染程度进行可靠而定量的测量(可能可以);第二是对结果进行量化评估(绝对不可能,因为量化评估本质上是一种聪明的猜测)。这就陷入了进退维谷的境地,因为通过仔细监测应该可以获得有关污染水平的可靠数据。疾病和死亡人数的第二个因素从来都不准确,因为人们和他们的生活与其背景、地域、遗传、工作地以及旅行数量交织在一起。更糟糕的是,这必然是无科学依据的科学,因为不可能与生活在无污染环境中的同一个人进行明确的比较。

次选方案是查看统计数据,并对**可能**归因于环境污染的疾病和死亡百分比作出科学的估计。在这一点上,必须由没有任何特定动机的无偏见的人进行评估。然而,由于他们是被委托进行这一研究的,无偏见的评估是极不可能的,因此无论他们评估的结果是什么,都会以不同的基调呈现。首先,这些数字肯定会称伦敦城市居民死于污染的可能性是农村居民的 4 倍(忽视他们生活方式的其他方面),并宣传说每个自治市镇平均每年有 100 人的死亡归因于空气污染。我非常小心地使用了确定性和情感性的词语"归因于",而没有使用研究性词语"可能归因于"。然而,新闻界、政治家和所有压力团体都会将这些数字作为事实引用,以便实现其目的或登上报纸头条。由此开始,这些数值作为无可争议的已知数字被引用。

对于伦敦来说,柴油颗粒物污染的最大来源是出租车(约 50%)和公共汽车(约 7%),私家车不到 20%。因此,合乎逻辑的第一步是禁止出租车和公共汽车!这样的提议可能不会受欢迎,而且人们也不大会选举提出这种建议的任何政客。相反,城市管理者可能会提出一个策略,通过用电动车取代出租车和公共汽车来减少空气污染。从这一点上看,该策略似乎是明智的,尽管电力需要在其他地方产生(即污染源迁移)。此外,新车辆和材料需要大量的资金和资源成本,其中最重要的影响是电池材料来源有限。

为了表示正在采取措施减少污染车辆,对许多城市来说,更明智的建议可能是鼓励使用自行车。分析伦敦的数据,从健康和安全的角度来看,应该禁止男性骑自行车。这看似是完全合乎逻辑的,因为报道的自行车事故中 80% 涉及男性,大多数严重的自行车事故发生在城市地区。就英国的数字而言,据 2013 年报告,严重的自行车事故数量接近 2 万。许多人头部受伤,致死率从伦敦的 70% 到农村的 80%(2013 年的数据)。

引用所记录的事故率(来自骑车者)和估计车辆污染造成的额外死亡人数之间的观点也存在差异。估计数充满了统计数据、意见和偏见。在报告的自行车事故同可能减少与污染明确相关的数字之间的比较中,骑自行车而不是使用汽车的好处可能更难登上新闻。

在考虑尝试转换到新的运输技术所造成的污染时,还应适当地比较由采矿、运输和生产所造成的死亡数。但是,我们从不考虑这类的计算结果,可能是因为生产电池所需的镍、镉和锂矿,或核燃料的铀矿生产于遥远的国度。在狭隘的、以自我为中心的观点中,可能会降低我们城市中与污染相关的死亡率,但是在全球范围的计算中,可能会造成更多的死亡。

在城市中使用电动车减少油基发动机的政治主张也是一种扭曲了的措施,因为这些说法并没有计算给电动车的电池充电是低效的,因为从主要能源转换成电能从来都不是完美无损的。最好的发电机,无论是发电站、光伏发电,还是风能,其效率都只有20%—40%,与直接使用柴油和汽油燃料相比,我们不得不生产近3倍的能量。因此,那些既想要干净的城市空气又需要减少全球变暖的人面临着两难冲突。

最后,作为一个习惯在不那么拥挤的街道上定期骑车的人,我看到了骑自行车的有利论据,但每周购物或在恶劣天气条件下骑车出行时,我从未考虑过这个问题。当我在当地小镇的高度拥挤的街道上开车时,开始理解为什么现在只有一条车道,旁边为自行车留出车道,随着新单行道系统的出现,行程时间将翻倍,而且直行道上被迫转向,将造成旅程距离的增加(这两项都加剧了污染程度)。当发生故障或轻微事故时,单车道系统甚至更成问题,因为它将导致路面完全混乱。理想主义者所谓的绿色政策认为应该减少汽车进出道路并将道路用于自行车道,我认为这样做是误导,是欠思考的,我相信还有其他人和我的观点一致。交通问题没有一个简单狭隘的解决方案,甚至可能根本就没有解决方案。

我批评盲目的观点,但我也有错,因为我只以伦敦为例子讨论了污染问题。从全球来看,伦敦的污染程度很小。我去过许多大城市,在几分钟内口腔和肺部的污染物味道明显,然后意识到为什么会有许多当地人戴口罩。现在的估算表明,目前全球每年有超过100万人死于严重的城市污染。

污染物和气候变化

在我寻找技术阴暗面的更具戏剧性的例子时,必须看到技术在气候变化中的作用,尤其是在关于工业污染所扮演的角色以及应对全球变暖必须采取的措施之间存在激烈而持续的争论时。作为科学家,我的职业生涯致力于仔细测量和谨慎解释,对于这种多参数情况,大多数人将无法理解可用的信息范围或需要的信息。更糟糕的是,试图最大限度地减少二氧化碳等污染物产生的立法都需要花钱。因此,许多工业家将直观地对任何此类变化作出反应,并抓住任何证据表明我们人类正在引起全球变暖。在使用论据和证据的过程中时常需要对科学有一个非常详细的了解,然而大多数人和政治领导人(甚至还有很多气候学家)都缺乏专业知识,不能进行真正理性和合理的评估。这不是在批评他们,而只是对复杂问题进行现实性的描述。

需要明确一点,我不认为专业科学家在这方面会做得更好,特别是在他们自己高度专业化的领域之外的方面。

为了避免有任何偏见之嫌,我将从有关全球变暖正在发生的确切证据开始说起。北冰洋夏季冰覆盖率的不断减少,提供了明确的数据。美国国家航空航天局提供的过去 20 年中夏季冰量减少的图像是如此明显,以至于不需要科学训练就能看到冰盖的减少量相当多,而且是渐进式的。此外,冰覆盖率的减少不仅仅是在夏季,即使在每年的 11 月,北极海冰覆盖面也在稳步下降,自 1980 年人类能够获取卫星图像时,其减少面积达到 150 万平方千米(面积约为法国面积的 3 倍,或得克萨斯州面积的 2 倍,但它只占整个北冰洋的三分之一)。事实上,北冰洋的表面积是世界上所有海洋面积的二十五分之一。也许我们低估了北极地区重要性的一个原因是我们打印地图的方式,因为我们试图在二维平面图上呈现三维地球。墨卡托投影法对美国这一纬度的国家很有用，但对北极而言毫无价值。其他类型的投影为把极地地区囊括在内，扭曲并减小了极地地区的表观尺寸。因为北极周围只有海洋，所以倾向于忽略扭曲。

实际上，所有打印的地图所呈现的效果都是错误的，所有这些都是为了实现不同目标的妥协。唯一值得称道的是三维地球仪。同样，最初由欧洲制图师设计的地图的焦点低估了非洲的规模。事实上，非洲比从地图上看起来要大得多。非洲的面积几乎与中国、欧洲、印度和美国大陆的面积之和相等。也许未来的技术将提供能够纠正这种不平衡的全息地图。一种预测观点认为，一旦我们认识到非洲大陆的规模，那么到21世纪末非洲人口数量将超过世界其他地区的人口数量，这一预测似乎不太可能。

全球变暖也通过全球温度的详细记录得到证实。温度数据的精确度因国家而异，当然人们总能找到值得怀疑的值，但英国至少有大约250年（从1777年开始）的温度记录。因此，如果看一下整体图形趋势，会对出现的任何模式都充满信心。

英国的数据不是全球性的，但是它似乎与许多其他地区相匹配，它表明在记录期间（恰好是与工业革命相关的时期）温度缓慢上升的趋势虽然很小，但是很明显。大多数最温暖的年份都是在21世纪，到目前为止，2015年的温度值为顶峰。如果没有温度记录的数据，我们几乎不可能认识到温度的变化。在英国（或美国），全国各地都存在着严重的气候差异，当然在英国也存在快速且不可预测的日常波动，这些波动非常局部化。我们大多数人也不受中央供暖、空调和穿着多少的影响，但是，旅行的人会因区域和国际上气候和温度的波动而感到困惑。那些活动范围局限于某地而且每天都暴露在气候条件下的人，对长期趋势有更强的敏感性，农民就是一个例子。对他们来说，效果是可感知的：

种植季节和鸟类迁徙在我们的一生中发生了变化,表明气候变暖和春天提早来临。

对于其他人,可能只会通过降雨和风暴的极端特征的数量和猛烈程度,来识别气候变化。当然,风暴的频率和幅度都会增加,同时风力、降雨量和洪水也会增加,这与全球变暖是一致的。因为我们看到的大部分水分(雨)来自加勒比附近的大西洋中部。海水在0℃(冰)时蒸发量很小,但随着温度的升高,蒸发量会急剧增加。

这里温度以摄氏度为单位,因为摄氏度是在科学研究中使用的全球性的温度单位。然而,我认为美国许多工业家和政治家拒绝承认全球变暖的可能性的主要原因之一,不仅仅是因为其干扰了商业盈利能力,还因为他们只使用华氏度进行思考。这对英国老年人来说也是一个难题。因此,对于他们所有人来说,温度的描述和科学数据也可能如外语一般。下面以℃和℉两种单位来比较水蒸气压力的变化。水蒸气压力随温度变化而变化,为简单起见,以10℃(~50℉)时的压力为基准,从10℃(~50℉)时的1,到15℃(~60℉)时的1.4,在20℃(~70℉)时为1.9,25℃(~80℉)时为2.6,30℃(~90℉)时为3.5。因此,华盛顿从春季到夏季的温度升高,蒸汽压力已经上升了250%。

不需要科学训练也能认识到,在天寒地冻的天气里空气是干燥的,但是当空气受热时有更多的水蒸发为水蒸气,湿度会升高。当水转化为水蒸气时,水壶煮水就是一个极端的例子。因此,阳光加热海水也会产生更多水分。对于英国和美国大部分地区而言,天气系统是由加勒比地区的海水温度驱动的。在过去的50年里,加勒比地区的海水温度上升了3℃或4℃。最近的峰值记录高达28℃,水蒸气增加了大约28%!与之相匹配的是,从海上搬运的降雨量将对等地增加,相当于向风暴和飓风输送的能量上升。由于水蒸气压力随着温度的升高而增加,如果气温继续上升,那么与20世纪中叶相比,水蒸气压力将上升

60%。这个观点听起来可能耸人听闻，但它不仅是真实的，而且可以根据已知的温度预测出来。

另一个因素是我们假设海洋宽广无垠、深不可测，因此大气从太阳光中所捕获能量的微小变化将是无关紧要的。然而，风暴的天气系统来自相对有限的赤道地带，而海洋的**表面**温度在蒸发方面是至关重要的。太阳能被捕获的能量增加不到1%就足以导致当前温度的升高。

我们很难认识到气温升高的趋势，因为在某种程度上，日间温度的变化比夜间的变化要小，而且产生的强烈风暴使一些地区升温的同时令其他地区变冷。因此，例如，2015年9月，美国和加拿大的平均温度（与20世纪平均值相比）分别上升了2.1℃和5℃，而西班牙气温则下降了0.8℃（即天气模式发生了变化）。

之前的评论是简单的观察或非常基本的物理原理，但可以使用存储在古代冰川冰芯中的信息来作为支撑数据。冰芯提供的记录显示，大气中的二氧化碳和温度稳定且平行地上升，二者似乎以相似的速率上升，但是二氧化碳的变化趋势与几千年前任何事物的变化趋势完全不同。

在这一点上，我们的直觉并不是很管用，因为我们的假设是，燃烧化石燃料产生并排放到大气层的污染物气体非常少。然而，极少量的污染物或刻意添加的材料可以在广泛的科学和技术中产生重大影响。换句话说，直觉可能是不可靠的。

工业革命是二氧化碳的来源，燃料消耗的增加速度与大气中气体和温度的上升趋势相似。因此，需要看看它们之间是否相关联，如果有关联，我们是否可以将造成这种上升的任何因素分析清楚，如果可能的话，可以设法限制这些因素。最先要讨论的是与甲烷和二氧化碳等温室气体的产生有关的影响。温室效应是指我们正在高层大气中构造一个化学层，允许阳光和热量进入大气层，但阻止能量从地球表面逸出，因此热量流入大于热量流出。由温室的结构可以看到温室的工作原理,因为内部和外部空气之间有一个有形的玻璃界面。由于我们讨论的是一种看不见的气体,因此很难理解二氧化碳也可以起温室效应,如果空气中二氧化碳浓度增加一倍,从大约百万分之一百八十的大气层到接近百万分之三百六十的水平,就足以引发气候变化。尽管这对许多人来说似乎没什么意义。

我们记录了很长时期冰川中二氧化碳浓度的变化,冰川中有被困的气泡,每层都记录着当年的空气成分。在遥远的过去,数百万年前,二氧化碳浓度要高得多,温度也高得多。在这么高的二氧化碳浓度和温度中,现代植被无法存活(人也不能生存)。自工业革命开始以来,二氧化碳浓度以与我们的温度记录上升相匹配的模式稳步增加。合乎逻辑的结论是,这两个事件是相互联系的,尤其是因为更多的二氧化碳在高层大气中形成了一个有效的温室层。

二氧化碳是煤炭燃烧产生的主要气体,我们将大量二氧化碳排放到空气中。煤的使用率与大气中的二氧化碳含量变化平行。煤和燃油的燃烧数量可以解释大气中二氧化碳的增加。目前在全球范围内,每年燃烧约 90 亿吨煤炭。关于哪些国家"贡献量"最大的结论已发生变化,但总量的上升趋势依旧。例如,中国在这 10 年前半段每年建造约 50 座燃煤发电站(即每周一座)。

不同的施压团体当然会说他们喜欢的能源将解决这些污染问题,我们应该争取发现无污染的可再生能源。不过这过于理想主义了,在不久的将来仍不可能实现。还有一些论据反对特定形式的能源生产或我们所忽视的因素。例如,人们担心核反应堆的放射性污染(这很合理),但是未能认识到,对于等量的能源生产,燃煤电站燃烧的煤炭通常会释放多达 100 倍的放射性物质!大多数放射性物质进入大气层,但有些仍然是灰烬。100 倍是现实,因为我们使用的固有的化石燃料被放射性元素污染。此外,我们需要记住放射性对我们来说是绝对必要的,因为它维持了地球的核心温度。没有天然放射性,地球将是一个天寒地冻的行星。

怀疑论者的算法

全球变暖与燃烧煤和石油产生的二氧化碳,大规模砍伐森林燃烧木材之间的联系,是相当明显的。虽然二氧化碳在可见光中是透明的,但是它是长光波的强吸收剂(即吸收从地球表面辐射的热量)。因为我们无法看到长波红外区域,缺乏对气体吸收的直观概念,这里将用一个非常简单的类比来解释我们可以看到的光,即可见光。

一块几毫米厚的纯氧化铝晶体,看起来就像一块透明的玻璃。事实上,它非常坚硬,通常用于制作手表的表面。如果我们现在添加一些(比如百万分之二百)物质,那么这块氧化铝就可以吸收光线并变成有色的。颜色取决于我们添加的特殊材料,如果添加铬,氧化铝将变成非常漂亮的红宝石;如果添加钛,氧化铝将变成蓝色蓝宝石;如果添加镍,氧化铝将变成黄色蓝宝石。因此,就对于光的吸收而言,百万分之一的纯度变化就非常有效。

更困难的问题是,工业产生的二氧化碳是否已经多到足以引起重大变化。气候变化和二氧化碳的作用是一个热门的政治和科学主题,有许多会议、意见和专家引用我们大多数人从未见过的数据,以及可能不是绝对正确的计算机建模。我不是一个怀疑论者,但我听到了许多过激的言论。因此,我在考虑是否可以将大气中二氧化碳气体的增加直接归因于工业生产。计算方法简单明了。我们知道地球的表面积和表面的气压,因此,通过将两者相乘,可以估算出大气的总重量。这个数字相当大，达到 56 亿吨。1 吨炭燃烧产生成 2.8 吨二氧化碳，因为我们在转换过程中添加了氧气。由于煤有灰渣，所以 1 吨煤相对于 1 吨炭产生的二氧化碳会少一点。我们现在每年消耗 90 亿吨煤。

我们还要考虑使用石油会产生多少二氧化碳。目前石油的消费量为每年约 340 亿桶，也就是约 50 亿吨。变成气体而不是其他产品的数量会少一些。森林砍伐量难以估算，部分原因是砍伐森林还减少了对大气中二氧化碳的吸收。然而，有人经过计算，认为每年我们排放的二氧化碳量至少以百万分之二的速度增长。实际上这也就很容易解释为什么自工业革命以来，二氧化碳浓度已经从百万分之一百八十增加到约百万分之三百六十。随着时间的推移，燃料使用率的上升也呈现了类似的模式。

我确信，我们要为进入大气层的额外二氧化碳负责。不过令人惊讶的是，从简单的计算中得出的结论是二氧化碳量涨幅并不大。因此，到目前为止我们很幸运，自然过程正在从大气中去除一些气体。但是这也不全是好消息，因为这一过程会使海水变成酸性，进而干扰或破坏珊瑚和其他海洋生物。数学运算证实，自工业革命以来，我们向大气中排放的二氧化碳足以造成海水酸性增强。

估算温度的实际升高值是一个完全不同且更复杂的问题。唯一可靠的事实是，我们有完备的记录（特别是在英国）显示温度上升的趋势，这一趋势肯定与二氧化碳的增加相匹配，因此不可避免的结论是，由于我们仍在向大气中排放污染物，那么温度将会持续上升。

在世界早期历史的特定时期中，二氧化碳浓度非常高，全球温度也非常高。当时，现在的庄稼和生物（包括人类）根本无法生存。从地球的历史来看，温室效应只是一个过渡阶段，而且现在存在着潜在的灾难和物种大灭绝的可能。也许下一个智慧物种会做得更好。

其他温室气体

不仅仅二氧化碳可以吸收红外线,造成温室效应。甲烷同样也可以,但这里的不确定性要大得多,因为永久冻土和冷水化合物中存在大量甲烷,随着气候变暖,这两处的甲烷都会释放出来。如果发生这种情况,甲烷效应将会推波助澜,那么温度上升将会更为迅速,远远超出我们的控制能力。

为什么我们不愿意解决温室气体问题?

一个多世纪以来,人们已经很好地理解了温室设计背后的原理。科学原理简单易懂。太阳很热,而且在很宽的光谱区域发光,不仅在可见光区域,而且还有被称为红外线(我们可以将其感知为热量)的更长的波长。最大能量以可见光的形式抵达地球,透过我们的温室玻璃,使温室内部变得温暖。然而,在温暖的温室内,热量辐射只能通过波长更长的红外线,而且玻璃不能传输这一波长,因此可见光的能量进入温室便被困其中,并加热温室内部。

为了在地球上生存,我们还需要捕获热量以获得液态水和足够温暖的温度。对于地球而言,温室玻璃屋顶被大气中的二氧化碳和气体所取代。这相应地降低了可见能量,并阻挡了一些离开地球的辐射热量。没有二氧化碳,地球会被冻住;二氧化碳太多,能量过剩,地球会过热。发电站、燃烧化石燃料等产生更多的二氧化碳改变了早期的平衡,吸收了热量,大气升温。这种额外的能量驱动了我们所经历的气候变化。二氧化碳是我们排放的,但这可能很快就会成为一个问题,因为北纬地区的高温开始融化永久冻土,这会释放出被困在冻土中的甲烷。

如前所述,甲烷也是一种有效的温室气体。一旦甲烷浓度上升,全球气温将会飙升。

问题已经很严重,刻不容缓。无论是通过我们现有技术,还是通过发挥才智来改进现有方法、研发新的方法来减少二氧化碳的产生抑或将其从大气中排出,这都需要解决。这是我们长期面临的一个真正迫切的问题,我们是导致气候变暖的罪魁祸首,那么为什么我们没有采取任何认真的行动呢?

人类为此召集会议,振臂疾呼,高谈阔论,但是行动很少。实验科学家声称我们需要开展更多的相关研究(即他们需要更多资金来资助其研究活动)。理论科学家们运行不同的长期计算机模拟,然后对未来50年的预测争论不休(细节并不重要,因为他们都认为地球会过热)。工业家们试图抹黑所有的证据,因为改变他们的经营方式将会导致其在短期内不可避免地降低利润,而对于高薪高管来说,会影响他们工资的上涨。此外,他们可能不了解科学,可能不关心20年或30年后会发生什么,因为他们那时已离开人世。其他人出于政治原因会说,整个预测都是虚构的(即缺乏科学理解,拒绝任何称为科学和技术的东西,纯粹只是自私地关注其支持者的工业利润)。最后,我们所有人都不愿意接受我们不希望听到的信息。

许多人已经广泛地描述了我们无所作为的方方面面,没有公开说明或许仅仅是出于利润的动机。显然,这是一个非常重要的因素。许多书籍有冗长、详细、充分的论证,但是我们很少有人会把这些书籍从头看到尾。然而,对于那些希望充分了解事实并了解政治和商业如何抑制行动的人来说,有许多书籍和文章指出了问题,如克莱因(Naomi Klein)的《它改变了一切——资本主义 VS 气候变化》(*This Changes Everything: Capitalism versus the Climate*)。

我们看不到温室气体,正是因为它们在可见光中是透明的,所以我们不承认温室气体的重要性。因此作为一个题外话，我将打个比方：在陡峭的山坡上曾经有一座漂亮的房子，从房子内向外望去，美景尽收眼底。房子的维修工程师告诉富有的主人，每月的耗水量正在逐渐增加，工程师和管道工认为耗水量增加是由非常优雅的浴室地板下方管道泄漏造成的。此外，由于耗水量越来越多，他们怀疑泄漏情况正在恶化。房子的主人珍惜昂贵的浴室。他不了解工程师使用的计量单位，也不理解任何其他含义。他不愿意花更多钱拆掉地板来寻找他看不到的漏洞。水的成本很小，所以他只是增加了水费支出。不幸的是，水泄漏产生了一个污水坑，一天晚上整个房子倒塌并滑下山坡，所有居住在房子中的人都遇难了。远见卓识本可以拯救他们，但是贪婪无知和不愿意承认问题使他们不愿意采取行动。与全球变暖有关的任何类推之事都是有意而为之的。

臭氧——防紫外线的屏障

接下来看第二种材料，这种材料百万分之一的变化就会对我们的生活产生真正的影响。在地球大气层最顶层15—30千米（对流层）处，气体密度很低，但它含有一种称为臭氧的半稳定氧化合物。臭氧有三个氧原子，而不是正常的两个（就像我们呼吸的氧分子一样）。臭氧的化学不稳定性是有利于人类的，因为高层大气臭氧分子吸收来自太阳的紫外线并利用自身的能量分解它们。最终，这些分解物利用紫外线能量重组成更多的臭氧。作为高能紫外线的屏障，这种化学循环以前效率很高，可以去除95%以上的紫外线。如果没有臭氧这一遮光罩，到达地球的紫外线能量对许多动物（如人类和牛）都有害，能导致癌症、白内障和其他疾病。紫外线对许多类型的作物和植被也有害。

不幸的是,臭氧会通过与大气中的游离氯反应而被破坏。在过去,大气中的氯不是问题,因为它并不天然存在于对流层中;然而,我们的技术无意中向大气中排放了大量的商业化学副产品。氯通过催化过程破坏臭氧,由此单个氯原子可以通过许多相同的循环化学反应,去除10万个臭氧分子。

在这一场景中扮演恶棍形象的氯,是由米奇利(Midgley)和凯特林(Kettering)于1928年左右在美国生产的一种非常精细的化学产品产生的。该化学产品是家用和商用冰箱的优质制冷剂,被称为氯氟烃。作为制冷剂氯氟烃非常有效,但冰箱不可避免地会老化,在拆解冰箱时,化学物质会被释放到大气中。在高海拔地区的紫外线的作用下,氯氟烃蒸汽释放出氯原子,从而破坏了臭氧。人类总共生产了数百万吨的氯氟烃。我们现在已经了解这一问题并禁止使用氯氟烃以及很多相关的化学产品,因为这些产品同样会释放氯原子。氯氟烃这一破坏臭氧的物质可能已经不再使用,但臭氧恢复是一个非常缓慢的过程,因为氯在高层大气中持续存在。

米奇利还发明了一种非常成功的汽油添加剂——四乙铅,它可以阻止发动机"爆震";但很多年后,人们发现汽油中的铅化合物释放到大气中会导致人类健康受损。

对于臭氧的最后评论是,我们需要它在高层大气中阻挡来自太阳的紫外线(这是件好事!);然而,地面化学反应产生的高浓度臭氧往往对我们的健康有害(这是件坏事!)。地面臭氧气体足够重(比氧气分子重50%),被重力困在地球表面附近,只能缓慢地通过大气层向上扩散。幸运的是,生命必需的氧气也是如此。我们应该重视地球对我们大气层的引力控制。相比之下,火星等较小行星的质量只有地球质量的11%,重力不能吸引曾经存在过的大气层。

21 世纪痕量污染物的技术控制

氯和臭氧之间发生化学反应的真正困难在于,氯是驱动反应但不被反应消耗的活化剂。所以氯可以一遍又一遍地参与反应。化学家称之为催化剂,在生物学中类似的触发化学物质被称为酶。催化过程的一个重要考虑因素是非常少量的材料可以使大量的物质发生反应。但正是因为它们以这种方式参与反应,所以经常被忽视。直到 20 世纪后期,人们才发现催化剂是低至百万分之几的水平。

百万分之几可能看起来微乎其微,但是实际上远高于许多工业过程中必须达到的纯度水平。高纯度需要高成本:材料越纯净,成本越高,开发时间越长。因此,在经济学上,这意味着极端纯度和清洁度的劳动只会用于具有很高内在价值的商品上。其中,最熟悉的两个例子是:用于制造半导体器件的材料和用于制作光纤的玻璃。两者所需的材料并不多,但产品单位重量的价格非常高。因此,为实现非常纯的材料所付出的劳动和生产成本,在经济上是值得的。

实际上这里有两重挑战。第一重挑战是找到测量和量化材料中组成化合物或杂质的元素的方法,这必须在十亿分之几的检测水平下进行;第二重挑战是找到制作高纯度材料的方法。在过去的几十年里,我们的检测技能得到了提高,因此我们可以识别出十亿分之几的微量化学品。同时,人类也已经在纯化起始材料,然后准确地将精确控制其数量的杂质添加入这些高纯度材料方面,取得了重大的工业进步。

净化然后添加受控量的污染物,并不是一个现代的想法。维多利亚时代的典型例子是用贝塞麦炉制造铁杆和钢铁。钢的强度和硬度关键取决于铁中碳的含量。早期的炼钢熔化了矿石和碳的天然混合物，然后去除一些杂质(炉渣)，钢铁制造商希望配比是正确且均匀的。这一预期是难以实现的，因为起始材料各地的铁矿石质量并不统一，钢的质量也就随之变化。很明显，结果有的铁路线路或桥梁发生垮塌。主要的进步是从原始矿石开始，并试图完全消除所有的碳(将铁矿石和焦炭中的碳转化为二氧化碳排放到大气中)。上述步骤一旦完成，就可以添加一定量的木炭，并预测混合物的成分。这么做是有效的：钢铁在其性质方面是可控的。

半导体电子设备也需要采用相同的方法，诸如在硅材料中故意添加杂质，包括磷和硼。没有这些微量元素，就制不成半导体器件。从事电子行业的人士是相当聪明的，不会将添加的物质称为杂质或污染物，相反，他们称添加剂为"掺杂剂"。这个词强调了他们是故意将它们添加到硅中的。光纤中使用的玻璃完全符合相同的改进模式，花大力气去除光赖以传播的光纤中的杂质，杂质含量已被最小化到十亿分之几。这个过程使光纤比窗玻璃干净百万倍。然而，玻璃纤维制造商必须添加许多其他掺杂剂来控制光纤的性能。

生物对化学品的敏感度达到十亿分之几

我们在生活中很难理解低至十亿分之一的数字，所以我需要一些日常的例子加以说明。十亿分之一的灵敏度相当于在1千克精盐中检测1粒盐。这听起来很极端，但从社会角度来看，政治家和宗教领袖一直都有超过十亿人的影响力。主要宗教无一例外是基于一位先知的教导。宗教领袖或政治领导人，从教皇到印度领导人或中国领导人的言论，都会影响其他十亿人的生活。因此，十亿分之一的重要性并不罕见，即使我们认为它有点极端。

十亿分之一的影响听起来可能令人难以置信，但是许多动物能感知这一水平的杂质的存在。我们已经了解的许多重要的例子表明，我们的敏感性可能在其他情况下同样精确。随着测量技术的改进，未来的研究将继续产生诸多影响。雌蛾的信息素被检测到的方式就是一个正面的例子。雌蛾的信息素在空气中的浓度即使低至十亿分之一，雄蛾仍能感知雌蛾的存在，朝着浓度梯度的方向飞，它就可以追逐雌蛾，气味检测即使是在 1 千米之外都有效。无独有偶，鲑鱼和其他鱼类、海龟等的归巢本能，返回特定位置产卵，同样依赖于对水中的气味和微量杂质的敏感性。

第二个动物的例子是狗。它们的嗅觉比我们的嗅觉灵敏得多，它们可以在 100 米的距离内感知到其他狗、猫或人类的存在。因为狗对气味的感知技能非常精确，我们用它们来追踪（如在追捕罪犯时）、检测药物和爆炸物（如在机场）；甚至在医学中，有很多例子证明，狗接受培训后可以通过病人散发的化学物质检测癌症、糖尿病和癫痫。这种灵敏度目前远远超出了我们实现这些诊断的技术尝试或制造出的具有相同辨别力的传感器。

与狗相比，人类的嗅觉要差得多，而使我们进入城市过上高密度群体生活的技术进一步削弱了人类的嗅觉。那些享受真正乡村生活方式的人，可以感受到比城市居民更微妙的气味。就听力而言，人类和其他动物也是如此。研究鸟鸣的鸟类学家的主要观察结果是，尽管城市和乡村某个特定物种的鸟类之间存在一些方言差异，但与乡村鸟类相比，城市鸟类不得不大声鸣叫，音量往往翻倍。因此，对于包括人类在内的所有生物而言，城市生活的技术优势已经导致自然技能相当大的损失，包括对声音、景物和气味的敏感性。

科学技术受益于对微量浓度背景材料的高度复杂分析，在许多意想不到的方面越来越可行且有用。例如，为了监测意大利北部的药物使用趋势,已经对波河*中的药物浓度进行了测量。尽管污水经过了处理,但是药物的痕迹仍然存在,因此背景水平的变化反映了该地区药物使用情况的变化。分析也显示,非使用者仅仅因为使用自来水而改变了摄入的药物水平。

潜在的未来困难

随着医学、生物学、化学、农业和其他科学领域的发展,我们正在使用更多样化的化学品和药物,这些化学品和药物在处理时不一定能降解。意大利波河的例子在世界各地被复制。伦敦的饮用水虽然经过多次净化,但是仍含有痕量的药物和化学物质,而且可能已进入牛津的水系统。污染物水平现在是可以检测到的,但净化到去除所有痕量物质的水平不仅是不切实际的,也是几乎不可能的。然而,许多化学物质都可以在身体的某些器官中积聚,或起催化作用,或两者兼而有之。这样的例子有很多,我将在讨论农业化学品的一些阴暗副作用时再进行分析。然而,真正的困难可能来自药物,我们目前认为它是有利于健康的,但最终可能会产生严重的副作用。现在有迹象表明,产生诱变的化学物质不能立即影响接受者或其子女,但对后代(即孙辈)会产生影响。如果这些突变基因产生严重问题,不仅难以追溯到原始原因,而且一旦发生遗传变化,将会是不可逆的。

我们如何控制?

这是结束本章的一段相当消极的注释,特别是因为我怀疑当我们

---

* 波河(Po river),意大利境内最大的河流。——译者

胡乱使用新的生物活性产品时,负面的例子数量将会显著增加。这种观点的对立面是,随着我们对化学品和药物及其与生物材料和环境的相互作用有了更好的了解,我们将处于更有利的地位,采取有效行动,尽量减少反应的不利方面。这也意味着我们可以更好地控制所需的药物用量,从而减少我们使用的药物数量。

第六章

食物、生存和资源

古代的穴居人如何适应环境

人类与任何其他动物没有什么不同,如果没有稳定的食物供应,就无法生存和繁衍。当我们从温暖的非洲起源并迁移到世界各地时,这种基本需求塑造了我们对所做的一切的态度。饥饿驱动我们的行为,赢得战斗、找到食物、繁衍子嗣的人幸存了下来。生存的动力现在在文明的外表下稍显不那么清晰了,不幸的是,曾经必不可少的特征已经逐渐演变成贪婪。对于先进社会的大部分人来说,更明显的态度已经由最初的需要食物才能生存转变成为食物而奋斗。这固然令人欣喜,但对许多人来说已然成为一种瘾,这会有损健康。

食品生产技术已经从用弓箭狩猎发展到完全用卫星导航驱动的无人驾驶拖拉机耕种并收获庄稼。人们已经开发出遍布世界各地的异国情调产品的味道,并期望能够在一年中的任何时间拥有它。这可能不会增益我们的享受,因为老一辈人说享受季节性食物和期待它们出现的过程,同样是一种乐趣。

世界经济繁荣,人口迅猛增长,而且仍在以非常稳定的速度增长。医学的进步促进了人类寿命的延长,所以对食物的需求正在增加,尤其是第三世界国家,理所应当地渴望先进国家的生活方式和营养。在儿童死亡率很高的国家和时代,手工农业需要更多人手,人口增加部分是自我限制的。然而,我们正在接近这样一个拐点,食品的生产、分销和供应已经接近难以应对现有高人口数量的极限。虽然我们可以生存下来,但是提高全球食品标准和产量是一项严峻的挑战。

一如既往,在这种不受控制的情况下,对应该怎么做的意见似乎南辕北辙。目前全世界约有 70 亿人口,而且还在增加,并有望在未来 25 年内(即一代内)翻一番。但是,不同地区的变化非常多样。发达国家人口数量正在下降,男女都受到良好的教育,但在女性被剥夺教育权(通常是出于宗教原因)的国家,人口数量正在增加。尽管事实上在世界大部分地区,生育率(即每名妇女生育的子女数量)已经下降。20 世纪50 年代至今的数据显示,生育率的下降大致如下:非洲(7→5),大洋洲(7→2.5),亚洲(7→2),南美洲(6→2),北美洲 (3.5→2)和欧洲(2.8→1.8)。这并不完全是正面的,因为在非洲,一些人口众多的国家将生育率提高到每名妇女生育 8 个孩子。如果我们要保持当前的世界人口,那么目标数量应接近 2.1。(前提是人均寿命不会显著延长。)

我们能够生产足够的食物吗?

我喜欢这个问题,因为至少我认为它的答案是肯定的。我的逻辑是基于以下事实:目前,发达国家的大部分人不仅仅吃得太多,而且浪费了大约一半的食物。因此,有更强的内在驱动力培养出更健康、较苗条的世界人口,并杜绝浪费,这样应该能够维持比现在更多的世界人口。在一代人的短时间内,可以避免世界沦落到饥饿状态。这为我们提供了一个喘息的空间来教育并重新思考如何减少未来的世界人口,不仅是要保持当前的水平,而且是要切实减少它。如果我们能做到这一点,欠发达国家的生活质量将会提高,这是至关重要的。然而商业企业希望不断发展壮大,目前只有在人口增加的情况下才能实现这一目标。在我们试图改变自身行为的同时,新市场将在这方面有所建树。这显然违背了过去人类力图通过开拓大众市场以扩张和创造财富的行为,但是目前的做法在世界资源方面(不仅仅是食物)是不可持续的,因此需要缩减生产水平。这是态度上的根本改变,对于我们的生存,缩减生产水平是必要的。

从历史上看,我们一般忽略了社会因素,而是集中在进一步向前发展的基础上,通过更多的技术创新去实现它。我们如饥似渴地为自己寻求短期收益(特别是在更先进的社会中),而忽视了世界上生活在贫困中的大片地区和可能比我们的石器时代祖先更糟糕的条件。这种观点是盲目的,却是普遍存在的。

我们实际需要多少食物?

我认为先进的社会吃得过多,为证明这一点,可以估算我们实际需要多少资源,在哪里浪费了资源。技术极大地促进了农业和粮食生产,并使食品成为全球化商品。在某种程度上,如果我们在欠发达地区剥削工人和资源,食品会更便宜。

从理论上讲,与早期相比,我们现在需要更多的食物,但是人们对预估现在人类需要生产的食物的规模是有争议的。尽管如此,我们可以根据相关数据对肉食消费进行估算,当然这些数字受文化和宗教信仰的影响。下面我所引用的数据来自 2002 年某些食肉的国家。这些数字的范围从许多非洲国家平均每人每年不足 25 千克到英国的 80 千克、美国的 125 千克之间不等。似乎可以合理地假设,非洲的数字可能是我们早期祖先的典型代表,而美国的数据可能低估了美国许多人口的消费量。技术和农业的变化使更富裕的国家每人吃的肉比古代部落祖先多5倍,蛋白质摄入超出健康饮食的需求。

每人"需要"更多食物只是问题的一部分,因为田间种植的大部分农作物未被使用。首先,如果当地物价太低,农民收获农作物反而赔钱,那么它们只能被弃于农田自行腐烂;其次,一些农作物将被抛弃,因为它们形象不好看,不能上超市的货架;再次,超市食品的销售期限很短,因此很多农作物在其被售出之前就被丢弃。此外,特别是对于蔬菜,超市倾向于以大包装出售胡萝卜或欧洲防风草。大包装看起来很划算,然而个人或小家庭很少在食物腐坏变质前消费完,因此30%的浪费量并不罕见。这是一个普遍的问题,即食品已经购买并带回家,但没有使用或烹饪,也没有吃。来自美国的数据可能代表一个浪费程度较为严重的社会的数据,但目前的估计显示,大约40%的农作物被浪费掉了。细分如下:7%未收获并在农田腐烂;对于某些作物,高达50%的商品未通过超市产品的外观筛选;购买的物品中,至少有33%未使用。净效应是从生长到实际吃掉的部分,可能多达三分之二的量损失了,具体比例因特定的产品而异。

这些调查和估计可能掩盖了浪费的真实规模,因为超市将积极或潜意识地阻止农民承认他们的作物有多少因外观不符合超市的理想形象而被拒绝上架。我看过的电视节目显示,仅一个农场就有成卡车的农作物由于超市不愿收购而全部被抛回地面。从农业的角度来看这是一场灾难,因此许多农民正在离开这个行业或破产,因为这种蓄意浪费的模式是不经济的。事实上,我还要指出的是,这种做法在道德上是错误的,而且是完全不可接受的,因为世界上大部分地区的人还是营养不良的。更令人伤心的副作用是,农民的自杀率很高。

尽管原因各不相同,但这种浪费食物的现象绝对不仅限于美国,只是美国格外明显而已。我在美国的自助餐厅吃过饭,进门处有个牌子

"10美元,不限量"。很多顾客第一次拿的食物刚刚好,但回来第二次、第三次拿的食物就索性剩在盘子里了。结果是大量的食物被浪费,顾客们个个大腹便便,体重超标。

肥胖导致健康问题,治疗需要昂贵且复杂的医疗技术、医生、护士和庞大的医药行业。无论从哪个角度看,这绝非进步,只是技术驱动的过剩。如果我们从积极的角度来看,可以将富裕国家的肥胖解释为世界食物产能过剩的证据,如果能够组织食物分配,那么就可以减轻其他地方的食物短缺(这是目前非常理想主义的想法,但对后代也许不是最理想的)。

在其他国家,浪费的原因各不相同。例如,无法将可食用的食物运送给人们,这是因为政治意识形态与集体农场的概念。这些农场经常发展得过于庞大,离城市太远,虽然生产大量农作物,但是由于交通不便、缺乏足够的包装以及运输系统低效(如没有冷藏车),造成了相当多的浪费。

一组单独的负面特征与我们原始景观的破坏有关。这在南美洲或太平洋丛林中非常明显,原始景观已被破坏,以便饲养牛和生产食物。更糟糕的是,人类破坏原始丛林行为的效率值得怀疑,当地人放弃粮食作物,改种用来生产生物燃料的作物。此外,种植的作物可能是针对外国奢侈品市场的,而对当地人没有直接价值。

技术和肥胖

在食物浪费的例子中,我挑选了美国,因为美国人是肥胖联盟清单中的执牛耳者,但几乎所有发达国家都有类似的问题。原因很多,其中大多数都是基于我们对技术的滥用,而没有充分考虑后果。因此,不必批评我们对农业和医学技术进步的依赖,我将负面影响归咎于人类贪婪、贪图享受的本性。

随着人口的迅速增长,一个典型的错误就是尝试大面积栽培单一作物(如美国中西部的巨大粮田),进行大规模生产。大规模生产是可以实现的,因为汽油驱动的农业机械的发展可以大面积高速工作。该技术造就了高产量,但持续重茬种植单一作物耗尽了土壤中的相关营养素,因此,土壤侵蚀会产生严重的副作用。可用于耕种的土壤很轻,在降雨量较少的地区,最初由深根草丛固定在一起。农业破坏了这种根系结构并在冬季留下了裸露的土壤,因此在强风条件下,根系结构破碎并导致了20世纪30年代巨大的干旱风暴。

通过化学处理也可以实现更高的产量。然而,化学处理最初是有价值、有效的,但是反复这样做以及土地种植单一作物的情况下,化学处理也无济于事。另一个缺点是来自陆地的径流具有高浓度人为添加的化学物质(例如磷酸盐),这是不可想象的,因为它们在排水系统中具有灾难性的副作用,并最终污染海洋和海洋生物。

此外,大面积的单一栽培对野生动物的生存也产生了负面影响,包括蜜蜂和其他对作物施肥和授粉至关重要的昆虫。过于依赖单一作物类型同样是危险的,因为如果发生针对单一作物的疾病,整个作物都会绝收。

很容易看出如何扩大这一潜在危害的范围。上述问题同样适用于自然进化的作物,以及人类进行某些基因改造以消除不良反应或提高产量的作物。这一技术的发展模式是,新的农业技术进步总能提供初步的良好回报,但是在较长一段时间内,产量甚至低于自然水平,而且还会有许多其他不良的副作用。

一个值得注意的成功故事(虽有缺点)是养鱼。可以在围栏中养殖大量的鱼,但是由于鱼类在围栏内高密度养殖,因此不可避免地存在着在鱼中传播的疾病。简单的解决方案是使用生物治疗,如抗生素。这是对问题的短期解决方案,但是会导致许多长期的负面后果。将化学品和药物喂给动物的长期危险是这些化学物质(激素、抗菌剂和生长促进化合物)会直接进入或作为肥料间接进入人体和许多其他植物和生物中。在许多情况下,不可能有选择地只给生病的鸡和鱼喂食药物,只能大规模地对整群进行处理。

在无法针对需要药物的生物和植物单独输送药物或杀虫剂的情况下,人们常用的解决办法是使用过量的或随机喷洒化学品药物和杀虫剂。使用抗生素的自然选择的结果是,耐药菌株随后成为主要变体,这一问题会持续恶化。用于动植物的化学品转移到人体的过程可以归纳为:通常最初的迹象出现在与该地区直接接触的农民和工人身上;第二阶段,它不可避免地到达其他人的口中。这样的例子不胜枚举。

更令人担忧的是,用于动物的药物比用于人的药物还要多,而且一些国家没有立法限制撒向动物或注入动物的药物的范围和数量。其负面影响是可以预测和观察到的,但是大量使用药物在短期内对农民来说具有成本效益。除此之外,还有一种全球观点,即世界卫生组织必须承担进一步开发药物的费用,并为那些由于将药物应用于动物和作物而受到感染的人支付医疗费用。

大量的生长激素用于加速生长或提升产量。直接的正面特征是,即使使用了昂贵的添加剂,食物价格似乎更低廉。味道和质地是否一样好往往是值得怀疑的(例如,超市里完美的苹果通常是无味的而且是粉状质地)。它们可能没有虫害,但是这是因为有自尊的虫子歧视劣质水果。我花园里苹果的形状可能不完美,但是它们的味道和质地都很棒。对于当地饲养的鸡和猪来说,情况也是如此,这些鸡肉和猪肉味道明显不同,且优于超市版本。

不幸的是,味道和质地不再是我们选择营养的主要驱动因素。在某种程度上,这是因为大多数城市居民,不可能直接从种植者那里购买。此外,商店里有很多进口商品和特价商品(大件商品优惠20%,或者买二赠一),加上我们从未体验过进口食品原本的味道。超市展示对销售很重要,因此口味和浪费不是他们的首要因素。许多农产品的种植或设计都符合超市的偏好,但令人奇怪的是,现在许多农作物的营养价值不到20世纪40年代英国同等农作物营养价值的一半。20世纪40年代,战争和缺乏进口食物迫使我们开垦花园和私用园地以求生存。现代购物很方便省力,但是我热爱园艺的朋友自己种养的食物,在味道和质地上明显比我购买的商品要好。

保质期在营销中很重要,但保质期通常是针对产品的外观,而不是味道。食品的短暂保质期很不合乎逻辑,就像帕尔马干酪或塞拉诺火腿的制作一样,两种产品在被认为适合食用之前要保存一年以上(即需要很长时间才能有好味道)。这么长的发酵期在销售日期中没有反映出来。销售日期和保质期不切实际地短暂,因此可能是造成浪费的原因。我看到蜂蜜和葡萄酒的保质期都是两年。显然,这些说明是不恰当的。与之相似的是,罐装食品的短保质期往往同样荒谬。有一次去一个朋友家做客,我很欣喜地看到,来看望父亲的女儿仔细查看他的橱柜,并在食品达到保质期前尽快把瓶瓶罐罐全扔了。父亲从不抱怨,但在女儿离开后又把瓶瓶罐罐捡了回来。

罐装食品的保质效果可以有弹性,第一次世界大战的牛肉罐头打开后据称还很可口。商品的保质期会因商品类型而异,它们容易因用户的谨慎而非常识导致严重错误的发生。当然,早期制作的密封罐的确尝试使用了铅焊料,铅污染了食品,后果是可怕的。有人认为,英国探险家弗罗比舍(Martin Frobisher)探险队曾用这样的铁罐在北极地区找到一条西北通道,但这样的铁罐导致他们发疯,最终在极端天气条件下死亡。

为了保持外观,还有其他更奇特的食物处理方法。其中之一就是快速电子或伽马射线照射。高能辐射量可以延长保质期,但是消除腐烂变质的根源所需的辐射剂量往往很高,以至于风味和营养价值都会损失。另一个异常现象是,对于某些产品,辐射处理仅允许在某些国家/地区使用,在英国则不被允许。但是,在国外经过快速电子或伽马射线照射的食物可以在英国销售。这一奇怪规定可能意味着货物被运往国外,辐照后再运回来,使保质期延长。收益似乎也很奇怪,因为食物可能已经在几天的运输和加工过程中发生老化。

在牛奶生产中可以看到生物诱导变化的例子(从某些观点来看,这可以算作技术进步)。在过去10年中牛奶的产量几乎翻了一番,这是通过对动物施加压力来实现的,导致奶牛生产寿命缩短。显然,这种生产方式对于奶牛来说是坏消息,不太明显的是它可能导致牛奶质量下降和风味损失。激素或其他生物处理方式将直接通过牛奶,或间接通过排水和净水厂再传播给我们。污染物会再次影响人类和其他动物,因此即使这类牛奶与我们没有直接联系,我们仍可能通过许多其他途径受到污染。也许是我们的口味发生了变化,在超市购买的牛奶几乎不可能与20年前的牛奶口味相同。

将这些污染与我们的健康和发展联系起来绝非易事,因为涉及的因素很多,但已经出现了一些明显的例子。例如,在鸡肉中大量使用生长激素的时候,一些南欧国家经常食用鸡肉菜肴的男性的乳房变大。同样,美国最近的一份报告指出,在部分地区,年轻女孩的乳房发育比以前提前了几岁。一种推测则是,这可能与饮食和一种经过激素处理的食品有关。虽然目前还没有直接的证据报告,但这似乎是这种突然发生的生物变化的明显的潜在原因。

农业是一个高度互动且相互关联的生产过程,而且我们本能地只专注于单一问题,我们发现的解决方案可能很好地解决了当前问题,后果和其他问题可能在许多年内不会出现在他处。商业利益使我们忽视了长期影响,一旦推行开来,就很难停止和改变这种做法。在我们认识到副作用之前的延迟期可能是相当长的,例如在农业和医药方面。儿童时期吸收的化学物质和药物的效果,可能在其发育成熟之前,甚至到老年时都不明显。我在后面的部分将对此进行扩展讨论。

对痕量污染物敏感性的更多例子

此外,我们经常对极其少量的化学信号作出反应,因此负面(或正面)效应之间的相关性可能难以量化。因为直到最近,检测才能达到这个级别的灵敏度,制造商和用户可能仍然不知道这些可能性。很抱歉,我又要说一遍:微量的化学物质可以高效地产生变化。这是一个非常重要的问题,尤其是“它听起来像科学”,但是大多数人似乎都不知道,许多人认为他们理解不了,所以干脆充耳不闻。

催化剂、酶、饮食和健康

在20世纪,化学家和生物学家已经意识到许多化学反应和生物过程需要通过中间步骤来操作,中间步骤降低了驱动该过程所需的能量。在化学中,促使这种情况发生的药剂被称为催化剂;在生物学中,它们被称为酶。催化剂不会在该过程的化学反应中被消耗,但是会在化学反应结束时被释放。这样,催化剂可以重复利用。因此,非常少量的催化剂就足够有效。(前面已指出氟利昂在高层大气中破坏臭氧的催化实例。)

要理解催化的基本原理不需要理解什么是化学反应,我们可以用试图穿过学校外繁忙道路的学童与这些辅助化学品类比。如果学童们只是等待交通中的空隙,他们可能永远无法到达路对面。所以要提供的催化剂就是负责学生过马路安全的校长。该校长带着一个标志走出来并停止车辆运行,让孩子们以慢速自由地通过马路(即低能量过程)。然后校长回到路的一边,可以重复这个过程,即使所需的能量很低,总体穿行率也会增加,而且校长可以重复这个过程数百次。

如果催化剂不参与每一种化学反应,而是启动一个过程并继续自我持续,那么催化剂就会更加成功。在这里,我们的校长通过阻止交通来让学童穿过十字路口,但一旦开始,即使校长离开,也会有很多孩子继续过马路。这种影响在家庭中有很多常见的例子,如成熟的苹果或西红柿:如果我们将未成熟的水果放入盛放已经成熟的水果的抽屉中,成熟的水果会释放乙烯,刺激其他水果成熟,从而使未成熟的水果更快地成熟。

要实现的关键条件是,如果我们生产起催化作用的化学污染物,它们对我们的生活、健康和环境的影响可能与所涉及的数量完全不成比例。尽管引用了负面的例子,但我还要强调我们必须认识到催化剂在许多技术中起着重要作用。早在人们意识到存在这样的过程之前,催化就已经是我们工业历史的一部分。例如从葡萄酒的发酵到制作醋、肥皂和发酵面包。催化剂在经济上也很重要,化学工业依靠催化过程来大规模生产各种化合物,如染料、氨、硝酸和硫酸。

在化学反应过程中催化剂可以来自反应材料的内部。一个古老的例子是植物油中的镍颗粒可以使氢与油结合。大多数人可能都不知道这种化学反应,但它现在是制造人造黄油的基础。目前,该行业每年用这种方法生产约 200 万吨氢化材料。或者,催化剂可以附着在表面上并引发反应,除去经过催化剂的气体或液体的气味。这正解释了汽车排气系统中的铂颗粒(和其他一些金属)如何分解汽车发动机的有毒热气体。炼油厂的催化反应也很重要,可以把石油分解成不同的化合物,如柴油、汽油和航空燃料。

生物催化剂——酶,控制着我们身体的反应,并参与通常包括一些金属成分的微妙化学反应。因此,摄入微量元素对我们健康的各个方面都至关重要。这些微量元素中最重要的可能是锌。大约200种主要的酶含有锌,而且缺锌可以引起一系列的医学问题。关于使用锌酶催化的过程能写一本书。在DNA和RNA生产、防御病毒、真菌感染、癌症,以及生长激素和生殖激素等方面都需要锌。

孕妇在怀孕期间对锌摄入的需求特别大。估计女性每日正常生活对锌的需求量约为15毫克,但怀孕期间,其对锌的需求量每天高达20—25毫克。虽然大蒜、黑巧克力和种子中可能含有锌化合物,但素食主义者通常在足够的锌摄入量方面特别薄弱。我们来直观地理解一下这些数量,15毫克比0.5千克牛排轻约3万倍,或者不到大多数人每天消费的食物和饮料总重量的百万分之一。一个非常粗略的概念是,15毫克的重量仅为一茶匙盐的千分之一。

尽管需求量很小,但是很大一部分人没有摄入足够的锌。由此会产生诸多的问题,有人认为缺锌会导致偏执和过激行为。确实,一位诺贝尔奖获得者曾提出,富含锌的地区应该把锌分享给因缺锌而战乱冲突频发的地区(比如中东)。这可能是一个富有洞察力的建议,而且应该作为一个实验来尝试一下,因为在正常条件下,增加锌的摄入量似乎不会导致明显的问题。医学上对微量元素作用的了解,即使是对那些与锌一样重要的元素的了解,在过去的50年里才真正发展起来,因此饮食和合理控制健康改善的可能性很快就会出现。

第二种重要的微量金属是镁,它具有与锌类似的化学作用。镁是体内含量第四的元素,因为它不仅存在于骨骼和红细胞中,还存在于肌肉、神经和心血管系统中。摄入少量的镁同样是健康饮食的要求,然而,过量摄入会产生许多严重的副作用。

经常提到的另一种微量金属是铅。铅中毒被认为具有灾难性的后果,从不育症到精神失常,不一而足。因此,铅中毒似乎是我们所知道的给经济进步和文明造成不幸的副作用(例如罗马帝国或维多利亚时代英国的铅管)的元凶。尽管铅也是汽油中的一种优良添加剂,但是导致的废气污染严重危害健康,因此许多国家禁止在汽油中添加铅(以四乙铅的形式)。

铅或汞等重金属往往会对身体产生明显的有害副作用,甚至可能造成脑损伤。有大量记录显示,人类是以甲基汞的形式摄入汞。汞可以用于制作帽子,有人说"和帽子匠一样疯"是来源于帽子匠可能会因吸入的汞蒸气而产生神经问题这一事实。汞污染并没有完全消失,因为已经发现某些类型含汞的牙齿填充物具有毒副作用。

不同矿物质可以通过多种方式进入我们的饮食,其中一些途径是意想不到的。例如,在20世纪末,有一种用于盛放保健食品饮料(如橙汁)的无釉陶器。不幸的是,橙汁是一种非常有效的酸性溶剂,如果倒进未上釉的陶器中,可以从容器中浸出重金属和其他元素。

催化不仅对工业和生物过程很重要。一个非常重要的催化实例被认为发生在天文学中的恒星形成过程中。分子和化合物最简单的组成部分是将两个氢原子连接在一起形成氢分子。在太空中,单位氢的密度非常小,因此两个氢原子碰撞的可能性,以及在非常低的环境温度下进行反应的能量可忽略不计。然而,物质确实积聚成恒星而且存在氢分子。这是怎么做到的呢?假设当氢原子撞击尘埃粒子时,氢原子与其表面微弱结合并长时间粘在那里。当第二个氢原子到来时,化学键允许两个氢原子相遇并形成一对,作用就像现在的网络交友中介。

如何识别推迟发生的副作用?

我们吸收的大多数化学物质都来自我们的食物和我们呼吸的空

气。因此,在食品研究中,了解微量元素痕量催化效应的相关性和潜在后果是一个先决条件。微量元素必然存在,而且通过在土壤中生长的不同食品作物进入我们的身体,这些作物部分经过肥料和除草剂的处理。微量元素在我们饮用的液体中也是不可避免的。我已经提到过,自来水中含有用于净化水质的微量化学物质,以及早期水系统中用户排放的废水中释出的药物(请注意这里精心设计的措辞!)。其他液体,如葡萄酒,造就其独特的区域风味的不仅有土壤和葡萄品种,还有添加剂、肥料以及发酵过程中桶的种类。这些增味剂可以被视为污染物,也可以被视为使它们口感更好的调味品。

直到最近才出现关于化学物质痕迹如何影响我们生活的几个例子。随着我们在物理和生物科学测量中可以实现更高的精确度,例子数不胜数。令人不安的是,对人类来说,许多影响是戏剧性的,甚至是致命的。一些损害具有较长的潜伏期,从环境中去除有害的化学物质并禁止其使用很困难,或者在经济上难以承受。因此,人们担心,随着我们制造新产品和化学品速度的加快,我们可能无意中为人类、动物、农业以及气候改变安置了长期定时炸弹。

也许更糟糕的是,到目前为止,许多化学衍生技术使用了我们对其反应过程不甚了解的简单的化学物质。医学、生物学、制药、农业和基因改造方面的最新进展正在将我们带入更复杂的领域,我们会发现越来越难以将药物的痕迹与延迟的变化相关联。新产品可能看起来很奇妙,而意外的副作用可能不会显而易见,或可能是不可逆转的。生产者经常寻找的是不必要的副作用,但是动物试验并不是人类或试验物种生物变化的直接模型。

另一个困难是由于每个人(和动物)都是独特的,而且总会有些物种和人类不符合标准模式,这正是耐药性疾病存活的方式。相反的是,对大多数人来说是无害的化学物质,对少数人来说可能是致命的。我们不可能阻止技术进步,但我们需要对消极结果的症状有更清楚的认识并积极应对,特别是如果它们只需要少量的原始物质时。

我们的食物有多纯净?

很难想象微小二次产品和药物痕迹的微妙影响,因为尽管有充分记录的科学数据,它们存在的数量只会少到我们普通大众觉得其无关紧要。值得一提的是,我们在正常生活中消耗了什么量级的背景垃圾?杂质污染很容易测量,而且有立法规定可接受的标准,食品等产品的标准也很明确。有意义的是需要反思什么是可接受的背景垃圾或清洁标准。我们对"高"纯度材料的正常体验通常不多。例如,在学校化学实验室中,化学品可能含有百分之几的其他化合物。在我们生活的大多数方面,我们对不需要的杂质非常宽容,而且往往忽略它们的存在。检查任何食品包装或饮料瓶上的标签,我们都会很高兴地告诉自己,我们的"纯"天然产品中仅含有百分之几的添加剂来控制味道并延长存储寿命。很多杂质甚至从未被讨论过,所以我们忽略它们或者默认接受它们的存在。

这种妄想式的无知可能是一种防御机制,因为我们不希望考虑到我们每天吃的面包(或米饭)的原材料不仅仅是小麦籽粒(或大米)。农民和面包师都清楚地知道,粮食储存筒仓不可避免地含有土、杂草和老鼠粪便(甚至还有死老鼠)。啮齿动物污染绝对是我们极力避免的食品缺陷,但这是一个难题,因为全世界的啮齿动物会污染或食用20%的食物。也许我们希望烹饪过程中顺便对食物进行消毒,但烹饪不会去除杂质。

不同国家对不可避免的污染量有不同的接受标准,但可以举例说明一个受欢迎的商品——巧克力。可可豆在加工成巧克力之前会发酵一段时间,因此许多动物和虫子会盯上它,有些生物在可可豆中甚至度过部分生命周期。使用非常大剂量的杀虫剂可以杀死虫子,但那样的话巧克力口感不好,也会危害消费者的身体健康。因此,控制杀虫剂的剂量成为唯一的解决方案。巧克力"纯度"的控制范围是每100克巧克力最多50—75个昆虫碎片。其他物品如来自啮齿动物(如鼠类)的毛发应该保持低于约每100克4根毛发。下次吃巧克力或者其他食物时,请回想一下这些数字。

总的来说,我们自然不愿意去想象原来光鲜亮丽的广告中"纯正的"健康产品,竟然有这么多杂质。在我们对这些杂质的精神排斥中,我们也可以忘记天然的"添加剂"会为我们提供含有重要微量元素的饮食。对广告中"完美"的关注同样是对现实的歪曲,这使我们渴望得到无法实现的东西(从消费品到完美体形等一切东西)。

我们也无须沮丧,重要的是要知道所有这些污垢和污染物都有其积极的一面。如果我们从小就接触它们,我们就更有可能分泌抗体,抵御在以后的生命中会暴露出来的疾病。还有证据表明,接触现实世界的土壤和污染物会降低我们长大后过敏的可能性。人本来是野生动物,试图把自己孤立在一个超级干净的保护环境中只会适得其反。现代医学界在所有免疫疗程中都应用这种条件反射。

推论

我们正在忙着摧毁森林、消耗土壤、毁坏地球上的大片地区以生产次等食物或质量可疑的食物,其中一些可能具有长期副作用。我希望你在享受下一顿美食或巧克力棒的同时能记住这一点。总的来说,我想激发人们更好的态度,以鼓励改善品味和采用更有效的食物处理方法。排斥肥胖还将帮助我们养成更健康的生活方式。我非常喜欢美食,包括巧克力,但我参加了一项活跃的运动(击剑),所以很幸运能保持体重指数(BMI)为24,因此我目前不关心自己的体重。然而,在我周围的城市居民中有大量肥胖者,他们饱受因肥胖引起的痛苦和疾病的折磨,不仅移动困难,而且在享受生活和长期健康的方方面面多有不便,还给家人和其他纳税人造成压力。

我意识到可以引用 BMI 值作为身高和体重关系的标准,它以国际单位米和千克为单位(计算方法是以千克为单位的体重除以米为单位的高度的平方)。因为英国和美国常使用英尺和英寸作为长度单位,美国以磅为重量单位,而英国以英石*和磅为重量单位,所以英国和美国的大多数人在评估自己的 BMI 值时都会面临单位不一致的问题。BMI 的健康理想范围是 20—25。低于此值偏瘦,超过此值为超重。对于正常人来说,BMI 值超过 30 就是肥胖。

职业运动员可能需要不同的标准。例如,一个身高为 1.9 米的美式橄榄球运动员体重可轻松达到 113 千克,其 BMI 值为 31.3。从技术上讲,这肯定在肥胖的范围内,但我当然不愿意将这个标准套在运动员身上。对于普通公众来说,若要让约 1.52 米、1.65 米或 1.83 米高的人达到 20—25 BMI 范围,那么其体重范围要分别控制在 46.27—58.06 千克,55.79—70.31 千克和 66.68—82.55 千克。

---

* 1 英石=6.35 千克。——译者

第七章

重温《寂静的春天》

食物、生存和技术

食物和水是生活的绝对必需品,因此我们一直试图使用更先进的技术来改善饮食,这是天经地义的。几千年来,我们在选择作物品种或培育耕牛方面取得了有目共睹的成就,犁和农业工艺在设计和效率方面稳步改进。随着工业革命的开始,重体力劳动从人类、牛马转移到由煤和石油驱动的机械上。土地上所需的工人减少了,加之依靠自动控制和高精确卫星定位导航信息,用于种植和收获的农场设备可以在无人驾驶的情况下横扫田地,人类在农耕中的作用愈发减弱。

同样,在过去的 100 年里,科学和技术开辟了许多新的机会,化学品被用在针对特定虫子和作物疾病的农药以及除草剂中(至少在原则上是这样)。最近的例子还有生物水平的变化:人类在积极改变所种植的植物的遗传结构。这种基因工程的目的是改良作物品种,提高产量,增强抗病性,这些努力乍一看许多都是成功的。我的警告是,"乍一看"这个词是必要的,因为在遗传领域我们的理解仍停留在初学者的水平,我们在知之甚少且极其复杂的遗传领域正不断改进。因此,一些"成功"可能伴随着我们无法预测的变化,将在后期出现意想不到的后果。

在没有详细知识的前提下做些修修补补和发明是典型的人类特征,所以没有必要建议我们不这样做(因为无论如何我们都会继续这么做)。然而,正如我将在下一章中提到的那样,医学等领域的经验充满了意想不到的后果。例如,用于特定目的的药物经常导致明显的与目的不相关的副作用,这些副作用在他们的发明之初是始料未及的。一个真正的反面例子是沙利度胺(反应停)造成的出生缺陷,而伟哥(原本目的是治疗心脏病)的意外作用需要以更积极的方式看待。在医学和遗传学中,与原目标无关的长远次级影响的范围是相当大的。我对技术进步的阴暗面的定义囊括了很多这种例子。

在创新方面,我们总是专注于一个特定的问题,很少有广阔的视野或广博的知识,很少退后一步去考虑我们所作所为的副作用。这个现象在农业中非常明显,因为食物是我们生存的必需品。我们一路走来犯了很多错误,而且没有从过去犯下的错误中吸取教训。相反,我们继续假设我们应该尝试以更大的规模操纵我们的环境,并认为对植物进行化学控制就可以万事大吉。我们还主动减少多样性的投入,尽管昆虫和其他生物在植物授粉和维护田地方面有其益处。

这些不仅仅是21世纪以技术为中心的愚蠢例子,还是几千年来农业增长的典型事例。正因为我们在相关技术上迈出了一大步,对眼前利润和轻松耕作的盲目愿景,导致我们很容易失去长期目标,而这样做可能会对后代造成灾难性后果。经济和工业模式已经全球化,因此我们的漠然造成的影响不再局限于一些小型的本地农场,而是会直接影响整个世界的农业,因为现在我们在一个真正相互依存的全球范围内耕种和运输农产品。

许多人已经认识到我们自身的不足,因此本章的目的是提醒、激励大家要识别持续存在的错误类型,鼓励寻找解决问题的最佳方法,还要保证粮食高产,品种丰富。不这样做就意味着饥饿,即便不是为了我们,也要为子孙后代着想。

我们总是难以持续生产足够的农产品,潜在的原因包括气候变化(不仅仅是天气模式每周变化)、季节性特征的转换(如降雨)以及和我们一样以庄稼为食的新病虫害的出现。这些困难往往相互关联,因为当地气候波动影响昆虫所涵盖的区域,全球互联意味着我们进口的不仅仅是作物和其他产品,还同时进口了其他国家的害虫、植物和疾病。大多数情况下我们看不到它们进来,但是关于进口的食品和植物,据那些在该行业工作的人说,常见的不仅仅有杂草作物和种子,还有附着在农产品上的小生物。有新闻价值的事件很少见,但恐惧症很常见,所以媒体会大肆报道大型香蕉蜘蛛或者葡萄上的黑寡妇蜘蛛,但是大多数这类"国际旅客"都没有被注意到或被报道出来。

一个诡异的新闻报道说,英国的一个宗教团体购买了大量甲壳类动物,将它们带到海上并释放了它们,理由是它们不应作为食物被捕获。该宗教团体不知道这些生物是从加拿大进口的,而且这种物种的治理在英国当地水域被视为一个难题。

一般来说,如果新来的物种能适应当地的气候,那就大事不妙了,因为我们很少能同时引进在其东道国保持生物平衡和在数量上控制这种新物种的其他生物。因此,新引进的物种可以在新家大肆繁殖,我们却不知道如何处理。引入其他生物和昆虫以捕食进口害虫可能有效,只要它们具有高度特异性的饮食习惯,但是如果它们适应新的条件,那么我们又给自己制造了新的麻烦。

从狩猎到耕种

我将勾勒出与食品相关的历史情景,这些场景令人惊讶地整齐划一,因为它们使已经取得成功和主导的国家或社会达到顶峰,然后进入衰退。其政治土崩瓦解的根本原因,不是因为他们失去了军事力量,而是因为他们无法养活自己。战争和军事失败往往是结果,而不是原因。

在更古老的历史时期,粮食或水资源短缺是农业技术落后、天气条件恶劣或两者兼而有之的结果。此外,成功国家农业资源的流失,意味着总人口迅速增长和越来越大的城市的发展。从食物产地(小农场或小村庄)迁移到依赖其他生产者和运输系统的地区,自然而然地造成了一定程度的脆弱性。长期的幸存者通常是那些设法解决食物和水的储存问题以挨过贫困时期的国家。然而,长期干旱(或洪水)总是最后的致命一击。

从一个较近的身边例子可以明显看出,技术和运输能力怎样给当地社区带来严重的潜在弱点。在英国,超市食品连锁店供应了许多类型的食品,每隔几天就需要补货。如果发生暴风雪、工业事故、燃料短缺或其他干扰其供应链畅通的事件,消费者将处于危险境地。电力故障同样会导致许多困难,冷冻和冷藏货物会腐坏,商店也将难以正常运转。我最近看到一家当地超市倾倒了多台冰柜的全部储藏物,因为冰柜无法应对哪怕轻微的热浪,所以不仅仅是电力故障造成了这种浪费,长期的运输和动力故障也会导致混乱,战区新闻每天都在报道这类场景。

在接下来的几个段落中,我将介绍人类如何从狩猎采集阶段转变为以农业为基础的阶段。有许多书籍和文章提供了大量的例子和详细的细节,为了进行更深入的讨论,我特别喜欢的一本书是弗雷泽(Evan Fraser)和里玛斯(Andrew Rimas)写的《食物帝国》(*Empire of Food*)。

早期的狩猎采集

无论是人类还是狼,靠狩猎生存意味着该群体需要精简并能迅速移动以快速跟踪食物来源。群体人数必须很少,并通过限制繁殖或杀婴来保持这种状态。小的群体也会改变其生存环境,最近的证据表明,将几十头狼重新引入黄石国家公园不仅改变了生活在当地的动物的平衡,而且对植被产生了重大影响,并增加了树木的数量,这些树木在树叶被吃光之前就成功地超越了树苗阶段。这反过来又改变了地表径流和水的运动以及河流的稳定性。大多数人看这个结果一定会大吃一惊,只有知识渊博、爱岗敬业的生态学家,才会考虑这种由少数捕食者引起的重大而积极的变化。当然,国家公园的变化突出了狼的有效性,但是某些物种生存平衡的微小变化对环境产生广泛影响是显著的。从这个角度看,由于黄石国家公园的面积大致相当于北爱尔兰或科西嘉岛,所以大多时候,我们会假设在如此大的区域内仅有的狼群只会产生非常局部的影响。

对狼来说,实施最大群体数量控制是好的,但是人类需要很长时间才能达到成熟,因此保持更加稳定的模式是有利的,这意味着人类从农业元素中获益。农业的早期版本可能是清理小块土地,种植作物一季左右,然后继续寻找下一片土地。使用简单的工具实际上只是扒动土壤表层,对土壤几乎没有永久性损坏,一旦人群向前寻找另一片土地,已耕种的土地,甚至森林,都可以恢复。更好的耕种技术(以翻土更深的犁、轴和锯的形式)开始对土壤产生永久性的改变。犁破坏了植物根系,导致深层土壤成分变得不均衡,当然砍伐更大的树木会使整个区域环境(从植物到动物)发生永久性变化。从现代大型机械的角度审视当前森林破坏的规模可以看出,即使是原始丛林,比如南美洲或太平洋,也不仅仅是被清除,而是永远被彻底地摧毁。假使人类自我毁灭并让土地自我恢复,已经消失的植物和动物种类也将永远无法恢复。从长远来看,这是不可避免的,但是人类自私地只关心自己接下来几个世纪的生存状况。

为了成为一种有效的动物,我们以自我为中心。宗教和传统可能声称存在七宗罪(色欲、贪食、贪婪、懒惰、暴怒、嫉妒和傲慢),这些都是由宗教定义的不良特征。如果以上欲望过强,我也认为它们是罪,但是它们又是将我们从动物进化为具有强大创造能力的中等智能物种的动力。快速的人口激增、常年征伐、极端民族主义、不独立思考而只接受领导者的想法、肥胖,以及对奢侈品和非必需品的渴望等,都可以与"七宗"中的一个或多个相关联。但是,如果没有这些特征,我们就会成为一个次要的弱物种。

所有这些因素对于我们如何发展农业至关重要,同样也解释了为什么我们对用"改进"的方法所造成的损害视而不见。为了方便管理、简化流程,大田生产作物、饲养最高产品种的牛有明显的好处。因此,我们已经赶走或摧毁了大地中原本存在的动植物,并用我们的庄稼和牲畜取而代之。最近的一个典型例子是,美国在50年间消灭了大约5000万头野牛,这种有意识的破坏性行为使我们可以种植庄稼或为引进的牛提供牧场。与此同时,殖民者边缘化原住民,摧毁其食物来源。这可能是经典的七宗罪,特别是忽略了土地的整体健康状况,那是在比有人类的历史还要长的时间内进化出来的。有很多生物会吃掉我们的庄稼(因此我们将其定义为害虫或有害动物,包括野牛),但是它们也是其他生物的食物来源。

很显然,为防止小生物吃掉谷物,我们造成了新的问题,因为一旦破坏了既定的平衡,其他一些新的有害生物会取而代之,因为不再有任何天然的捕食者来限制它们种群的繁殖。我们倾向于忽视的某些因素,就是我们能从所谓的害虫中获得间接但是必要的益处。尝试减少昆虫种群在化学上是可行的,但是这样做会损失对受精和授粉至关重要的蜜蜂和其他昆虫。这里的描述有些过于简化,因为实际上我们还需要考虑土壤中的所有细菌、蠕虫,以及它们一以贯之地进行的复杂工作,这些工作可以保持我们土地的持续肥力。一旦我们破坏了这种平衡,并且提取了促进生长的关键矿物质,土地将变得贫瘠,生产力降低,最终将崩溃,变成干旱风暴区或干旱的沙漠。另一个困境是,对于作物生长而言,必须有稳定的水供应,以及保持土壤水分的方法,因为没有水,即使最好的土壤也会颗粒无收。

早期小规模农场能够自给自足,避免了许多这类困难。饲养动物,灌溉农田,享受美食,废物最后作为肥料返回土壤。在许多情况下,农民意识到他们无法连续在同一地区采收单一作物,因此有人尝试轮作或休耕一个季节左右以使其恢复肥力。如果降雨量发生变化,农场仍然可能会减产,因此通常会采取措施寻找其他水源来灌溉。然而,当我们引水灌溉后,水分蒸发并留下盐等残留物,盐持续地破坏了土壤的生产力,因为盐干扰了将氮从大气中固定到土壤中的有益生物。这样的历史案例有许多,即使是美索不达米亚肥沃的新月地带也深受其害。不过土壤肥力变化很缓慢,生产力在1000年内才减半,所以这种模式在一代人以内可能并不明显。人类当然理解盐碱地问题,罗马人故意用这个办法来污染北非沿海迦太基敌人的田地。

气候波动,无论是长期波动还是仅仅几年内的波动,都会对生存产生重大影响,而这不在我们的控制范围之内。伴随太平洋上厄尔尼诺现象的周而复始,南美洲西海岸的印加文明在降雨丰沛、丰衣足食与连年大旱、颗粒无收之间风雨飘摇。印加人拥有设计精良的存储系统,能够在全国范围内分配食物,幸存了下来。的确,正是设计精良的存储系统(而不是军事力量)将他们团聚在一起。同样,大约5000年前,北非失去了一年一度的季风降雨,肥沃的大草原变成了沙漠。这种情况下的气候变化有时与地球自转倾角的微小变化有关。诸如此类细微又不可避免的变化足以给局部地区带来灾难。从埃及帝国的扩张来看,非洲气候变化对人类的影响是显而易见的。这些文明的成功和长期稳定归功于组织良好的食物储存,这能够帮他们挨过农作物低产的时期,再加上尼罗河的年度洪水使土壤肥沃。《圣经》称埃及有 7 个好年景和 7 个差年景,所以他们的组织能力一定非常出色。

并非所有古代文明都同样成功,长期干旱彻底摧毁了阿兹特克文明,尽管他们有粮仓可以让他们度过正常半年的干旱季节,但不足以应对更长时间的干旱。世界各地还提供了很多其他文明覆灭的例子,气候模式、干旱或洪水的变化影响了从美洲到柬埔寨或中国的主要文明。

在这些戏剧性事件中,自然的气候波动驱动文明生存或崩溃,将可居住的肥沃地区从一个地区转移到另一个地区。必须认识到,我们目前对气候变化的影响——从空气污染到随之而来的气温升高,与之前是不同性质的。我们不仅仅是改变那些农业上更有优势的地区,还造成全球气温升高,这可能会带来一系列与自然事件不同的变化。在地球远古历史中,平均温度比现在高得多,但高温度不能维持我们现在赖以生存的动植物(包括人类本身)。

城市发展和远程食品运输——罗马早期

农业需要劳动力,当农业生产获得成功时,既有需要也有能力支持更多的人口。因此,小村庄发展成较大的城镇,这反过来意味着必须进行各类商品的贸易和运输。最重要的是,城镇只有在食物可生产并交付入城时才能生存,而且食物要保持足够新鲜。这种模式意味着大城镇需要有面积庞大、位置便利的食物来源区,这需要运输和储存技术,以及农场上的许多低工资工人(这点很重要)。取得巨大成就的帝国集中在城镇和城市,因为这里是财富和政治权力的聚集地。他们通常用奴隶解决劳动力问题。民主可能是一个时髦的概念,但民主只适用于一小部分人(例如古希腊时的情况)。

　　罗马是一个典型,以牺牲当地面积越来越大的农业为代价,从殖民地进口食品补充供应,因此,陆地和海上运输的发展提供了比当地更多、具有异国情调的食物。在劳动力方面,有各种各样的估算,认为每服务一位"高贵的罗马公民",就必须有 15—30 名奴隶在农业、交通或城市领域内工作。社会顶层纸醉金迷,但对于大多数人来说,这是可怕的。

　　为了控制这么多的奴隶,剥削殖民地,有必要拥有一支训练有素的军队。当然,军队只会消耗食物而不生产食物。然而军队还是熟练的工程师队伍,因此罗马帝国的城市建造了有效的供水系统和壮观的水渠,这些水渠一直沿用至今。

　　罗马帝国在整个地中海地区发展壮大,但他们靠海而居,依海而生,而且由于他们周边的土地生产力随着连续耕作而急剧下降,罗马越来越依赖进口食品供应。这一危险局面持续到公元 383 年,地中海出现了严重的干旱,罗马发生了饥荒。第一个解决方案是尝试将外国人和许多其他人驱逐出城市。然而,这样做很不明智,西哥特人*阿拉里克率领军队乘虚而入,利用饥荒占领了整座城市。阿拉里克的成功据称是一次伟大的军事胜利,但实际上他的胜利归功于当地缺水、资源过度开发、交通距离过长,并且这个国家的军队主要由奴隶组成,没有任何战斗力。他赢了,历史是由胜利者谱写的。

　　很容易将过错归在罗马人头上,毕竟他们已成历史,我们对自己的判断也很少有偏见。然而在后来的几个世纪中,所有其他主要欧洲国家都采用了相同的对外剥削模式,并将这种模式一直延续到今天。

欧洲国家后来的重复模式

　　15 世纪以来,很容易找到许多其他欧洲国家重复相同历史模式的

---

　　* 4 世纪后入侵罗马帝国并在法国和西班牙建立王国的条顿人。——译者

例子。大多数富裕的成功国家都在全球范围内远渡重洋,探索开拓。然后,利用组织技能、海盗行径、杀戮和奴役当地人为祖国盗掠财富(如黄金),将异国货物运往欧洲市场。他们还将遥远的土地变成了他们家乡的远程食品供应地,以种植不适宜欧洲本土的植物,例如,从中国窃取茶树种子到印度次大陆种植,在美洲新大陆种植橡胶,香料是其他殖民地唯一允许种植的作物。这当然为欧洲人带来了可观的财富,但对于殖民地的奴隶来说带来的是无尽的贫困。从技术上讲,许多人不是奴隶,但是他们过着非人的生活,仅仅为了得到最低工资,他们的原生作物和土地被摧毁,欧洲流行什么他们就种什么。从遥远的殖民地到欧洲的通信很差,因此殖民地的工作条件不为人知,工人的高死亡率也无人知晓。像往常一样,殖民者谱写的历史与真实情况天差地别。

例如,根据许多学校教科书,哥伦布(Columbus)是一位伟大的探险家,但是他是一个不称职的领航员这一点却被忽略了。事实上,他到达的实际位置与他原本的目的地差了 1.5 万千米。他的社交技能更糟糕,他野蛮地奴役了一船的当地人,后来又烧死了数百人。现代的估算表明,哥伦布抵达西印度后,70%—90%的岛屿人口死于他的掠杀和水手带来的疾病。他形象完美,实则德行败坏,而这在历史上远非独一无二。

无论是西班牙人、荷兰人还是英国人,富裕的欧洲商人享受着精致而优雅的生活方式,却往往没有考虑他们获得财富的方式。在大多数情况下,社会良知开始萌发(至少在繁荣时期),试图改善远方工人的劳动和生活条件。从历史上看,潜在的困难在于社会依赖于在恶劣天气下摇摇欲坠的船只进行的远程航行,而且航行持续受到其他国家的海盗和船只的威胁。运输的极限取决于船舶技术的进展。生产者的动力不足,他们的土壤和土地无以为继。因此,在每种情况下,财富的来源都是脆弱的,而且或多或少都分崩离析了。

英格兰当然是 19 世纪最成功的国家之一，当之无愧的日不落帝国。至少在我们学校的文献中，我们不仅从印度和锡兰(斯里兰卡)获得茶叶，从非洲获得矿物、黄金和钻石，还在当地开展教育，推广欧洲的生活方式，传播宗教(虽然完全不合时宜)。教科书很少提及的是，我们的祖先对锡兰的茶园造成了环境破坏，数千万人因我们帝国的扩张而死亡；教科书也没有提及像塔斯马尼亚发生种族灭绝的例子。实际上，这种情况与罗马帝国的帝国主义几乎没有什么不同。

正如罗马的情况一样，因为交通运输跟不上、矿产资源枯竭、土地过度开发使得生产力下降，大英帝国的和平与荣耀注定只是昙花一现。象牙、老虎皮以及需要数百年才能成熟的木材，对用这些东西制成的商品的奢望，都是供给速度赶不上材料和资源消耗速度的例子，在这令人失望的剧情中，以改进的猎枪或更有效的电锯呈现的技术，扮演了一个不光彩的角色。

这一模式仍在继续，目前联合国生态系统的估计是，在过去 3 个世纪中，全球 25 个国家的林地面积至少下降了 40%；在另外 29 个国家，企业主和政治势力作出了毁灭性决定——摧毁约 90% 的森林。土地被用于种植作物和养牛(包括为牛提供食物的土地)。这么做无非是为了短期利润，为迅速爆发的世界人口增加粮食供应。这是一种不可持续的模式。

20 世纪的农业技术

到 20 世纪初，由于拖拉机取代了马和牛，为耕种提供动力，大规模种植作物的模式已成为常态。过去 1 天只能耕种半公顷土地，现在机械化使耕种速度提升了 100 倍。大规模耕种的明显副作用是土壤中养分快速消耗，因为农作物品种单一，而土壤生物化学再生的机制较弱。

技术的蓬勃发展,特别是在化学方面,可以定向地补充作物消耗的氮,其中一个途径是生产氨添加到肥料中。哈伯(Fritz Haber)和波斯(Carl Bosch)设计了一个成功的化学程序,在农业方面具有直接应用价值,两位科学家因此获得了1920年的诺贝尔化学奖。

有趣的是,在第一次世界大战中,哈伯决心找到一种方法,帮助德国人在战争中获得快速胜利并拯救生命(所有参战部队的生命),由此他发明了一种化学毒气,部署在伊普尔*。战争结束后,他又将研究的重点转移回农业化学上。

社会对更多食物的需求很明显,大公司发现更容易与种植单一产品的大农场合作,而且尽一切可能消除任何可能与作物生长相竞争的其他植物。这显然是一种欠考虑的方法,因为它将所有鸡蛋放在一个篮子里。人们不愿承认危险的部分原因在于经济,也在于社会性考量。种植单一作物是一种危险的策略,例如19世纪40年代爱尔兰的马铃薯问题。爱尔兰人以牺牲所有其他品种为代价种植了一种优良的杂交马铃薯品种,却被一种特别喜欢这种马铃薯的真菌所击垮。由于没有其他类型的马铃薯,食物供应崩溃,1845年的饥荒发生。随之而来的是国家的政局动荡,这种动荡一直延续到了今天。

在1940年左右又有另外一个例子,即博洛格(Norman Borlaug)开发出优质小麦和玉米品种,他希望这类品种的强壮秸秆可以支持更大的谷穗。他的解决方案是找到一种矮小的品种,以支持更大的麦穗,这个方案在经济上是成功的,但并不完美:虽然穗部较大,但营养价值低于植株较高的品种。尽管如此,由于具有高度的市场价值,它已经登上单一种类作物的最高位置。这种技术进步的不利方面是单一的植株可以被针对它的疾病消灭,相对地,多样化的植株必然在面对任何疾病时

---

* 伊普尔位于比利时西部,伊普尔化学战是人类历史上第一次化学战。——译者

都能产生具有适应性的幸存者。

农业技术通常都是出于善意(包括盈利目的)而引入的,但由于缺乏远见,狭隘的眼光经常集中于作物的单一特征,从农产品营销和分销易于实施的角度出发,这经常会产生不良的后果。

在20世纪,化学、生物学和物理学以前所未有的速度发展,而且在第二次世界大战期间,各种各样的发明刺激了这三个学科的发展。战争的破坏给所有国家(无论战胜国还是战败国)都造成了巨大的食物压力,技术似乎可以理想地缓解食物压力。战争的进一步结果包括,来自政府的强大控制的压力,由军事活动引起的一定程度的保密需要,社会不再质疑政府、企业家或社会特权阶层的决策。一部分原因是农民和雇员无知,一部分原因是这是20世纪中叶仍存在的文化态度。英国社会在许多方面运转有序、阶层分明,人们从未质疑过那些被认为知识更渊博的人作出的决定。例如,医生或牧师的决定很少被公众质疑。此外,科学复杂的原理使人们不敢批评新技术,而主要的化学和农产品交易完全处于被隐蔽状态。回顾半个世纪前,现在的我们几乎完全无法相信当时的情况,因为我们(至少大多数西方国家的人)完全习惯了方便地获取信息。

然而,通过互联网获取信息的价值可能被高估了,因为在许多国家,互联网因政治或宗教原因而被封锁。此外,互联网和电子娱乐的范围很广,可能会分散我们对任何严肃的信息检索的注意力。而且,许多人只会查看支持其现有观点(或偏见)的网站。的确,许多社会学家认为社交网站实际上把人们分成孤立的小群体,然而他们每个人都形成了一个足够大的社区,他们在自己的观点中自我支持(无论他们的观点有多么极端或毫无实据)。正如在20世纪50年代一样,除非人们接受培训,否则在获取和理解技术性信息方面仍然面临困难。在互相冲突的解读中判断孰对孰错则更难。我当然怀疑通读本书的读者也面临这一问题,但这些人是例外!

尽管如此,我们已经取得了一些进展,而且已经对专家的真知灼见产生了更好、更现实的批判态度。况且,当今社会许多人可以通过媒体和互联网自由传播并汲取相当的科学知识,这应该已经让我们更有信心去挑战可疑的做法。

1962 年的重磅炸弹

化学和农业产业所实现的科学进步,带来的不容置疑的骄傲自满和全盘接受被打得粉碎。因为在 1962 年,蕾切尔·卡森(Rachel Carson)写了一本书《寂静的春天》(Silent Spring),细节详尽、证据充分(2012 年的再版读起来仍然酣畅淋漓!)。书中,她强调了当时风靡一时的许多做法的技术缺陷。她从不加选择地使用杀虫剂和除草剂开始论述。第一个例子是 DDT,它确实是一种非常有效的杀虫剂,最初用于减少蚊子数量,从而减少疟疾。即使在今天,疟疾仍然是一种严重的疾病,每年导致约 100 万人丧生。然而,人们被遏制疟疾的目标冲昏了头脑,忽视了 DDT 高度负面的作用。

作为战时备战的一部分,化学工业开足马力进行大规模生产,所以他们不可避免地要寻求新的大众应用市场,包括农业市场。因此,生产的大量杀虫剂不仅仅是喷洒向特定的作物,还通过低空飞行向空中喷洒。这种技术很快被推广,但是它的应用完全是随机的,因为它覆盖的区域比预期或需要的大得多,仅在 1962 年美国就使用了超过 30 万吨农药。对卡森和大多数现代评论家来说,这种简单粗暴的方法非常明显的缺点是杀虫剂不仅杀死了害虫,而且杀死了与化学物质接触的所有其他生物。剂量很高,几乎不加控制。此外,农药经常残留相当长的时间,不仅残留在植物和土壤中,而且还残留在所针对或食用它们的生物中。

真正的错误是受这种野蛮的化学物质攻击导致死亡的不仅是特定的害虫,还有所有帮助维持自然平衡的昆虫和其他野生动物。自然平衡一旦被打乱,这个过程就是不可逆转的。这也是一种无效的方法,因为如果没有天敌,那些以作物为食的生物(人类称之为有害生物)就可以在没有捕食者的情况下迅速恢复群体规模。这是一个相当明显的错误,因为昆虫的生命周期远远短于通常在不同物种之间保持自然平衡的鸟类或小型哺乳动物的生命周期。

卡森引用了大量的数据,说明即使喷雾浓度远低于百万分之一,许多化学物质也会积聚在动物体内,随后的尸体分析依然显示器官中化学物质残留仍在千分之一以上,是喷雾浓度的 1000 倍(由生理反应造成的),所以这一浓度使所使用的测试方法完全无效。事实上,这一问题在今天同样严重。污染的结果是许多动物死亡或不育,以及多个物种灭绝。所有这些数据都被农业化学公司视为纯粹的巧合,农业化学公司还组织了一场运动以诋毁卡森的所有工作成果。

幸运的是(或许这么说有些怪异),使用或接受高剂量喷雾剂的人也会生病甚至死亡,然后人类的死亡导致了公众的关注,并开始公开地研究和分析杀虫剂和除草剂的影响。当时,在 1962 年,很少有人理解许多化学物质可以在生物化学反应中起催化作用,而且人一旦摄入它们就会产生反应,产生一种以植物为对象进行试验时从未出现的损害和疾病。

人类从未尝试试验研究杀虫剂对人体的毒性,尽管杀虫剂会显示出从暂时伤害到永久性残疾甚至死亡的广泛影响。我们应该对危险有更深刻的认识,因为其他一些物种对杀虫剂也表现出极高的敏感性。例如,浓度低于十亿分之一的杀虫剂足以杀死幼虾,这个浓度相当于一立方厘米(即幼虾大小)的杀虫剂量稀释进一个奥林匹克赛事的标准游泳池中。请注意,当前的分析技术通常比十亿分之一还要灵敏百倍,因此将来会发现更多此类问题。

基因时间炸弹

在 20 世纪 60 年代,人们还不知道许多化学物质会干扰 DNA(尤其是人类才刚刚认识 DNA 结构,化学物质对 DNA 结构的影响仍然未知)。农业化学品可能会引起遗传变化是公众意想不到的,我们现在知道这确实发生了,但即便如此,大多数人都惊讶地发现,这些变化有时几代人都没有表现出来。这非常令人惶恐不安:尽管在生命短暂的生物上收集的数据已经显示了这种效果(这是生物实验室研究中的标准做法),但是没有理由怀疑这具有延迟性、类似于定时炸弹的变化会在诸如人类等长寿命物种中开始生效。导致人类出生缺陷的药物的案例已有详细记载,但是直到他们有孙辈或曾孙辈时才发现这种缺陷,这非常令人担忧。我们的确应该时刻关注,尤其是因为在过去 50 年中发生了生物化学大爆炸规模的发展,因此这种遗传变化几乎没有足够的时间显现出来,而且很难检测长期延迟的遗传变化,并将遗传变化与真实原因联系起来。这是不可逆的单行道,因此我们的后代将携带新的遗传物质。

遗传编码的现代分析技术现在已经成为常规操作,正如我所提到的,现在可以检测到的化学结构中的杂质和其他缺陷达到了十亿分之一的水平。随着这么精细的检测成为常规,可以预料,将来会披露更多原本抱着善意使用的杀虫剂、除草剂和药物最终造成中毒的案例。

DDT 是一种常见的杀虫剂,此外其实已经有其他数百种化学品应用于农业生产。一些化学品,如狄氏剂对人类的毒性至少是 DDT 毒性的 40 倍,而且起效快,被用作神经毒气。在批评研发这些化合物的化学家之前,我们需要认识到他们经常殚精竭虑地攻克特定的农业或医学难题。对他们来说,"成功"是一个能够完成他们所关注任务的复合体。即使是实验室控制和谨慎的技术也可能无法在短期或长期内发现任何问题,然而,实际应用、分销和商业盈利能够完全扭曲他们的"成功"并导致极不理想的结果。

农业中我们有所包容地控制环境,看起来可能适合农业使用的化学品以及其他化学品被其他生物吸收后,其后果无法预测。关于药物意外副作用的文献很多,医学实例的明确信息是其结果可能差异很大。没有两个人(或其他生物)完全相同,对化学品也不可能有相同的反应。另外,可能已经使用了多种药物(或除草剂),其组合效果增加了复杂性和不确定性。如果人们阅读有关现代成熟药物的文献,通常能找到一长串副作用,这些副作用仅影响了一小部分用户。实际上,大范围使用药物的副作用可能更多。

化学家在第一次世界大战中发明了神经毒气,后来又有许多产品专为战争而设计。一个有据可查的例子是橙剂,它在越南期间作为落叶剂使用。越南南部20%以上的森林加上估计400万公顷的耕地被喷洒这种落叶剂。为了增强效果,喷洒浓度很高,通常比人类安全接触的极限高数百倍。毒理学研究高度关注其对人类的影响,发现在美国的越南退伍老兵的孩子(和后代)中呈现停育和白血病等(以及退伍老兵自身的疾病)的高发病率。在越南境内,情况还要糟,政府和红十字会的估计最初将越南残疾人的总数定为超过100万。生育能力下降也很明显。有生理缺陷、残疾的后代估计还要多得多。这是先进技术非常阴暗的最明显的案例之一。

杀虫剂对单一农业种植有多成功?

大片土地专门种植单一作物可能是大规模种植和采收的理想选择,但是反复耕种后仍然容易受到害虫和土壤退化的影响,因此我们又回到与除草剂、杀虫剂、化肥等相关的问题。世界粮食生产的真正问题是："它们在短期内是经济的吗?"(显然是。)但是"这么做是一个长期的解决方案吗?"与此同时,我们需要问一下新疾病的环境缺陷和危害是什么,以及对动植物及以其为食或者与它们接触的人而言,遗传异常的风险是什么。

单一栽培方法最初可能提高作物产量,但假如我们因此丢弃所有已经进化了数千年的其他品种,就是非常短视的。正如计算机文档一样,匆忙进入新技术的风险将会痛失许多有价值的替代方案。对于农业而言,一旦气候模式或疾病模式发生变化,效率明显较低的版本可能会比目前的高产版本更为可取。为了避免这种灾难发生,必须建立全球性的种子库,精心保护品种的多样性。包括英国在内的一些国家已经在储存地点进行了一些尝试,挪威的斯匹次卑尔根岛有一个种子库,保存了大约150万种种子样本。该地点位于北极圈内,因此即使没有人工制冷,也能低温保存。保存样本包括野生品种(目前被视为杂草),增加了种子库的遗传多样性。

就经济学而言,大规模单一作物的农场永远不会离消费者很近,因此当产品运到市场时,实际成本和效率必须包括运输和制冷成本。这对易腐货物至关重要。此外,同一作物能否持续生长将取决于使用的肥料。如果在生长过程中的正确时间点巧妙地施用肥料,而且不是用飞机在田地上空随机喷洒导致肥料飞向非目标方向,那么肥料用量可以减少。

但是,随着时间的推移,肥料变得不那么有效了,10年内产量下降60%并不算是非典型的。一个中立的观察者的算法与农民的算法看起来非常不同,农民最初看到的是生产力(利润)的大幅提升。因为产量下降60%甚至可能低于原始生产率,所以如果处理成本很高,利润可能会有绝对减少。这对于大多数人来说很难察觉,因为价格随着通货膨胀而变化,超过10年通常会翻一番,这将掩盖真实价值下降的事实。

总的来说,有一个隐藏的经济因素,仅仅因为使用肥料来增加产量并不能保证这个过程更经济。一旦被锁定在肥料和除草剂系统中,化学品消耗可能增加的生产成本远远超过产量带来的销售增长。农业的利润率可能非常低,而且价格是由超市而非公众驱动的,盈利与亏损之间通常只有一线之隔。

肥料的一个主要弱点是肥料颗粒不会停留在施用的土地上,而是被冲入周围的水道,在那里它们同样有效地促进植物生长。这是一个全球性问题,所有引用的数字都表明,通常至少有一半的水系统受到农业径流的污染。污染物不仅包括肥料,还包括杀虫剂等。

正如我所强调的那样,对于单一作物的大面积种植,不会有天然的捕食者来消灭害虫,因此必须依赖于某种方式改良农作物以抵抗特定的害虫,或者必须喷洒杀虫剂。从历史上看,改良作物可能通过自然选择的方法开发出来,或者通过人为的转基因开发。后者是一种高度情绪化的路线,各方的意见会由此而分化,但理性的评估会从双方的观点中找到正面和负面的依据。

农业观念和黑草

被称为黑草的植物与我们的许多主要作物(冬季谷物、油菜籽等)竞争,黑草猖獗会降低作物产量。黑草备受关注的原因是,它们已经存在了很长时间,人类最初成功地用除草剂杀死了大部分的黑草,然而,正如在大多数植物中有少数抗性品系发展成为主要变体,由于没有来自弹性较小的植株的竞争,变体已成为一个主要的公害。以技术为中心的农业和化学工业已经试图改善除草剂以赢得这场战斗,这是要与一种有抗药性的杂草作斗争,或许只能使用将农作物一起杀死的化学物质。因此,进一步的开发将涉及长期且极其昂贵的研究计划,而且不能保证一定能研发出没有问题的最终产品。

面对这一困难,化学品公司和《欧盟杀虫剂可持续使用指南》的应对方法可谓鼓舞人心,他们重新评估了这个问题并提出了一些非技术方案,包括播种更强壮、比黑草长得好的作物,犁地时把黑草种子深埋入地下,改变种植和收获的时间,回归作物轮作或定期休耕。这些选择兼而用之似乎卓有成效,杀虫剂使用量也可以大大减少。

这些成功策略的不足之处在于它们不一定受到农民的欢迎,农民现在习惯于寻找新的神奇除草剂并希望以相同的模式继续耕种。农民陷入两难境地,因为许多人已经拥有了非常多的田地,并投入了昂贵的机器来培育庄稼。此外,他们与加工商签订合同,种植单一作物,并在一年中的特定时间播种。在听取农民对这个问题的讨论之后,我觉得农民们认为恢复多种轮作方式是倒退,因为这是他们祖父母使用的耕作方式。因此,他们在心理上不认为在过去的许多世纪里都在使用的这个办法有效。在过去的 50 年里,他们被灌输的想法都是开展大规模种植,喷洒大剂量化学品。

然而,作物产量减少、产品受污染以及化学处理成本越来越高的增长模式可能会左右农民态度的变化。一些农民也可能会形成集体型农业生产模式,在一群农民中农作物轮作是可行的,因此专业的播种和收获设备不会闲置。也许最令人鼓舞的是,态度的转变也是由农业化学工业推动的,因为农业化学工业无法快速解决黑草问题。一旦农业化学工业与农民/买家和公众一起意识到,可以在保持较少的化学污染和更好的协作方法的前提下保持农作物产量,那么未来的粮食生产将是有希望的。

回归多样化的品种

我列举的黑草是由于我们长期使用化学品而被选为弹性品种的杂

草,这当然是一个非常普遍的问题,还有许多其他例子。相应的问题是,当我们因为一些特别理想的品质而设计单一作物植株时,这种单一植株感染疾病的风险对我们来说同样不可承受,一旦染病,所有作物都会失败(就像爱尔兰马铃薯遭遇枯萎病一样)。虽然种植单一农作物在短期内看起来很诱人,但是从长远来看,这是一个非常危险的策略。全国各地的许多农作物都是用种子供应商供应的种类非常有限的种子种植的。因此,一种主要疾病不会局限于一个地区,而是会迅速席卷全国。

单一栽培概念不仅限于作物,许多动物品种也采用大规模养殖模式。在 20 世纪 60 年代英国政府积极推广只养两三个品种的奶牛、绵羊或猪的理念,因为这些都是高产品种。当时,有一些简单的逻辑决定了要这么做,但这些逻辑目光短浅,因为许多其他品种要么具有抵御疾病的品质和适应能力,要么在不同条件下有较强的生存能力,或者能生产有益于不同饮食或医疗条件的产品。事实又一次证明,常识的普及程度是有限的,这些不太受欢迎或稀有品种的价值,在过去几十年中得到了认可和扩展。对我来说传达的信息是,在大规模生产方面,有限的作物或动物都有益处,但保护更广泛的品种作为对未来疾病和气候变化的应对至关重要。从非经济的方面值得思考的是,已经濒临灭绝的物种还有多少,以及逆转甚至减缓这种趋势该有多么困难。

捕捞

上面讨论了种植和农业,却还没有研究捕捞问题。我们大多数人会访问农村,并认识到正在发生的变化。捕捞活动一般不常见,一般人也看不到鱼群和其他海洋生物的生存情况,然而学者们还是对过去半个世纪世界各主要地区的鱼类种群进行了详细研究。相对于 20 世纪 50 年代,鱼群规模迅速下降到其原始规模的四分之一左右。而且这一数字一直在创新低。鱼的数量如此之少,以至于捕捞业越来越不赚钱,产业下降到四分之一可能已经很难维持。对于北大西洋鳕鱼,可靠数据可以追溯到约100年前,相比之下今天的数字非常令人沮丧,因为当时的鳕鱼量储备可能比现在高出20倍。虽然机械化以及声呐和卫星图像的使用在寻找鱼类方面都可能是该行业宝贵的技术进步,但是改进的技术正在造成海洋中鱼类种群的灾难性下降。

在渔业方面已经尝试在地方和全球范围内立法,但是仍然有许多国家忽视了这一点。在地方一级,法规似乎仍然偏向有利于较大的捕捞船队,导致个体渔民陷入困境。这个领域仍然需要更好的控制思路,同时要在鱼类养殖方面付出同等努力。

突变技术

突变是进化的一部分,是由化学物质和自然环境辐射引起的。我们很少静下心考虑我们不断受到的宇宙射线轰击,宇宙射线撕裂我们的细胞并每天破坏成千上万的细胞。一些细胞恢复,一些死亡,一些发生突变。这就是进化的工作方式,是不可避免的。更高的辐射量或不同的化学物质增加了细胞突变的可能性,而且细胞破坏和重建过程正在进行中,我们的身体已经进化出了专门的细胞及化学反应,用于修复、移除受损或突变的细胞。但是随着时间的推移,细胞碎片越积越多,我们的恢复机制随着年龄的增长而减弱。因此,衰老和癌症(基本上源于受损和失控的细胞)是不可避免的。我们唯一能做的就是影响它们发生的速度。

实验室诱导的基因突变可能与自然发生的基因突变有本质上的不同。然而,更好地了解DNA、染色体,以及我们细胞的构建模块,经常会发现影响特定特征的特定位点。然后基因工程可以针对这些位点去工作。自工业革命以来,我们一直受到先入之见和心理诱导的冲击,先入之见和心理诱导告诉我们工程是前进的方向,意味着进步。因此,"基因工程"这个词是优秀的营销,因为它具有非常积极的情绪色彩。然而,我们需要了解的是,维多利亚时代的钢铁制造业的进步广获成功,但钢材质量仍然存在问题并可能出现故障,不同的钢材仅在特定情况下有用,人们对冶金行业的细节仍然只是一知半解。虽然对冶金学的理解少到可以忽略不计,但是无论如何我们获得了有用的冶金学知识(例如在早期的青铜器和铁器时代)。

遗传学比为桥梁锻造更好的钢铁更具挑战性。活细胞很复杂,细胞差异很大,而且可以转化为不同的结构。此外,尽管对一些关键位点进行了很好的识别,但是对信息编码的方式总体上知之甚少。冶金发展了4000多年才达到我们目前的部分理解水平,但是到目前为止,我们在基因工程领域只投入了不到半个世纪。因此,我们在基因工程领域的无知程度我们自己都不愿承认,而且被明显的进步速度所迷惑。这意味着我们需要在基因工程方面比现在更小心谨慎。

以科学家的身份写这本书,我认识到,如果我们试图取得特定成果而且能如愿以偿,我们会放松谨慎,不愿继续寻找相关的、不理想的效果。这背后有一个纯粹的实际原因:研究的资金投入总是会停止。但是,如果发生遗传突变,我们需要继续保持警惕,寻找细胞和植物(或动物)行为的长期变化。

进化和突变是情绪化的术语,它们是自然存在的,而且数千年来我们一直在以选择性繁殖等不同名称去利用它们。牛、马和狗都是天然动物发生戏剧性变化的常见例子。例如,狗似乎与狼有共同的遗传祖先,但是人类干扰了其进化过程,进化出大丹犬、吉娃娃、斗牛犬和腊肠犬。对于快速繁殖的生物和植物,变化可以很快产生。如果我们尝试对人类采用相同的方法,那么控制很多代将会困难得多。

然而,我们设计的许多品种都有弱点(无论动物多么有吸引力或有用)。狗的品种有各种各样的缺陷,例如耳聋、预期寿命短、容易得癌症、髋关节发育不良、心脏病、幼犬问题或繁殖问题。育种者对如此种种很熟悉,而且可以提供信息,因为他们经常发现失聪和不同颜色的毛发(也见于人类)之间的遗传联系,这是遗传学家的宝贵数据。与自然进化的狼相比,我们设计的大多数狗都是劣质品种,没有我们的兽医支持,它们就无法生存。

我们对不同物种进行杂交育种更极端的实验表明,在这些情况下,人们通常不必担心长期的遗传突变,因为杂交育种的后代通常是没有繁殖能力的。一个人们熟悉的例子是骡子,骡子是极好的驮载动物,但是是一种一次性的终端物种。在某种程度上,许多杂交植物也存在同样的问题。总的来说,开发新杂交品种时目标太明确是不明智的。这是一个随着基因工程知识和技能的进步而发展的话题。

在农业中,许多有效且广泛使用的作物变种是没有繁殖能力的。因此,农民不能保留种子到来年播种。这种例子可能是在种子生产过程中有意而为之,因为这样迫使农民每年要购买更多的种子。我认为这种对农民的操纵是农业化学工业中昧良心的做法。

进化同样适用于我们正在努力克服的病虫害,一种成功的化学物质将不会永远如此长盛不衰,因为幸存的害虫将繁殖以取代被破坏的变种。这种"反弹"的复苏有详尽的记录,部分原因是人类使用的化学品会杀死害虫的天敌,原因是天敌没有害虫可以吃,只能饿死。就像药物的医疗用途一样,新病原体株通常比原始病原体株要难对付。生物化学家和虫子之间的斗争越来越激烈,成本越来越高。因此,依靠自然控制害虫是最佳的解决方案。

然而,由于全球贸易,新的虫子和植物不断进入新的地区,困难更加复杂化,因为很少带着自然捕食者到达,它们在新家中肆虐成灾。这不是一个新问题,即使在 1962 年,卡森也指出,在美国已经确定了约 25 万种外来物种。在随后的半个世纪中,这一数字可能会翻倍。

已经有一些积极的例子,其中外来物种(无论是虫子还是杂草)的捕食者是为了攻击外来害虫而引进的。在最好的情况下,二次进口只会杀死害虫,因此不会污染其他本地植物或昆虫。然而,这是一个棘手而值得考虑的解决方案,因为如果源区域和新区域的气候不同,那么害虫或捕食者可能会有不同的适应性。

水

水是各种生物不可或缺的,因此值得关注的是,不断变化的技术如何影响农业(和人类)所需水的可用性和质量。哪里有水,哪里的植物就繁茂,动物快乐地低头吃草。水可以化腐朽为神奇:在沙漠中间看到一片美丽的绿色高尔夫球场,可以瞬间想象水能达到什么效果。

雨水适量地在正确的时间由天空洒向大地,这是农民的梦想,但是更多情况是降雨变化无常,必要时必须灌溉农田。灌溉需要建造水坝、垄沟渠道、井或容器,因此成本高且劳动强度大。水流入田地中,浸入土壤,带上肥料一起流失、蒸发,或被吸收到植物中并随之消耗。在每种情况下,净效应都意味着需要补充流失的水分。我们现在正在使用古代地下储存的水,这意味着水补充的速度赶不上消耗的速度。因此,我们现在饮用的水可能来自几千年前的降雨,但是可用量正在缩小。

水的开采会导致地面沉降。在某些地区,例如加利福尼亚州的情况非常明显,那里有广泛的抽水技术,在一些偏僻的地区,地面正以高达每年 1 米的速度沉降。这一问题广泛存在,在过去的一个世纪里,整个地区已经下沉了 10 米。

水还用于采矿、石油开采、各种技术工艺,以及家庭生活用水和污水处理系统。在每种情况下的演变模式是开始时水是纯净水,但随着生产的层层递进,水质也逐层下降。我们可能选择与受污染的水一起生活并重复利用,但令人不安的是,据说伦敦水龙头流出的水已经经过了其他 7 个人的使用。为提升口感,自来水管流出的水已经添加了少量添加物、化学品和药物。有时我们确信自己可以尝出水的历史味道,但是通常尝出的只是来自水净化中使用的化学品。

然而,现代分析可以达到十亿分之一的灵敏度,肯定能发现所有类型药物的痕迹。我之前使用的例子是意大利波河中的药物检测,但是这一现象是普遍的,伦敦目前声称怀疑在任何一个主要城市的供水中都检测到了高含量的可卡因。令人担心的是,供水不可避免地含有可检测出的药物、杂质和与疾病相关的各种生物化合物。或许在自来水中检测到的是葡萄酒可以减轻我们的顾虑,但这无济于事,因为葡萄酒也含有来自当地区域水的化学物质。

对于农业所需的大水量,并非所有用过的水都可以充分回收,因此,大量的水不适合人类消费和灌溉。这个故事并没有就此结束,因为被污染的水流向河流,百川汇海,干扰和污染着海洋生物和鱼类。这些海洋生物和鱼类对污染物的灵敏度比我们要高,正如前文所述,许多物种,如鲑鱼和海龟通过家乡河流或海滩的化学气味返回其繁殖地,因此它们肯定对十亿分之一浓度的污染物非常敏感。

干旱造成文明崩溃的历史例子,应该让我们意识到人类对水的依赖,并迫使我们小心翼翼地珍惜水。水可能会从天而降,但不能保证。任何人都可能污染水,但净化水是困难的且花费高昂。

乐观或悲观?

我希望引导大家思考卡森在 20 世纪 60 年代提出的问题,当时,她对农业实践不利影响的文字和理解是开创性的。她提出了关于我们如何有意识地和无意识地破坏我们环境的问题。无知,被我们无法正确理解的科学进步所掩盖,对短期利润和更高的作物产量的追求,使问题更加复杂化。卡森清晰地传达了她的信息,从这个意义上讲,她成功了。然而,在相同的半个世纪中,世界人口增加了一倍,我们对更好的生活方式、更多的食物以及对异域美食的奢望已经飙升。因此,生产更多食物的难题实际上正在加重,尽管有了更好的理解和知识,但问题并没有消失。

唯一真正的改善方法就是鼓励或确保全球人口增长放缓甚至人口减少,但是任何强加于此的机制都将引起极大的争议。相反,我们可能会受益于一场重大的全球性灾难,例如定期袭击我们的瘟疫和疾病。毫无疑问,它们会再度来袭,甚至可能是早期疾病的变种,例如黑死病或 1918 年大流感疫情,这两种疫情都曾给欧洲带来重大的生命损失,某些地区的人口减少了三分之一。在一个更广泛联系的现代世界中,这种流行病不会局限于一个大陆,因此人口和经济影响将更大。

如果我们认识到我们也在浪费大量食物,而且许多国家都饮食过量,那么我们可能会在食物生产方面争取到一些喘息空间。减少暴饮暴食会产生额外的好处,会让更多人的饮食健康化。

如果,一个加黑、着重强调的“如果”,我们可以减少并稳定世界人口,那么地球就可以支撑人类和其他拥有平等生存权生物的生存,同时环境得到保护。但我觉得我们做不到,哪怕承认这一事实已经足够压抑的了。部分是因为世界人口正在飙升,不太明显的原因是城市中生活着那么多人,他们对更广阔的农业或自然环境没有概念或不感兴趣。对于他们来说,之前提到的种种问题只是让他们在电视上取乐的有趣内容,而了解粮食生产、农业和世界其他地区的情况同观看科幻小说、历史小说或犯罪系列和肥皂剧有天壤之别。

虽然本书的大部分内容都涉及技术创新的阴暗面,但是我认为全球开发和破坏的真正灾难性潜力与技术无关,而是与人口的扩张以及人的自身利益和人性有关。技术只是实现自我毁灭的途径和手段,而不是原因。

第八章

医学——期望与现实

医学——问题的规模

当我开始计划写作本章关于医疗和药物阴暗面的内容时,比较困难的是怎样选择最有趣的例子,或者最可怕的例子。我的观点取决于大量的轶事、朋友的经历,以及媒体、互联网、文章和书籍中众多的故事。

其中不仅有"门外汉"的观点,还包括同样非常详细和有趣的书籍,例如戈尔达克尔(Ben Goldacre)的《坏科学》(*Bad Science*)和温斯顿(Robert Winston)的《坏主意?》(*Bad Ideas?*)等,两位作者都是成功的医学从业者。事实上,这些内部人士的观点发人深省,他们对过去和现在的做法持同样的批评态度。

因此,我的第一印象是医学实践在某些方面存在严重错误。这是基于对大量医疗事故、医生不称职或不幸副作用例子的研究。然而,医疗是一个广阔的领域,所以不可避免地有一些例子符合这种先入之见。为避免陷入这种过于简单化的陷阱,我试图理性地分析为什么有这么多失败(当然还有成功的)的例子。

讨论医疗问题不像讨论维多利亚时代的管道故障那么简单,也不像讨论尽责勤勉的生产者们怀揣着骄傲与喜悦的心情在没有预测或预料自己产品长期副作用的前提下生产的限量产品。我正在努力关注人类的健康和福祉，这似乎仍然是一个充满活力和竞争力的任务。全世界涉及的资金总额达数十亿，因此医疗行业不仅吸引了智慧、敬业、能干的人，也吸引了那些自我驱动和自我重视以及许多将其视为终身职业生涯的人，还有那些将医疗行业视为收入来源，而不是事关人类利益的从业者。

对于可怜的客户和患者来说，很难分辨出真正有水平的专家和其他水平参差不齐的专家，以及对产品推销时关于产品有效性的夸大其词。于是，人们最终得到的只可能是失望和不良副作用，因为人们的期望太高了。对于公众而言更糟糕的是，医学发展是高度动态的，新想法和新结果每天都会出现，因此治疗方案和产品的价值往往存在激烈冲突和公开矛盾。这是极其令人困惑的，因为结论通常基于完全相同的数据，但是分析报告是由分析者自身和当时的状态驱动的。（这不单是医学领域难题，在其他各行各业中也非常典型。）

为了一窥这个行业的规模，这里引用英国国家健康服务中心的现有员工数量：约有130万名员工，其中近50万是有资质的医生、护士、牙医以及辅助人员。这是在一个约有5600万人口的国家。如果加上制药行业的工作人员，从事生物科学工作的人员以及私营业主，那么对这一行业的技术人员和合格工作人员总数的合理猜测就是接近100万，即占全国人口约3%—4%的人拥有不同类型的医学和生物学专业知识。这一比例很高，但对发达国家来说并不算是典型的百分比。例如，美国2015年活跃于专业领域的医生近100万。算上其他熟练的支持人员，美国医学从业人员占全国人口的比例就与英国的差不多了。在贫困国家或者欠发达国家，这一比例较小。现在全球有70亿人口，可以估计有8000万医务人员影响着我们的健康。但是，数字的庞大规模意味着他们产生的文献和思想,可能完全淹没在他们产生的大量数据、知识和统计数据中。

此外,如果这些医务人员有 1.25% 不合格,或是虚假的,那么我们从超过 100 万人那里获得的就是不好的医疗服务! 这一数据可能低估了真实情况。总的来说,这么多人使出浑身解数,某些药物或医学概念的严重副作用的存在可能完全埋没在文献中,而且大多数专家和公众的研究没人会去看,所以不要把所有问题视为医学的阴暗面,大多数例子仍然属于无知和事实得不到充分传播的范畴。

可以假设参与医学的人口比例比过去高得多,但实际上即使在小部落社区,过去也会有(现在仍然会有)草药师或巫医。他们的知识和有效性可能不如现代医生,但作为社区的一部分,他们在社区中的角色可能与医生在发达社会中的角色相似。很多人可能不会意识到,在发达的国家除了正规的医生外,还有草药医生、药剂师、战地医生。

专家和公众的态度和期望

无论如何炒作和大肆宣传,我们对医学的过度期望是没有根据的,因为医学永远不会像物理学或化学那样,是精确科学和“硬”科学。物理原理在任何地方都是相同的。例如虽然我们的计算机可能并不总是按预期运行,但故障总是由人工编写的软件或糟糕的电路设计引起的,一旦我们理解了它们,计算机本身的基础电子设备是完全可预测的。

相比之下,70 亿人各不相同。从呱呱坠地开始,我们的遗传基因(即使是双胞胎)以及我们对环境、营养、气候和生活方式的反应就各不同。我们受自己工作的影响,也受自己休闲活动的影响,我们在接触疾病和对疾病的反应方面同样独特。这些差异日积月累。同样,药物、饮食、酒精和人们为了快乐而消费的所有其他物质,以及我们工作生活的所有其他方面,其长期影响也在日积月累。因此,治疗或改善生活质量的总体尝试,比先前在寻找除草剂以改良作物时所讨论的问题更具挑战性。

然而,药物治疗存在同样潜在的问题,即为治疗特定疾病开发的药物永远不会对所有人来说是完全成功的。有些患者可能因为遗传原因对药物毫无反应;其他人则由于他们的特定病史或他们正在接受的其他治疗,可能会有意想不到的副作用。这意味着即使通常表现出色的成熟药物(如阿司匹林或青霉素),也会失败或出现并发症。

问题在于我们的期望太高了——永远不会有普遍成功的治疗方法。详细说明这些失败的网站可能会关注这样一个事实:安全测试都是在动物身上进行的。这些网站的批评鞭辟入里,认为安全测试对试验动物来说太残酷了。此外,这些网站表明,超过 90% 的通过动物试验的药物,在人体试用时依然会失败。于是合乎逻辑的结论是,测试应该在人类身上进行,但其道德原理同样存在缺陷。过去已经完成的例子,通常是在没有试验对象的相关知识的情况下进行的,如今理所应当地要被谴责。安全测试是必要的,但是永远不会百分之百成功。这是一个无解的问题,我们必须使出浑身解数。

人类对药物的反应千差万别,意味着几乎每种成功和广泛使用的药物都有标签,警告用户此药物可能会产生的各种副作用。即使小剂量和常用的处方药、非处方药也是如此。就数字而言,从具有可靠统计数据的地区来看,美国每年约有 450 万人因处方药引起的严重副作用而做手术或看急诊。此外,或许更令人惊讶的是,已经住院的患者还有 200 万人存在这样或那样的问题。

农业中试验除草剂和新作物品种比药物测试简单得多(测试化学品对环境或人类的长期影响除外)。对于除草剂和转基因作物,我们可能会犯错误,但在很大程度上我们可以控制其生长条件和环境。用于食用的植物,例如小麦和其他谷物,仅有几个月的短生长周期。此外,我们不关心实验植物是否被破坏,因为作物的试验种群都非常多(例如小麦,每公顷可能有 12000 株植株),足以供我们很好地统计我们对正常植物生长的干扰。另一个因素是虽然植物可能是生物体,但是它们没有感知,我们对它们没有情感认知,而且即使我们对植物在其生命周期中的干扰出错,它们也不会因我们的疏忽而起诉我们。

另一个特征是作物实验都有明确的目标(例如对抗特定的害虫或疾病),而且可以单独使用或组合使用不同的除草剂或生长因子,而对人类患者进行试验不可能达到同样的程度。对后者,不仅要解决最初的问题,还要关注可能因治疗而产生的长期健康问题。

作物生长中不幸却又经常被掩盖的现实是,在很短的时间内大多数除草剂会变得无效。部分原因是一些病虫害对药物免疫。对人类和动物使用的所有关键药物都是如此,现在就有许多致病菌菌株因对抗生素有抗药性而生存了下来。过去的 50 年中我们有太多不切合实际的奢望,因为有很多新的药物可以成功地解决问题的案例。但是,使用更高剂量或变异药物不是解决方案,只会适得其反。

对治疗产生遗传抗性只是进化的自然选择的一部分,这对我们来说并非值得惊讶之事,因为现代生物技术意味着我们甚至可以对遗传密码进行测序以识别个中差异。在许多情况下,这些差异(变异)对人类有价值。这方面的一个典型例子是,有些人及其家人对黑死病有免疫力,这些家族传承至今。原因很明显:现代分析显示他们的后代有一个提供免疫力的基因突变。现在已知其他致命疾病也有类似的例子。如果遗传变异没有赋予有限部分的人口生存下来的能力,人类可能在很久以前就灭亡了。

DNA 测序数据和由此产生的各种主张也应该带有健康性警告。虽然我们可以经常检测人与人之间的差异,但是我们仍然只了解遗传密码的一小部分,而对 DNA 的不同区域之间的协同效应知之甚少。除了少数对产生特定疾病的遗传错误进行治疗的例子之外,如此简单化干预以"改进"人类,其后果目前已经远远超出我们的预测能力。现在有一些遗传治疗方法,它们很棒,但是我们不能期望在每种情况下都能取得成功。

了解副作用和药物测试

对 70 亿人进行的治疗中,最大的希望是为大多数人提供成功的药物,并努力预料错误和副作用。我们并不认为总能找到正确的治疗方法,或者更严重的是,不能完全理解我们正在做什么。因此,与其只考虑活的试验对象,不如简要地看一下无生命的试验对象。

我是一名专业的物理学家,在我的职业生涯中经常遇到来自不同研究小组或工业流程的相互矛盾的想法和结果。我意识到我和世界各地的其他团体,一直在制造系统性错误或被严重曲解的数据。这最初是令人尴尬的,但是这很好——就是如此,它是进步。当然,在发布新的想法和更正错误想法时存在困难,但随着精彩且不带感情的学术报告的进行,这些都成功了。有些人当然不愿意承认他们也错了,但是在几年之内,大多数人都改变了他们的习惯,总的来说,我们的工作领域更加可靠。

相比之下,如果不同结果或安全性研究存在分歧,处理更困难和更不精确情况的医学文献似乎会变得更加两极分化。似乎有人决心反对新数据或反对改变长期做法,带着批判态度进行的讨论似乎经常是仁者见仁智者见智,而且这种讨论比在"硬科学"中更猛烈。这种态度差异的原因似乎很奇怪,就医学而言,错误涉及人,需要考虑患者的健康和生存。我将让任何对这种奇怪现象感兴趣的读者自行解读态度上的差异(可能不涉及任何商业利益,只涉及声誉)。

然而,对于公众来说,很难评估何为最佳治疗方案、何为最佳处方和药物。上网查询会有帮助,但是,网上的评论也不乏偏见以及随着新研究的开展和评估而随时间变化。不过,至少怀疑和犯错的模式可能会变得明晰。

我这么说是足够谨慎的,因为找篇权威的研究综述就能看到与我相同的观点。有评论说,每年各类期刊为临床医生发表约5万篇文章,期刊审稿人认为其中不超过6%的研究设计得很好、切题且没有偏见。审稿人暗示,大约2000亿美元被浪费在设计欠佳或重复性研究上。

困难不止于此,在他们为公众提供的综述中,他们会举例说明某些食物是否会降低或增加患癌症的风险,食物范围从葡萄酒、西红柿到黄油和牛肉。结果有很大分歧,于是他们提供了一个简单的图表来说明。这个来自各种研究的数据表明,沿正轴或负轴的不同点,表明意见有从好到坏的分布。好吧,我不需要任何科学知识去读懂图表,我们大多数人只会看着图表问"平均值在哪里"。

更加认真查看后,我才注意到图表是用对数轴绘制的,以小字体标注。我怀疑一般公众是否会注意到这一点,如果没有注意,他们将完全混淆平均值出现的位置。我们的正常反应是,如果我们无法理解某些事物,或者如果它与我们的先入之见有分歧,那么我们就会忽略它,特别是当这意味着我们得改变自己的生活规律时。

人与人千差万别,许多人将不可避免地对一些对其他人非常成功的药物产生不良反应,广泛使用的药物中这一现象尤为明显。例如,一种非常常见的止痛药每年全球销售量约为1000亿粒,而且可以在柜台上买到。这么大的销售量,如果没有报告负面作用,那将是令人难以置信的,实际上制造商列出超过6种类型的过敏反应,超过6种严重的副作用,以及其他一些轻微影响的清单。该清单包括胃肠道问题,如内出血、恶心、便秘和药物通过消化系统引起的腹泻。列出的其他副作用是嗜睡、疼痛、皮肤过敏以及长期使用造成的严重症状,如胃溃疡。这些影响令人不快。无论如何,如果一个人对药物有坏的反应,那么他将来很容易改用替代品。总体而言,与药效相比,副作用的规模较小,因此是可以接受的。

这种止疼药的替代品也很容易买到。在英国,每年销售约 3000 万包,当然,即使按推荐剂量服用,一些用户也会受到影响。替代止疼药如果超过建议剂量服用也可能致命,这在包装中有明确说明。这两种药物给大多数人带来的好处比给少数人带来的不便要多。

处方药存在一个更为复杂的情况,因此我将引用一个例子,它是广泛使用的称为 β 受体阻滞剂的药物,用于治疗高血压和充血性心力衰竭。网络文献从各个角度对其言辞激烈。显然,在上述治疗中,这种药物是有效的而且可以成功发挥药效。作为初步研究的结果,一个著名的欧洲心脏病学机构也建议在非心脏病例中更广泛地推荐它们。其副作用也有完备的记录,包括常见的头晕、视力疲倦、手脚冰冷、心跳缓慢、腹泻、恶心、阳痿等。

人们对这种药物显而易见的疗效欣喜若狂,但后来在很多病例中发现,这种药有不可容忍的缺点,意味着我们对这种药物原来的看法有严重错误。最近的文章直截了当地声称英国医生因开具这种药物每年造成大约 1 万人死亡,而在整个欧洲,过去 5 年中可能有 80 万人因这种药物而死亡!随着新的观点、数据和解释的出现,已经修订了欧盟准则和立法。

不幸而又典型的是,医生和医院改变原来的处方习惯、跟上新的欧盟准则有 2—5 年的滞后期。更不幸的是,许多医生面对他们所开药物的说明相互冲突的情况不知所措,因此他们永远不会更新并采用新的建议。结果,对于 β 受体阻滞剂,他们的处方习惯根本没有改变。

医学实践和滞后期长度与物理学家的例子惊人相似,他们只是慢慢地认识到他们犯了错误,而不愿改正又是人性的一部分。然而,医疗失误的后果更为严重。

在接下来的篇章中,我还会提到关于使用激素替代疗法的矛盾,这同样吸引了来自"专家"的激烈又充满偏见的辩论,他们经常使用相同的数据来支撑他们言辞激烈的意见。他汀类药物(胆固醇合成酶抑制剂)也有相同的意见分歧,许多网站报告研究表明他汀类药物涉及一系列医学问题(包括2型糖尿病),但这些研究遭到持有根深蒂固观点的人的拒绝,他们坚持认为病人应该根据年龄而不是需求更广泛地服用它们。

我们需要这么庞大的医疗系统吗?

直到大约150年前,医学和对人体的理解还不是很先进。在人类历史的最初几千年里,药物和药物治疗依靠运气来寻找天然草药或其他对治疗疾病有积极作用的物质。草药和早期医学技能的积累完全是靠不断试验和试错来完成的,人们并不了解治疗中的化学和生物学原理。治疗后能否成功活下来完全依靠运气。成功的治疗方法已经存在:一个经常被引用的非常早期的手术例子是头骨,这些头骨被石器时代锋利的燧石钻孔以缓解大脑的压力。头骨上的伤疤证明一些患者活了下来。真的令人叹为观止。

然而,关于身体如何运作或疾病如何传播的知识可以少到几乎忽略不计。手术是可怕的,大部分手术技能最初是在战争或角斗时给伤残战士做修复中获得的。缺乏美感意味着手术速度往往比精致和精确更重要。对身体的侵入性操作是危险的,特别是在早期,因为外科医生没有关于其工具、工作条件的清洁和无菌重要性的概念。无知也意味着简单美学的引入实际上增加了感染率。由于手术时间较长,感染的暴露时间会同时增加。维多利亚时代的外科医生身穿日常衣着做手术,器具在一个患者身上使用后不经清洗就在下一个患者身上使用,医生对疾病的传播方式一无所知,着实令人错愕。事实上,很多手术工具都有优雅的木制手柄,所以消毒是不可能的。年龄较大的医生承认,到 20 世纪 60 年代,许多人的态度都没有改变:医院监督员每天对不同患者进行检查,但是从不洗手,也不允许低级别的医生对其操作进行评论或质疑。一些医学界朋友说直到今天仍然如此。

在社区,当地医生同样无所不能,他们不容患者挑战,也不会有患者挑战医生。这种等级森严的体制有一定好处,因为医院由具有医学知识的人控制,他们理解需要什么。而目前的印象是管理层一心只想实现财务平衡,对医疗优先事项漠不关心。现在,他们还努力提升形象——聘请顶级外科医生,或者购买用于分析和诊断的最昂贵的设备。模式的这种变化当然包含在我的技术进步的缺点列表中,因为医院往往缺乏资金来充分利用他们昂贵的医疗器具。

英国医院的某些部门高效率地工作 5 天的模式,意味着在周末不能使用昂贵的设备,不能接受顶级的医疗服务。有人建议每周 7 天开放设备供使用(即效率提高 40%!)。如此一来,医院需要更多的员工,而不是更多的核心设备,这使得该建议在经济上具有吸引力。更重要的是,这么做将改善生存统计数据。虽然不同医院之间的数字不尽相同,但英国的各种研究大同小异(截至 2016 年):他们发现,周末入院就医的患者死亡风险增加 20%,总体而言,所有患者的生存率降低 10%。人数方面,伦敦估计每年有 500 人因目前周末医院治疗不足和技术覆盖率不足而死亡。

来自医学界的博客和脸书评论称,他们已经开始每周工作 7 天。通常包含的信息是,为了让周末的工作人员都是有资质的人士,他们连续工作24小时或更长时间。他们可能医技娴熟,爱岗敬业,但他们绝不是超人,我不希望任何长时间工作的医生来给我看病。人注意力集中的能力在几个小时内急剧下降,长时间工作后错误率会飙升。我怀疑这些极端的工作条件实际上增加了周末的事故率。

解决方案是需要更多的医务人员,而不是更长的时间。在一周提供7天医疗服务且禁止长工作日的国家,没有任何类似于英国出现的存活率下滑的异常情况。在这些国家也不存在周末治疗出事故的患者或急诊等待4个小时(是的,4小时!)的情况。

患者和医生之间的个人接触

每个人都可以获得治疗的另一个后果是,医生或者是医疗团队的一员通常有太多患者,他们不再熟悉患者,甚至可能不认识患者。例如在当地手术中,病人很少会看到同一位医生,而且最多在手术前不到10分钟才见到主刀医生。10分钟是目标时长。诊断过程不可避免地非常迅速,而且给医生施加了压力,不同医生要一致行动才行。这一逆向操作还受到财务约束和管理程序的驱动。此外,对分析技术的需求也在不断增加。原则上这是明智的,但是每个医生都会听到许多故事,其结果不会反馈给患者。常见情况是,分析中心工作站超负荷运转,记录也很混乱。

多名医生轮流值班的另一个缺点是,给患者看病的医生可能没有患者的病史或生活方式的记录,因此不知道患者对不同药物的反应。这对于常规疾病可能并不严重,但有可能(并且事实上)导致更复杂的病症的误诊。例如,患者对某些药物有严重的过敏反应,或甚至对药物填充物中使用的乳糖不耐受。

对这种批评,官方回应是有计算机记录和文件,所以医生可以获得这些信息。但是根据我朋友的经验,情况并非如此。例如,一个人有相当长的治疗记录,有一个厚达几厘米的医院档案,但是很少有医疗人员翻阅。最新参与治疗的专家没有办法抽出时间阅读所有的治疗背景,只有病人妻子出来干预才阻止了被给予有强烈过敏症的药物。不幸的是,这不是一个非典型的案例。

全科医生需要非常广阔的视角和广博的知识,但这种广度只在非专业水平上是可行的,所以人们不能期望对疑难杂症进行完美的诊断。在这种情况下,现代技术提供了一些优势,因为认真地上网搜索对比病人的症状,比每 10 分钟看一个病人实际上可以提供更多的细节和诊断。

我对医疗系统持批评态度,因为医疗系统强调使用药物、手术和所有其他医学进步来治疗患者以延长生命。在我看来这一态度是错误的,最重要的应该是保证生活质量,而不是延长生命长度。我的一些朋友和亲戚说过,接受临终治疗以换取额外几个月的生命不值得。在某些情况下,由于这个原因他们有意识地放弃了治疗。这种情况并不少见,但需要决心和家庭支持。

上当受骗和营销手段

与其批评正在努力应对巨大挑战的医疗行业,我更怀疑导致高昂医护成本的罪魁祸首是公众本身。纵观历史,我们对药物和治疗功效的态度一直是心甘情愿地轻易去受骗。我们一直希望得到可以解决问题的神奇药水,它可能是起死回生的灵丹妙药,可能是使我们魅力非凡无法抗拒的仙丹,或者使我们返老还童、青春永驻的什么东西。唯一的区别是,兜售这种垃圾的小贩曾经只出现在当地市场上,而如今他们出现在光鲜亮丽的电视广告上,以及互联网和大众市场的垃圾邮件中。

这种产品系列是富有想象力的（戈尔达克尔的《坏科学》列举了很多类似的例子）。总的来说，我们很容易被产品和主持人欺骗，因为无论证据或常识是什么，我们都希望相信存在一种神奇的治疗方法。原先街头市场小贩的手法不过是转移到新媒体上。营销则更加精致，更具说服力。身穿白色（或蓝色）实验室外套的迷人主持人，增加了庄严感，暗示他们具备医学知识，就他们的产品夸夸其谈。在理想情况下，他们看起来具有非常华丽的头发、发光的皮肤和闪亮的牙齿，我们想象这是使用这种特殊产品的结果。此外，声称经过科学测试和验证的产品的广告可能非常可疑，特别是如果测试是由制造商进行的或赞助的。在许多情况下，真正独立的测试只公布最小的效果，但我们这些心甘情愿的受害者愿意相信，并且去付款。

营销心理学这一进展的另一个关键因素是，即使宣传用语夸张、极端，只要花大价钱进行营销，并在电视上请迷人的流行电影明星和媒体人士做广告，产品也能卖出去。人们显然经常假设更高的价格意味着更好的产品，我们相信那些我们下意识认同的人。电视广告同样对健康没有帮助，因为广告基本上说，坐下来，放松，不要担心，吃我们的产品，而不是说出去做一些运动，明智地饮食。

这些都是我们常犯的错误，因为我们只看那些信以为真的东西。例如，一些电视和广播专家高兴地暗示他们拥有医学知识，或医学学位，真实情况当然并非如此，但几乎没有人会去核查。的确，有一些医院雇佣的新医生并没有接受过正规的培训，但是没有人跟进查阅他们的个人资料！更令人担忧的是，这样的"医生"有的已成功行医多年。

为了强调检查和记录细节时的疏忽并不局限于医学界，我想说一个发生在我身上的例子。有一次，我收到了一封信，一所外国大学为我提供了带薪休假，休假主题完全与物理学无关。对方说这是为世界知名学者提供的（满足了我的虚荣心），所以很是诱人。不幸的是，我意识到他们混淆了两所大学(萨塞克斯大学和埃塞克斯大学),他们想邀请的专家恰巧和我同名。我也经常收到这种错寄的信件,偶尔还有支票寄给我!显然这位同名者经常有额外的收入。

本节讨论的是营销,值得注意的是,营销技巧不仅针对公众,也针对医学界。对于行业而言,说服医生给病人开特定的药物或采用特定治疗方案是一种很好的商业策略。因为涉及大量的金钱,所使用的治疗方案可能比真实疗效方案更具欺骗性和说服力。邀请医生参加与药物相关的会议(由药商赞助)虽然不违法,但是显然可以有效提升药物销量。然而,这些活动的组织者与他们在国家卫生行业中的角色之间可能存在利益冲突。我也知道,至少有一个欧盟国家,医生根据给患者处方的金额从医药公司可以获得巨额回扣。医生的行医品质无可置疑,但过度开方的心理压力肯定存在。

有人可能同样对英国最近的发展情况持批评态度,英国的医生每诊断一例阿尔茨海默病患者可以收入 55 英镑(约 70 美元)。这是令人无法接受的,因为诊断是医疗服务的一部分。此外,全科医生的收入几乎是该国平均工资的 3 倍。英国每年有 25 万新增病例(相当于一个大城镇的人口),浪费的资金足以每年养活约 500 名护士。在美国,目前每年新注册的阿尔茨海默病病例有 50 万例,相对于总人口而言,比英国的比率要低。但是,美国没有免费的医疗保障体系,因此人数较少。美国阿尔茨海默病统计数据显示,超过 65 岁的人中有十分之一被确诊患有这种疾病。

自我毁灭

公众的一个更为严重的弱点,以及医疗服务的巨大成本都源自我们自己无法照顾自己。有 3 种类型的例子,可以证明很多人是如何主动有意识地破坏自己的健康的,他们显然不在乎,他们认为一旦生病就会有人来照顾自己。

最明显的例子是吸烟。英国卷烟包装上有政府的健康警告,警告非常清楚地说明,吸烟的人中有一半会死于与吸烟有关的疾病。这不是新发现,而是已经在医学文献和公共领域中存在了很长时间的观点。吸烟者当然会声称他们可以按照自己的意愿自由行事,而且正在为他们的烟草产品纳税,税收有望为卫生系统作出贡献。

这完全是误导,因为烟草税收没有考虑到吸烟者需要治疗时发生的通货膨胀,也没有提供足够的新医院设施和工作人员。单纯的税款不足以弥补他们家人——必须照顾他们——的损失。如果仅在私人医疗服务机构收治与吸烟有关的疾病,那么考虑吸烟的危害是否会持续在同一水平将是有趣的。这不是一个原创的想法,因为在许多国家,有限的医疗服务只为消费得起的人服务。

宣传和教育在某种程度上有所帮助,因为自1974年以来英国吸烟者的百分比减少了一半,而且吸烟者的总人数已经下降。尽管如此,吸烟仍然占呼吸系统疾病死亡人数的33%左右,死于癌症的人中有25%与吸烟有关。在这里,显然仅引用百分比还不足以唤起大多数人的关注。

可以换个说法,英国每年大约有10万(是的,足足10万)朋友、亲戚和同事都因吸烟死亡。这相当于一个中等规模的城镇,他们的家庭遭受的痛苦是巨大的。从货币角度来看,英国每年要花费数十亿美元。与疾病有关的创伤、损失、痛苦以及照顾病人所需更为骇人。因为严重疾病病程通常长达5年,从这个角度来看,直接和间接遭受痛苦的人涉及亲密的朋友和家人,在5年的时间里,与吸烟有关、生活质量受到影响的人数超过100万。这还只是英国的情况。

我们需要更加激进和专注的目标来开展更好的健康教育,以真正改变人们的行为,而不仅仅是增加医疗服务预算。教育比医疗便宜。

奇怪的是,如果50%的吸烟者死于与吸烟有关的疾病,那么为什么人们没有意识到自己处于重大的风险之中?这个风险可比我们生活中遇到的几乎任何其他活动的风险都要高得多。

此外,远在明显的疾病出现之前,呼吸不畅等已经降低了其生活质量。患病的人总是会说我多希望自己当初不吸烟。这难题不仅仅局限于吸烟者,还影响到他的家人和朋友。为了让人们戒烟给予的帮助、支持和动力,不仅仅是社会意识形态,还可以通过医疗服务需求的形式直接为整个国家节省经济支出。每年节省数十亿美元的支出,同时减少医疗服务的压力,这是个可以解决的现实问题。

第二个非常明显的问题是肥胖症。据估计,英国每年花费约65亿美元用于肥胖症相关的医疗服务和费用。尽管存在引起肥胖的真正医学病症,包括遗传病,但大多数肥胖病例是过度进食和缺乏运动而自身造成的。儿童肥胖症的迅速增加肯定是因为他们被用车送到学校(而不是走路),学校体育设施减少。如此多的孩子超重而没有压力迫使儿童去努力减肥,这使情况更加复杂化。"肥胖症"这一委婉术语也意味着它是一种患者不负责任的身体状况。电视和媒体形象进一步暗示,超重在形象方面是可以接受的,而且相关的疾病很少有人讨论。

使问题雪上加霜的情况是,广告推动下人们采购更多食物,而且有可能吃得过饱,摄入的不仅有营养丰富的食物和饮料,还有过多的垃圾食品。这些可能会增加腰围和体积,但几乎没有真正的营养价值。同样,食品中可能含有使人成瘾的物质和增味剂。如果这些食品借助体育界人士进行营销,它们会自然而然地被认为对健康有益。

一旦商品列入首选清单,标签上罗列的糖、脂肪或咖啡因含量等可能会被忽略。垃圾食品可能以意想不到的方式出现,其中之一就是在比萨饼上使用外观和味道都很像奶酪的替代品。在营养方面,替代品价值极低,但比奶酪便宜。在比萨饼中使用替代品的经济诱惑,意味着它们可以合法地被广泛使用。总体而言,可能会让人上瘾的零食和垃圾食品的增多,对那些不想肥胖的人构成威胁。

如果我们观看30年前的电影和新闻,很容易发现近30年来出现了越来越多的超重人群。当时在英国,很少看到胖人,几乎没有超重的孩子。30年间,从技术的角度来看肥胖人的数量至少增加了3倍。对个人的肥胖程度进行评估时,问题实际上要糟糕得多。此外,如此多的超重人群的存在意味着,他们的身体在过去几十年中的变化是自我诱导产生的,因为人在基因上是同一种族,所以体重增加只能主要甚至几乎完全归咎于我们自己。食品广告不是唯一的问题,因为英国肥胖者的分布并不完全一致,最严重的地区位于英格兰东北部和中西部地区。总体而言,这一数字仅占成年人的四分之一,但是绝对令人震惊的是大约六分之一的儿童体重超标。因此,不仅对于那些肥胖的人而言,而且对于整个国家而言,这都是一个重要问题。这一问题纵容鼓励我们的孩子体重超标。年轻人不仅被剥夺了长期的健康,还被剥夺了本该拥有的健身和活动的所有乐趣。父母们难辞其咎,他们显然没有真正关心孩子的成长。

肥胖有日积月累的问题,因为肥胖也意味着儿童和成人缺乏锻炼,孩子们不步行上学,很少参加运动,坐着看电脑屏幕或玩手机就算作锻炼了。一些调查表明,儿童可能每天花6个多小时盯着屏幕。这不是正常人的生活。体形匀称、身体健康、活动敏捷的乐趣很多,而我们还在削减学校的体育活动,也没有教育他们养成适当的合理平衡饮食的习惯,我们从年轻人身上剥夺了他们本应获得的这些乐趣。出售学校运动场盖高楼大厦更不符合国家利益。许多医生报告称,由于在电话或电脑的电子屏幕前弯腰,年轻人背部出现问题的数量大为增加。配镜师同样报告,视力不佳的年轻人显著增加。

这也意味着未来的成年人将需要更多的钱来应对肥胖,和吸烟一样,估计国家用于肥胖医疗的成本会大大增加。肥胖易引起糖尿病、心脏病、中风、癌症、行动不便和关节疾病等,以及非常广泛的其他医疗状况。按现金计算,每年花费为 60 亿或 70 亿英镑。就人数而言,在英国和美国,估计每年癌症和其他与肥胖有关的问题导致大约 50 万人死亡。此外,他们行动不便对家庭和照顾者造成的压力是巨大的,但很难用金钱来量化,这也反映了这些人非常自私,缺乏为家人考虑,理所应当地认为家人必须照顾他们。他们生活的失败明显地影响或摧毁了更多的生命,而不仅仅是他们自己。

像这样的数字(每年 50 万相关死亡)似乎仍然没有什么直观感受,那么我们来研究 2 型糖尿病的一个副作用。也许可以将死亡视为问题的终结,因为人死了问题也就没有了,不再重要了。或许关注明显的长期因素,例如截肢,会产生更明显的影响。

截肢是一个最容易忽视的话题,因此我们应该强调在 2014 年因肥胖导致的糖尿病经常导致大手术和截肢。在英国,每年有 7000 人被截肢!这一数字是英国职业足球运动员数量的两倍,这是目前每年肥胖造成的截肢率。虽然不断有人截肢,但是显然不具有新闻价值。想象一下,如果名单中包括一个或两个明星足球运动员,会如何。

上面提到的数字是 2014 年的,但不幸的是,这一趋势日渐恶化。目前的医学观点相当一致:未来几年内患有 2 型糖尿病的人数将增加到 500 万。这意味着,英国人口中每 10 个人就有大约 1 人患病。因为问题是区域性的和阶级依赖性的(因为锻炼和饮食习惯),所以在某些人群中,这个数字可能看起来更接近六分之一!支撑如此规模的护理和治疗费用是不可能的,这个问题必须通过改变态度、锻炼和饮食来解决。

如此庞大的人口超重,当然有相当大的市场机会来销售医疗服务、健身课程或减肥药,以获得理想的完美身材。正如预期的那样,这三种方法的影响不尽相同,从优秀到非常可疑,甚至危害健康。技术再一次在这方面起到了负面作用。我的特殊例子是,网上充斥着减肥药和纤体疗法。并非所有广告是在销售他们声称的产品,也不一定有效。调查这些领域的电视节目报道说,许多减肥药起源于对药物监控最少的国家。因此,产品不仅不含有他们声称的有效成分,通常还使用了欧盟禁止的对人体有副作用的化学品,不仅不安全,还致命。

前面的例子揭示了我们在国际上放任发展的主要问题,而且很容易引起其他领域的连锁反应,如过量饮酒和吸毒。副作用的影响并不总是显而易见的,因为它们通常隐藏在其他问题的假象之下。酗酒,特别是在周末非常明显,但被认为是常态,而不被视为愚蠢。但看看各种事故和急诊治疗的例子,我们就会清楚地看到这种周末不节制模式的危害。既然人们因喝醉或吸毒而紧急上医院治疗,那么收取额外的"健康费"可能会抑制这些行为。高收费,比如数额是他们的周薪,肯定是个能让人清醒过来的提示。

我的观点很明确:与其不断地向卫生系统投入更多的资金和资源,更有效的做法是不仅关注吃什么,而且关注如何保持健康,做到资金充足、习惯健康、享受生活、身心愉悦。伦敦是 2012 年奥运会的举办地,体育投资等旨在激发国民更多地锻炼身体,强健体魄。截至 2015 年底,对 16 岁以上青少年的调查显示,参与体育锻炼的人数减少了 50 万。因此,我们的努力是失败的,只有少数人参与了大约 6 项体育项目。

我以英国人口的情况为例,并对此持高度批判态度。然而,不仅是英国,这实际上也是许多其他发达国家的典型问题,获取成本和统计数据并不总是那么容易,美国肯定有同样的问题。

我们需要对我们的行为抱有强烈的个人责任感,保持自己的状态,享受并欣赏它带来的回报。我还认为许多政治领导人尚未能充分掌握并理解这个问题,因此他们索性采取了一个简单的选择,继续承诺为卫生服务提供更多的资金和资源,以期获得选票。真正的问题不是医疗服务需要增加,而是人们失去了照顾自己的愿望、责任和能力。如果我们重新获得照顾自己的愿望、责任和能力,那么对医院治疗和费用的需求将会急剧下降。

我们需要重新获得自尊和独立感,因为目前很多人都认为并期望国家能够解决所有问题,即使问题显然是由他们自己的行为引起的。积极的宣传和教育可以帮助人们改变生活方式,因此具有巨大的经济意义。在一个更健康的国家里,人们将从生活中获得更多的乐趣,人们可以欣赏运动并参与运动(而不仅是观看运动),这些是对社会真正有价值的因素,这样可以减少对医疗服务和社会福利的需求。唯一显而易见的输家,是销售垃圾食品或人们并不需要的药品的人。我个人将其视为额外的益处。

我们的缺点和弱点造成的财务及健康代价

因为我正在批评现有的与健康有关的系统,因此可能需要列举一些数字,正如布莱克(Dame Carol Black)在最近的政府报告中所评估的那样,该报告表明了问题的严重程度及其对英国而言需要耗费的成本。仔细阅读这些数字,其义自现。该目录列出了以下内容:15 名受益人中有 1 名存在对毒品或酒精的依赖,2014 年毒品依赖者为 28 万人,酒精依赖者为 17 万人。这些人的总体健康状况远远低于全国其他人。由酒精产生的卫生服务的费用是 3.5 亿英镑,相关犯罪产生的费用为 10 亿英镑,还有 70 亿欧元的生产力损失。肥胖的健康成本约为 50 亿欧元,经济成本则为 270 亿欧元。总数(含烟草)超过了 650 亿欧元。

比如说,将这个数字中的 10% 用于教育、培训和体育运动,肯定会产生良好的经济意义和道德意义。我在一本关于技术的阴暗面的书中如此评论是合时宜的,因为医学是技术进步中的一个极好的例子。许多人认为医学将解决我们所有的问题,而不是认为我们要为自己的命运承担责任。也许我们永远不会百分之百地成功,但我们可以做得更好。

我们了解统计数据吗?

考虑到有成千上万的药物和人类尝试过的医疗实践,不可避免的是,一些药品或医疗实践是灾难性的,而且某些从业者缺乏必要的技能。尽管如此,我认为还有一些心理因素扭曲了我们对所接受医疗服务的理解。这些心理因素与医学无关,仅仅是正常的人类心理反应。首先,医学类似于赌博,我们愿意抓住机会并期望成功或获胜,这与真正的统计数据无关。其次,我们更担心的是小的潜在损失和失败,而不是小赢或进步。这些复杂的行为模式,是许多心理学家职业生涯的研究对象。我们的行为往往是不合理的,而且很容易因数据和信息呈现给我们的方式而扭曲。诺贝尔奖得主卡尼曼(Daniel Kahneman)的书《思考,快与慢》(*Thinking, Fast and Slow*)引人入胜,确实让我意识到,我经常采用绝对标准的方式却得出了错误的结论。这一难题在医学上非常重要,因为没有什么医学反应是所有人的反应都相同的。人与人是不同的,所以治疗或多或少有效,或有副作用。因此,不同专家得出的结论似乎能完全相反,我们公众对此困惑不已:很多情况下,这些结论都基于完全相同的信息呀。

一个相当典型的例子是激素替代疗法(HRT),它大大提高了绝大多数绝经后妇女的生活质量。全球有数百万妇女接受了这一治疗,因此引起了人们的关注。除了好的疗效,人们当然应该考虑潜在的相关风险。不幸的是,在过去 10 年左右的研究中,已经有许多研究得出了完全不同的结论。对于 2002 年和 2007 年的早期研究,有些现在看来分析存在缺陷,统计数据不佳或者没有代表性。例如,这期间的研究可能包括异常高比例的肥胖者,或者是基于有限的社会亚群体。好事不出门坏事传千里,这些研究会被广泛传播。

相比之下,同一组织在 2007 年进行的研究不仅积极地说明其他癌症的发病率被高估了,而且发生心脏病的风险其实较小,骨质疏松症的衰弱状况在大部分情况下已经得到预防。这项研究鲜有媒体报道,而且多半没有被人们记住,因为这项研究的结果是积极的。最近的一项研究再次得到广泛报道,因为它表示 0.1% 的激素替代疗法用户可能会患上特定类型的癌症。这种负面宣传总是有媒体报道,已经导致近百万女性停止使用激素替代疗法。受益于激素替代疗法的 99.9% 的女性被忽视,或被视为不重要。

问题是,人们只讨论了 0.1% 的实际死亡人数(即每 1000 个用户中有 1 人死亡),而那些受益者则被忽视。适当的比较方法应该是,相对于每 1 例的不幸死亡,有 990 名女性正在过着更健康、更充实的生活。一般来说,包括科学家在内的公众对一些死亡事件作出主动的反应,但是如果好消息是以百分比的形式呈现的话,就常被人们忽视。

因此,令人费解的问题是,为什么与吸烟有关的 50% 的死亡率被人们忽视,而激素替代疗法 0.1% 的死亡率就很重要?这不合逻辑。也许反吸烟运动的弱点是健康警告说 50% 的吸烟者会死于与吸烟有关的疾病。许多人是数字文盲(或精神上不愿意听),所以不理解 50% 的相关性。对于吸烟者,我们需要回答以这样的信息:50% 意味着两个吸烟者中有一人因吸烟而死亡。

关于激素替代疗法价值的讨论肯定不是决定性并且被所有从业者所接受的。除了接受激素替代疗法的女性癌症死亡率增加 0.1% 的负面影响外,媒体对正面证据的报道微不足道。激素替代疗法在减少骨质疏松症方面有非常具体的益处,而且健康的骨结构比患病的骨结构更不可能发生癌变。迄今为止的数据表明,在 10 年的调查中,骨癌死亡人数似乎减少了 18%。激素替代疗法的这一积极方面完全淹没了负面影响。对于 1000 名女性而言,其中 1 名(0.1%)将死于相关癌症,但180 名(18%)不会患上骨癌。结论非常清晰,但被媒体忽略了。

对于激素替代疗法而言,最初有缺陷的研究更为严重的后果是,那些培训时接受关于激素替代疗法负面影响的医生态度已经根深蒂固,即使有了后来的正面研究也无法改变,还会基于最初的研究教给他们的学生。这接着将影响下一代的医生。

我们不相信统计数据也会因信息呈现给我们的方式而出现偏差。有无穷无尽关于医院的电视节目,播出范围广泛,除了基本上关于主角的互动的台词之外,还必须有一些医疗行为的点缀。3 小时的手术显然不合适(太长),MRI 成像(无聊且过于科学)也不合适,因此必须有即时施行的手术。其中之一就是针对心脏衰竭所作的迅速反应。在这方面,心肺复苏(称为 CPR)或电击(除颤)极适合做电视节目。心肺复苏和电击是即时的,并具有电视视觉效果。现场的英雄可以在电视节目时间的几分钟内挽救患者的生命,皆大欢喜。如果(并且只要)在心脏停止跳动后非常快速地应用这两项技术,无论是单独地或者是结合起来应用,确实都可以成功。

电视剧情中从不提供统计数据:一般来说,如果患者心脏停止跳动发生在医院外,生存率约为 6%(即 100 个事件中只有 6 个事件中的患者能存活,94 个事件中的患者死亡);患者在医院治疗其他疾病的同时心脏停止跳动,医生就在身边,生存率才略高一些。这种"成功"率需要更加严格和仔细的审视,因为即使流向大脑的血液仅停止几分钟,"幸存者"也经常会有严重的脑损伤,而且可能需要永久性的生命支持系统。严重的脑损伤似乎比患者死亡更糟糕：会给家庭和患者带来痛苦，而且医疗成本非常高。

然而，对于大多数公众来说，心肺复苏术的情形听起来是非常好的消息。根据我的经验，它经常被教导用于没有脑损伤却又极不可能存活的情况。

改善医学诊断的困境

对于医学界和公众来说，改善诊断的困境是两方面的。新的诊断技术已经发展到我们可以看到疾病的症状并试图治愈它，同时我们也发现了潜在的问题。大多数人甚至很大一部分医学从业者都没有适应这种新情况，相反，他们仍然坚持不那么开明的理念，如果发现了医学问题或疾病，就立即干预并最大限度地应用可能适用的所有诊断技术、检查技术、手术和药物。这么做是因为没有看清问题，这种治疗方法可能无法治愈疾病，预期寿命可能不会增加，或者生活质量实际上可能会变得更糟。此外，也没有意识到诊断测试是不准确的，不仅未能检测到疾病，更糟糕的是很多诊断结果可能是假阳性：病人要么不患有检测出的疾病，或情况尚不足以致病。

医疗测试可以检测出需要治疗的病症，但同样也困扰于有时的检测可有可无，更糟的情况是根本没有癌症。用于检测前列腺癌的前列腺特异性抗原（即 PSA）测试，可以代表医疗检测的困境和误解。PSA 水平升高很容易被检测到，但三个 PSA 值升高的男性中至少有两个没患任何癌症。首先 PSA 值过高实际上只是反映了运动能力或性行为。随之而来的是，第一，成功治疗，但是区分癌症与无病症的 PSA 升高的检查带来相当大的风险。尿失禁、阳痿或两者都可能发生在接受治疗的男性中，而这些男性中多达 70% 没患癌症！

其次,估计表明,在老年人(例如,超过75岁)中PSA值升高是极其常见的,如果不治疗,因为没有主要症状(仅仅是PSA值高),死亡最终会由其他原因引起。很多男性死亡时**身患**前列腺癌,但不是死于前列腺癌。医生和患者目前基于检测结果就做手术,而不考虑患者的全面症状。那些没有严重症状的患者,无论有没有患病都可以再活10年。真正的困难在于,对于前列腺癌患者、能活下来的前列腺癌患者以及根本就未患前列腺癌的人来说,测试和检查的结果只能作为参考。

从相反的角度来看,测试和检查在许多情况下是必不可少的和有价值的。本主题的负面统计数据是对于那些有症状的患者,治疗可能有所帮助,但是前列腺癌可能是其中近三分之一人的死因。医学文献不可避免地就如何治疗PSA值升高的男性有相当大的意见冲突。

所有医学诊断方法的另一个问题,是不希望错过任何病症,例如癌症。因此,精准诊断的目的是尽可能精确地检测出患者。通过新技术和更高的诊断技能,人们还可以感知潜在的**未来**问题。其中许多并不会发展成为任何疾病,但是医学界的大部分人认为,我们应该干预并应对这些潜在的疾病。但是随之而来的干预程度是有争议的,争议涉及政治压力、现有的技术示范(患者仅作为测试对象)、私人治疗的高收入,以及担忧现在不进行干预在将来问题出现时被告上法庭。与此相伴随的是,公众认为医学是绝对可靠的,因此人们要求进行治疗,即便有时治疗是不必要的。

然而,更高的假阳性结果率激发了公众和医学界对疾病(如乳腺癌)检测的热情。大规模筛查被描述为无害、准确且必要的,对于每种类型的筛查而言,这当然不完全正确。

医学技术进步的这一方面具有令人难以置信的阴暗面,因为即使没有尝试过外科手术,它也会引起担忧和焦虑并影响健康、人际关系和家庭和睦。有几百种类型的癌症,即使对于乳腺癌,也有许多估计说可能有 75% 的检出者没有生命危险。例如,老年人细胞分裂的速度很慢,而且使用的治疗方法通常远比病情对身体更不利。此外,X 射线筛查或放射治疗不是被动技术,它们能够并且确实能诱发癌症等疾病(目前的数字表明癌症中约 2% 是由医学 X 射线治疗引起的)。

更糟糕的是假阳性发生率非常高,假阳性数量可能比检测出的乳腺癌数量高出 10 倍。这些人一定会很忧心忡忡,而且有可能希望进行手术治疗。即使这些患者最终发现是误诊,或者是一个良性囊肿也于事无补。另外一个间接的影响是,人们因为担心患上癌症所产生的焦虑导致他们的健康崩溃。

前面的例子都被很好地记录下来,医学界的成员激烈争论,不过讨论中过多的医学术语导致了公众的疑惑。

在诊断领域的一个更新的方法是最近可以详细分析人类的 DNA,由此可以估计未来的健康前景,因为根据我们的基因构成可知,一些疾病和医疗状况的发生率会增加。当然这并不新鲜,有许多遗传性疾病或者病情发展的病例,这些疾病通过观察家族病史就可以识别出来。在极端情况下,人们可能希望知道他们是否携带了可能传给孩子的不良基因,或者可能影响他们决定生孩子的基因。

在过去 10 年中,人类在识别可能与特定疾病相关的 DNA 缺陷方面取得了飞速进展,这些疾病可能会(也可能不会)在以后的生命中恶化。为获取个人总体数据,可以通过一个非常简单的测试进行这种疾病预测。大多数做这种分析的人,是因为他们担心自己的健康和未来(例如他们可能会患癌症或老年痴呆等)。事实上,DNA 分析只是提供未来有可能发生的统计指标,这一事实被我们寻找可能出现最坏结果的本能直觉所淹没。测试结果总会发现一些异常(每个人都不同),这将引发人们的恐慌。对于许多人来说,想象自己未来身体衰退将使他们从统计上的可能性转变为自我实现的身体衰退。

我不知道如何与这种态度作斗争,因为这种态度似乎是根深蒂固的。也许,对于大多数人来说,他们不应该试图展望未来,而是采取简单的指导方针:"如果没有造成破坏,那就不要试图去修复。"

下一步

医学知识、药物和技术呈指数级增长,相关行业和成本也在增长。仅仅半个世纪以前,许多当前的医学知识和实践似乎都难以置信或只存在于科幻小说中。成功案例很多,进步无法阻止,但并不意味着没有消极方面。尽管如此,我还是集中讨论了人们普遍无法照顾自己所带来的不利因素。对我来说最糟糕的问题是,大部分人都认为无论他们对自己的身体做了什么,他们所有的困难和问题都可以通过现代医学来解决。吸烟、肥胖、吸毒、酗酒等常见恶习会使数百万人丧生并缩短许多人的生命。这些医疗问题需要政府重新进行全面评估,采取更有效的教育和行动使人们对自己的行为负责。

从产生耐药性疾病的遗传发展中产生了各种不同的难题,仅仅通过降低抗生素水平等是不会减少新的致病菌株的。

人类与生俱来有利用实验对动植物和人进行基因改造的冲动。在某些案例中,已经取得了进展,但是与所有新的和实验性的想法一样,不可能知道或预测相关的缺点是什么。例如,任何针对普通感冒实施遗传解决方案的人,都会被视为英雄,但是如果治疗中有一个突变意味着我们后代中失去了一些其他属性,我们就无法逆转时钟并重新开始。如果我们尝试改善身体状况和治愈疾病的努力意味着我们会导致一些人过早死亡,那是不幸的,但如果我们危及整个人类,那将是灾难性的。

实际上,医学知识的惊人增长意味着我们个人只能访问和理解综述性文献和专业知识的一小部分,这意味着我们将会犯更多的错误。

对这一情况的非标准观点是，如果医学知识数据库的增长速度，超过我们作为个体所能理解的速度，那么有效的技术进步意味着我们越来越不了解整个知识库。

关于医学相关数据库和记录的最终评论是，由于人们不断搬家并由不同地区的医学专家进行治疗，因此从每个治疗地获取可获得的记录，将具有真正的优势。虽然实现全程记录的好处是明确的，但是建立这样一个系统是困难的，到目前为止，至少在英国，这些尝试已经消耗了大笔卫生服务的可用资金。2002 年的首批试验在被放弃之前耗资约 100 亿欧元。从那时起，大型数据库的计算技能和专业知识得到了改善，向无纸化医疗服务过渡的新提案预算约为 50 亿美元。在顺利运行的情况下，这可能是成功的，但是在危机时期，如果通信网络发生崩溃，则会产生更多的问题，安全性和机密性可能同样受到损害。

第九章

变化的语言带来的知识损失

语言和为什么人类如此成功

我们不是唯一的智慧动物,那么让人类具有生产力和创新能力的关键因素是什么? 在我看来,我们与其他生物之间的关键区别在于我们有使用复杂语言的能力。没有语言,我们可能仍然是一种成功的群居动物,就像猴和狼。但从多个方面看我们仍然是群居动物: 仍然需要其他人的支持来狩猎,培养年轻人,并通过榜样传授技能。我们已经在世界各地不同的气候区繁衍生存,但还有许多其他生物也布满世界各个角落。有些动物,例如黄石的狼群,能够在恶劣的冬季条件下茁壮成长。

其他动物也可能使用工具,猴和乌鸦是非常不同但经典的例子,它们还有能力计划一系列事件,储存食物留作以后享用。它们的生理结构限制了它们的技能(例如,喙不像手一样方便),而不是智力限制了它们的技能。其他灵长类动物具有良好的手工技能,但不知何故,我们人类取得了更多成就。

智力和声音交流并不罕见,许多动物,无论是在陆地上还是在海洋中,都可以传递相当精确的信息。例如,猫鼬通过叫声传递哪种类型的捕食者正在威胁它们的信息。有类似能力的海洋生物有海豚、鲸和章鱼。尽管如此，就语言而言，我们的复杂程度是独一无二的。

我们的另一个优势是，我们受益于一个漫长的不成熟阶段，年轻人依赖于部落的年长者，使他们在成长时期培养学习语言的使用以及几代人积累的实践技能。语言，而不是大脑或智力，已经明确定义我们脱离了其他物种的局限性。这不是猜测，因为在 20 世纪，探险家发现，与世隔绝的部落仍然处于石器时代的水平，尽管他们缺乏技术，但是他们有详细结构化的语言。

语言和相对较长的寿命使我们能通过不断实践制造出有助于我们狩猎和生存的工具。由于我们缺乏捕捉和杀死猎物的力量、爪子或下颚，生产燧石箭头和刀具就成了前沿技术，对安全地远程狩猎产生了巨大影响。对那些早期的人而言，一定感觉就像真正的进步一样，是百分之百积极的。当从更广泛的角度来看时，结论就截然不同了，因为成功的狩猎进展为捕杀更大的动物播下种子。对于动物而言，这是一场灾难，因为在很多情况下被捕杀是它们灭绝的主要原因。有些像猛犸象一样，可能已经在气候变化中挣扎，但是有些动物，特别是寿命长、繁殖率低的大型物种，很快就被人类的饥饿、贪婪和扩张生存所灭亡。

我们成功故事的最后一步，不仅仅是通过言语来维持知识，而是设计出将我们的思想从一代传到另一代的方法。

语言和理解的衰退

记录、存储和传输信息、想法和制图的能力，使我们与众不同。没有这种能力，我们肯定不可能达到目前的知识和技术水平。因此，在我们的优先事项清单中，获取现有知识以及过去的经验、技能和信息非常重要。然而，我们想要发现和使用的事实范围非常广泛，而且没有独特的模式或记录系统可以为我们做到这一点。同样重要的是语言和存储技术都不是永久性的。特别是对于现代技术而言,存储可能保存不到一代人的时间。

通常,获取特定事实和知识的机会之窗非常有限。典型的情况——高度个人化和直接的——是有关我们自己的家庭历史和过去情况的信息。当我们年轻的时候,我们从不真正关心这样的历史,因为通常有关系的人和朋友可能对其有所了解,而且在生命的那个阶段,与担心过去相比,我们太渴望体验现在、计划或探索未来。这是一个典型的错误,因为我们可以翻阅所有家庭相册,聆听关于我们的父母、祖父母或叔舅姑姨的轶事,只要我们停下来询问仍然活着并且足够清醒以回答细节的亲戚。一旦这些亲戚走了,我们就无法从他们的经验中获益,也无法在相册中备注姓名和日期。如果我们问的话,他们甚至可能愿意透露有趣的家庭丑闻。

这个例子的寓意,不仅仅适用于家庭记录,还可以说明我们必须趁还来得及,多获得(并传递)尽可能多的知识,特别是在信息涉及生物来源的情况下。

我对老一辈人的建议就是趁我们还有能力,主动向年轻人提供志愿服务。这不仅意味着我们的祖先会被记住,我们也会被记住。人类有很强的虚荣心,以自我为中心,我们不想被遗忘。

前几代人的知识和信息已经消失,有两个主要原因,其一是我们可能有记录,但是记录是用已经消失的语言写的,或者记录写就的语言已经发展到我们可以阅读的文字,但记录的文字的语境已不存在。信息衰减的第二个原因是它是在材料上书写的(例如在羊皮纸或纸张上),而材料没有保存下来。

后一个问题不太明显,因为我们受到所有媒体和营销的限制,我们的知识库正在扩展,而且访问互联网变得越来越容易。此外,我们可以跟踪家族历史,并可以使用即时 CCD(电荷耦合器件)相机和手机照相机记录下来,再储存进计算机、CD 或硬盘。所以我们假设这应该能保证下一代会记住我们。不幸的是,这一假设完全是错误的。现实情况是,计算机技术的快速发展使得当前的计算机、软件和数据存储系统不断过时,它们不断被更新的版本所取代。虽然我们可能有一些维多利亚时代亲戚的褪色照片,但是在 21 世纪初如果 20 年后我们自己还能够以电子阅读的格式检索我们自己的照片,那么我们就算很幸运了。

我将描述的技术进步揭示了一种明确且易于证明的模式,即以牺牲历史数据和信息为代价来换取进步。的确,图片可能在我们的记忆模糊之前很久就无法访问了。同样,互联网信息继续使用的前提是维护和运营不收费,一旦技术无法再满足不断增长的需求,很可能会因为限制流量而影响到这种功能的发挥。

信息保存

从广义上讲,有各种类型的信息:A. 我们绝对需要的;B. 肯定想要访问的;C. 有趣的信息,但我们可以在没有它的情况下生存。我将举例说明每种类型。

属于 A 类的主要是与我们的银行账户、出生证明、护照、驾驶执照、税单、保险单、邮政和电子邮件地址以及朋友等联系人的电话号码相关的数据。没有它们,我们会迅速陷入混乱的状态,甚至可能无法购买食品和其他商品。有些数据,例如医疗记录,我们希望不那么频繁地使用,但丢失可能会引发问题。我们需要可靠且可访问的数据,这些数据不会因犯罪或意外原因而被其他人轻易破坏。仅仅 50 年前,我们承担了存储此类数据的责任。我们保留了纸质记录,这些记录不受电子间谍的影响,但是容易遭受火灾和盗窃。从纸张到电子产品的技术进步提供了许多好处,但是在安全性方面的不确定性增加,或者在某些地方,电子信息获取性更差。

也许在第一类关键信息清单中,缺乏这样一些事实,即许多技艺和制造技能都没有写下来,也不能写下来。这些技艺和技能是通过培训和学徒训练学到的个人技能,需要通过口头传播,其范围从金属工艺、建筑技术到演奏乐器。当我们从学习手工技能转变为只是坐在电脑前时,我们正在摧毁不可替代的知识。这种变化可能会产生社会分裂,因为我们自我感觉自己优于那些没有掌握技能的人,但是让我们可以受益良多的工匠可能比年轻人的计算机知识更少。因此我们不愿倾听,这反过来可能导致世代之间的代沟。当然,不仅仅是年轻人会低估他们不熟悉的技能,年长者也会,这是一个双向问题。因此,新技术会在获取许多类型的技能、数据和口头传统的关键步骤中产生社会分裂。

B类是指我们想要访问的数据和信息。其特点是曾经可能在书籍、期刊、图书馆或制造商的目录中提供过。同样,对于许多信息,可以访问商店并与了解其产品的员工直接讨论,而且可以给予有用的建议。随着网购的普及,与店员之间的接触消失,我们再也无法判断一家制造商的产品是否比另一家制造商的产品更能满足我们的需求和偏好。网购可能看起来更便宜,但是如果有很多选择,决策就更难了。在商品到达之前我们看不到实物,因此无法判断衣物或家具等物品的真实颜色、质地或质量。此外,许多产品不再生产。许多技能、数据和物品都消失了,它们失传了。这是令人不快且不幸的,但不会立即危及人们的生命。

C类更像是历史领域,是我们在早期发现和讨论过的信息和想法。一些此类数据可能关联到现在已过时的技能,但是我们希望复制。例如,在修复工程中。有些项目可能纯粹是出于历史兴趣。查找源材料可能很困难,历史记录甚至可能不是我们理解的语言,所以我们将依赖翻译或其他评论员。实际上,如果这些信息丢失了,那会很遗憾,因为它与我们的文化遗产和对文明如何发展的理解有关。

对我而言，虽然许多历史事件、文件、绘画和音乐都很有趣，但是我也不太高兴，因为我们没有从过去的历史中学到人性的诸多阴暗面。在任何时候，我们都在不断地以进步、对领土的贪婪或传播宗教的名义发动战争，奴役人民，迫害人民。由于这是我们真正需要学习的信息，因此我认为，同等重要的是将可获取的历史记录作为我主要类别中的直接项目。如果我们学习这些项目，那么也许我们可能会面向一个更加舒适的未来（显然我是一个超凡脱俗的理想主义者）。

这三类信息显然因各种原因而衰退，接下来，我将讨论语言消亡的问题，然后看看我们记录信息的材料保存和衰减情况。

消亡的语言

我首先考虑隐藏在可能不再存在的语言中的信息，因为这是历史文献（或石雕等）的关键问题。没有它们，我们可能有文本，但完全不了解内容。只有我们能够翻译它们时，我们才意识到这是在说，"再买些袜子"，或"这里是埋藏宝藏的位置"。语言损失的程度可以变化，例如，古希腊语、拉丁语或古英语与现代变体可能有相似之处，而在已经消失的文明中，已经没有任何直接线索或翻译的可能（例如，圣托里尼火山爆发所毁灭的弥诺斯文明）。

除了宗教、法律、植物学和医学等专业目的之外，像 2000 年前的拉丁语这样的语言已经消亡。书面拉丁语的存在可能会延长到其口头失传之后，因为它是某些大学必修的入学考试科目。相比之下，口语拉丁语演变成意大利语和其他罗曼语系，如西班牙语或罗马尼亚语。拉丁语作为一种统一的欧洲语言的价值，最初似乎是罗马帝国得以运转的军事和行政因素。这种模式已经被其他语言多次复制，军事征服大面积领土之后,获胜者为了行政目的将其语言强加于被征服的民族。

在许多方面,被征服土地上的民族可能已经受益,因为大片领土可以用语言沟通并最终进入独立。两个熟悉的例子是印度次大陆和刚果。在这两个例子中,土地如此广阔,这两个国家各自有数百种语言,而且没有一种是可以接受的行政主导语言,因为官方语言会过于强烈地支持一个地区或部落。因此强加的征服者的语言有助于新国家的统一,较小语言群体的语言难以存活下来。的确,当故意压制区域语言时,行政管理往往更为简单。

目前的估计是,因为全球范围内普遍推广的技术,世界上大约25%的现有少数民族语言将在一代人内灭绝。然而,此数值所指的"活"语言的适用范围绝对是最窄的:语言生存只要求它在一个社区内存在并被使用。这肯定比我想象的适用的范围还要小。

比罗马帝国的拉丁语更靠近今天的例子,是拿破仑时代的法国,这个国家虽然名义上被称为法国,却有至少40种语言和方言,其中每种语言和方言互相之间几乎无法交流。语言得以统一的做法是,进行详细而准确的制图工作,使用单一语言和拼写的地图(巴黎版),在每个地区合理统一度量单位,行政当局强加单一语言作为官方语言。这些都是从许多方面取得的进步,因为语言统一开拓了政治、经济和职业机会,并产生了一个具有同一身份的国家。然而,官方统一语言意味着大多数当地小语言的消亡。语言统一同样破坏了许多可以幸存的方言,因为出于行政或技术原因引入的新词屏蔽了所有方言。

区域变体和方言仍然存在,但是它们通过广播和电视稳定地同质化。

语言和技术

回到19世纪,由技术驱动全球化的另一个因素来自铁路(国内铁路以及国际铁路)。铁路对两种方言和从一种语言到另一种语言的单词输入产生了影响,因为方言突然变成了长距离旅行的简单问题,而且要用语言来听取和注入新词。酒店经营者和店主在能够与富有的游客沟通方面获得了巨大的利润,但是没有意识到他们如何统一和推动了语言全球化。

新技术驱动的文字变体或从国外引进的文字变体是一种全球模式,特别是对于口头传播而无文字形式的部落语言而言。随着母语人口的减少,文字变体加速了语言的灭亡。由于情感或区域原因,小语言团体试图保留他们祖先的语言,因此语言灭亡速度通常会减慢。在英国,威尔士语幸运地保存了下来(尽管有现代技术补充),有用威尔士语播报的广播和电视频道。这样威尔士语可以保证一定的稳定性,但是不太可能传播到非威尔士人聚居的其他地方。例外情况也存在,例如阿根廷有一个仍然使用威尔士语的孤立的威尔士采矿殖民地。

在美国,美洲原住民印第安人的许多语言都拒绝使用本地的原始语言,而且大多数语言都因现代词汇的输入而大为改变。这是不可避免的,因为诸如苏族*之类的语言本质上不会有任何词语表示现代技术(电子产品,计算机,汽车),而且一旦被改变,只说原始语言的人数必定减少。

到了 20 世纪,广播、电视和电影也产生了同样巨大的影响。很多老年人都记得英国方言非常强大,以至于即使他们认为他们说的是同一种语言也不可能在不同地区的人之间进行对话。希金斯(Higgins)教授在《窈窕淑女》(*My Fair Lady*)中的评论**在最初的萧伯纳戏剧时代非常贴切,而当时广播还未发明呢。尽管地方口音仍然存在,但它们远

---

* 美洲原住民,印第安人的一族,多居于美国南达科他州。——译者
** 该片改编自萧伯纳(George Bernard Shaw)的戏剧剧作《卖花女》(*Pygmalion*),讲述下层阶级的卖花女被中产阶层语言学教授改造成优雅贵妇的故事。——译者

比以前弱。

方言和语言的内在分歧当然没有消失，分歧不仅来自地区的不同，而且来自教育、社会阶层和活动。在外族入侵和殖民化的情况下，分歧是显而易见的。在1066年诺曼人入侵英国时，新统治阶级讲法语，战败方使用盎格鲁-撒克逊语。因此，语言和社会分歧的影响时至今日仍然很明显。从广义上讲，现代富裕阶层使用源自拉丁语和法语起源的较长词汇，而其余的则使用源于盎格鲁-撒克逊语或日耳曼语的更短词汇。这对英国来说是好事，是我们的历史给了我们丰富多样的词汇，但是我们大多只使用它的一部分。词汇的根源并不容易伪装，因为阶级分裂通常是根深蒂固的，尽管人们可能已经在同一所大学就读，而且口音相同，但他们的起源往往可以通过他们的用词显现出来。

其他技术，例如国际飞行需要通用语言，而且由于历史原因通用语言是英语。对于像普通话(或广东话)这样的主要语言，移动电话的影响导致需要简化文本信息的编写，解决方案是拼音，其中字符和声音用西方文本表达。因此，键入一些拼音字母可以显示出一组预测的汉字。总的来说，它在移动设备上提供了比构建复杂字符更快的方法。现在一些中国学校使用了类似的方法，但不幸的是，拼音中的同一套西方字母与西方语音不完全匹配。使用拼音和预测文本技术的其他好处是，通过键盘书写起来很简单，而且对于手写不便的人来说真是帮了大忙。

打字技术对书写教学产生了重大影响，现在大多数人都缺乏曾经常规的专业知识。作为一个依赖键盘的人，我对19世纪的铜板体手写是又赞叹又嫉妒。铜板体手写必须在账簿等领域能够清晰易读。分类账条目提供了几个世纪以来从商业到日常家务所有事务的记录。从历史上看，这是一个信息量很大的功能，但对于未来历史学家和档案管理员而言，这些功能将会消失，因为他们将无法使用这种基于计算的会计方法。分类账目中的算术知识对于简单加法也依赖计算器的现代人来说同样惊人。我怀疑许多现代店员（或管理人员）能否应付心算 17 件 3 英镑 7 先令 5 又 3/4 便士物品的价格。

　　语言在不断进化，并通过与其他语言的接触而得到增强或改变，这为它们设定了有限的生命周期。与以往一样，技术发挥了作用，无论是通过发动战争征服他国，还是通过写作、书籍、电影、电视、广播、旅游和全球互联网通信接触其他语言。一些国家，如法国，为保护自己的语言付出了巨大的努力，有些国家则乐于使用多种语言，借鉴外来语或两者兼而有之。语言损失率在一定程度上取决于该语言的初始使用人数，以及使用该语言的社会重要性。总体上，主流语言的数量在减少。

语言进化

　　即使是幸存的语言也绝不是静止不变的，而是每天都在吐故纳新，不断变异。没有明确的模式来定义半衰期，在半衰期中，大多数语言的书面版本仍然可以被普遍理解。从狭隘的角度来看，尽管英式英语在变化，但是百分之八十的人仍然可以理解电子设备发明前的维多利亚时代作家狄更斯（Ch. J. H. Dickens）或是 50 年前的书面文件，除了日常中已经消失的词语。500 年前的莎士比亚（W. Shakespeare）戏剧会引起更多的语言问题，但仍有大约 50% 的文本可以被大多数人理解。稍微早一点到乔叟（G. Chaucer），其著作就会更加难以理解。在这里，我怀疑仅 25% 的公众能真正理解，所以这里将英语的半衰期定为 500 年。

　　为了强调"理解"的丢失在非常短的时间尺度上同样明显，我将举两个例子。首先是荷兰语或德语中的拼写在一代人的笔迹中发生了翻天覆地的变化,第二次世界大战之前使用的 Sutterlinschrift（Sütterlin script）* 当代人几乎完全看不懂。第二个例子来自近些年,在 20 世纪 70 年代和 80 年代任何称职的秘书或记者都会熟练掌握速记,然而,即使记载着关键事件的笔记本保留了下来,现在也几乎没有人能够读懂其中所记载的内容。

在 20 世纪的英国,来自世界各地的移民大量涌入,对移民而言,早期的文本就是一种完全不知所云的外语,因此现代调查估计早期英语的半衰期比我第一次猜测的 500 年还要短:很多人看 80 年前的英语都会痛苦万分。方言和青少年俚语的半衰期更短。青少年使用的词语我们可能很熟悉,但是青少年给这些熟悉的单词赋予了新的意义。青少年时尚语言变种的存活时间与青少年期的时长相当。未来的历史学家会感到困惑的是,用"辣"（hot）来形容的东西会变成用"酷"（cool）来描述,还有人们经常过度使用诸如"喜欢"和脏话之类的多用途词汇。

总体而言,世界范围内的语言越来越少,尽管在某种程度上有近万种语言仍在使用,但是世界上一半的人口只使用其中的 10 种语言。在规模的另一端,大约 5% 的人口在使用大约 7000 种语言,每种语言使用人数平均不超过 1000 人。在这个层面上,语言消亡在几代人中是不可避免的,尤其是人们远离故乡村庄（或国家）,而年轻人的流动性尤其大。事实上,我引用了乐观的估计,因为许多语言学家预测,到 2050 年,50%—90% 的少数民族语言将会灭绝。这种现代语言的丧失往往是由运输和电子通信技术的变化所驱动的。

---

* 是库伦特语的最后一种广泛使用的形式,它是与德语黑体（最显著的花体）一起演变而来的德语手写体的历史形式。——译者

阅读并理解过去的语言

第一个挑战是,来自前时代的书面材料既不是一种简单的现代写作风格,也不是一种仍在使用的语言。我们目前的英语只使用几个字母来形成单词。大多数情况下,通过拼写可以合理地猜测词汇的发音。一些现代语言,例如西班牙语,在这方面非常出色,但是英国和美国的英语变体在从书面转换为口语时远不是那么可靠。麻烦的字母组合,如 ough,就特别危险,所以像"The tree snake from Slough fell off the bough because his skin was rough and he coughed when trying to thoroughly slough it off ."(斯劳的树蛇从树枝上掉下来,因为它的皮肤很粗糙,当它试图彻底蜕皮时它就咳嗽)这样的句子对外国朋友来说就是雷区 *。同样有问题的是,拼写相同的单词在不同语言中的意义截然不同。

因此,如果我们在当前语言中遇到问题,在处理我们从未听过真实发音或语音节奏的书面文本时,我们必须随时准备应对更多问题。这是一个严重的弱点,因为语音传达了相当多的信息。在现代语言中,语言是有音调的,例如中文中同一个音可以有四种含义,因为它们使用四种标准音调模式。所以同一个读音的书面形式可以用四个完全不同的字组成句子,如"Baba ba le ba ge ba ."(爸爸拔了 8 个靶)拼音相同,但有四个音调。

在写作方面,早期的西方手写体非常多样化,从黏土或岩石上的线条到埃及的象形文字。远东地区的中国或日本的文字,象形文字起源同样显而易见。因此,第一步是尝试将书面符号转换为现代格式。

在很大程度上,这是一个对代码破译者颇有吸引力的解密问题,现

---

　* 英语原文中的单词大量出现"ough",但在每个单词中"ough"的发音都不同。——译者

在正在通过计算机软件进行一些尝试。但通常最好的方法是搜索以多种语言写成的相同文本,理想情况是其中一种文本可以被识别出来。古埃及、古希腊或罗马等大帝国已经明确制定了法律和官方文件,这些法律和官方文件被翻译成他们所在地区和殖民地的语言,因此往往有相应译本。其中一个被引用最多,帮助解决埃及象形文字问题的是1799年在罗塞塔发现的玄武岩石碑。上面刻有公元前196年托勒密五世的文件,用希腊文、民众口语和象形文字三种文字书写。

同样,古代的象形图形文字在中东被发现,后演变成叫作楔形文字的文字。使用的黏土板已保存了5000多年,最初由德国教师格罗特芬德(Georg Grotefend)破译,他发现了与波斯国王有关的铭文。后来,用早期波斯语、埃兰语和阿卡德语三种语言编写的文本进一步取得了进展。最后两种语言我们多数人甚至没听说过。能够通过同步翻译来破译这些语言代码是很幸运的,这是使用类似文字解读了相关语言方式的成功。在对翻译过于兴高采烈之前,我们不要忘记我们只发现了只言片语。离体会原始读者所品味到的含义和细微差别还有很远的路要走。在我们自己的经验中,来自不同朋友或不同政治家的同样文本,可能会有不同的解读。

即使没有古代政府法令等多语言版本的帮助,其他文本,如A类线性文字和B类线性文字也已经被理解,只需要一个持之以恒、天赋异禀的翻译。A类线性文字是在克里特岛的弥诺斯青铜时代的陶器上发现的音节和表意文字的混合体,其历史可以追溯到公元前15世纪。B类线性文字是在黏土板上发现的(泥板文书),时代晚于A类线性文字,现在被认为是迈锡尼希腊语的早期版本。所有这些例子都表明,至少在4000年前就产生了书写。来自其他古代文化(如远东)的文字现在已经得到广泛关注,甚至西方社会也很感兴趣,但是仍然有很大的语言障碍。远古文化的文字带给我们真正的历史见解,因为刻在玉石和黏土上的中国铭文可以追溯到公元前 3000 年左右。

如果我们意识到 4000 多年前的世界总人口与今天相比是微不足道的(目前是 70 亿),实际上当时只有一小部分人识字并生活在他们的书面材料可能保存至今的地区,这就意味着楔形文字和象形文字实际上是由极少数几个人编写的。因此,令人惊讶的是我们获得了如此大量的材料。由于石头和黏土板的坚固性,这些人工制品保存下来。古代世界很难统计全球人口数,但是在公元前 3000 年世界总人口可能在2000 万—5000 万之间(仅仅是当前一些大都市人口的几倍)。可以猜测,当时只有百分之几的人会识字,也许只有 25% 的人生活在后人可以进行考古的地方。因此我们最多只能搜索特定一代人中不超过 5 万到10 万人的作品。因此,检索成功率远远超过我们可以从数十亿识字的人的现代著作中搜索成功的概率。的确,我们的大部分努力成果不会长期保存,特别是我们通过推文和博客等在日常交流中表达的琐事。

翻译的挑战

找到一个与古代词汇相当的现代词语,与理解这门语言的真正含义还有一段距离。通常古文件译本翻译自政治或官方文件,但是我们只需要听取我们当前的政治家和立法者的言谈,就能认识到词语有多种解释,现实意义和实际行动并非百分之百与文本相关。事实上,老练的政治家的歧义往往是有意而为之。

翻译技巧是可变的,在许多情况下,翻译是为特定目标而进行的,因此目标会扭曲原文的含义,也有可能翻译者不理解原文的方言或风格。在诸如与宗教有关的文献中,对于准确性、偏见和故意扭曲原始语言的不同翻译,一直存在激烈的争论。翻译经常涉及数个层面,于是很难说服别人相信,与原文相比他们熟悉的译文有错误。我记得曾听阿拉姆语的教授说,最早的希腊语翻译把"工匠"误译为"木匠",而不是非常相似的阿拉姆语文字中"石匠"的意思。他可能是对的,但我相信现代基督徒很少会相信这位教授的论断,因为这一错误译法在2000多年的传统中根深蒂固。我们还应该认识到,许多这样的宗教作品都是故意用非常挑剔的群体所使用的语言写就,正如在都铎王朝时期公开说明的那样,以使群众无法阅读和思考。

宗教文本提供了许多译者或操控意见走向的人故意压制或改变原文文意的例子。《新约》(New Testament)现在有四种福音书,这些是由里昂主教艾雷尼厄斯(Irenaeus),于公元140—200年选择的。这是一个非常务实的决定,因为这四种福音书本质相似,而其他许多版本提供了截然不同的观点。里昂主教艾雷尼厄斯生活在一个基督教备受迫害的时期,所以任何对他的追随者产生怀疑的材料,或者有可能被罗马压迫者利用的弱点,都被完全删除了。特伦特委员会(Council of Trent)在1546年重申了这一观点。然而,宗教学者意识到许多其他的著作(约30种),存在于被禁止或被摧毁的内容中,因为它们与艾雷尼厄斯的选择相冲突。在许多情况下,与艾雷尼厄斯观点冲突的著作提供了各种各样的解释和意见。存在许多文本,但真正的知识仍会丢失或蒙上阴影,找到一个绝对真理是不可能的,不仅从写作的内容中,还有从我们解读我们阅读的内容的方式中。

翻译错误在政治上被扭曲,以使一个群体处于更有利的角度或为入侵者提供合法性,这是不可避免的。同样的事件可以从一方写成"入侵",并由另一方美化为"解放"。如果只找到并翻译了一种观点,那么人们就会被严重误导。

对于历史学家来说,古代文献是令人着迷的,当然,如果是拉丁文或希腊文的古代文献,相对就更容易理解文本及其意义。然而,语言不是消极不变的,而是随着时间、方言和地域在变化,并对相关人员的文化和背景非常敏感。现代语言,甚至古代英语都是如此,对于像莎士比亚或狄更斯这样的文学巨匠的文学作品来说,大多数人在充分理解词语方面存在着实际困难。再追溯到乔叟,一般公众就很难理解文本或言语。琐碎的例子是有些词在目前的用法中完全消失,但更多的是词意义改变或产生了细微差别。例如,伊丽莎白时代的"presently"意味着立刻(即立即、马上),而到了 21 世纪,"presently"意味着在不久将来的某个时候。

如果你试图在你最喜欢的报纸上做填词游戏,并将解决现代谜语的难度与 30 年前的难度进行比较,那么语言的演变就会很明显。旧的谜语将会有很小的差别和背景线索,这使得解题很难。

诸如英国人、澳大利亚人或美国人,西班牙人和墨西哥人等,其文字变体之间的差异在意义和文化方面同样具有误导性。在相同单词中尤为如此。例如,英语中的"讨论"(discussion)是对某些事实的友好考量,而在西班牙语中它是"论证",但在德语中,"论证"(argument)是一种理性的讨论。同样,英式英语中"相当不错"是非常积极的,但在美国它只是冷淡的,或者说是负面的。这是一个微妙的风格问题,通常在电影和电视中这个问题会被忽视,但微妙的差别改变了我们对情节和角色的看法。

根据我自己的经验,我在美国使用或听到口语短语时,遇到了许多问题。至少,我可以努力地限制它们的使用,但我经常误解非正式的美国式聊天。

相同单词在不同国家有不同意义这一长期存在的问题非常重要。在我们使用数字时,我们很乐意使用十、百、千和百万(10、100、1000 和 1000000),在科学文章中我们使用速记,通过 10、10^2、10^3、10^6 表示有多少个零。对于大数字,英国曾经将 billion 定义为这是一百万个一百万(10^{12}),而在美国,billion 就只有 10 亿(10^9)。不知何故,最近英国也开始用美国 billion 的定义。目前尚不清楚有多少人知道我们改变了 billion 的定义,但重要的是,两种定义相差千倍! 最近我在一次科学会议上的演讲中感到震惊,人们使用的是单词,而不是书面的 10^9 或 10^{12}。我突然意识到,在多国讨论中,西班牙人和德国人使用 billion 意味着一百万个一百万(10^{12}),而其他人则意味着十亿(10^9)! 政治家从不使用科学记数法,不知道会有多少错误因此而产生。

当我们对所涉及的数字的大小知之甚少时,这些问题就隐藏了。我已经提到过使用两种温度单位(摄氏度和华氏度)造成的困难。这些计量单位在欧洲和美国之间划了一道鸿沟,在英国的老年人和年轻人之间划了一道鸿沟。老年人本能地知道 50℉ 或 70℉ 意味着白天是凉爽还是炎热,但是他们不知道 15℃ 和 25℃ 意味着什么。

语言和背景

原始语境不可能再现,在现代,旧剧本和书被改写后拍成的电影或电视剧改变了人物的态度,使演员根据 21 世纪的社会态度和行为准则来说话、行动、对戏。改写剧本使其现代化的尝试与原始语言变化明显的翻译没什么不同,背景文化和态度都将模糊乃至消失。

任何具有情感内容的资料,比如讨论阶级或政治地位、宗教、不同种族或妇女在社会中的作用,都极难正确翻译,因为这些涉及社会的方方面面而不仅仅是字面因素。翻译是可行的,但是翻译出真正深刻的意义却是相当困难的,甚至翻译是错误的。随着时间的推移,这种更深层次的信息衰减是不可避免的,而且往往低于平均寿命。

即使在歌剧等音乐中,观众的普遍态度也会以现在看来完全令人难以置信的方式来解读剧本。在诸如《茶花女》(*La Traviata*)等著名歌剧中,可以看到对女性态度恶劣的典型例子,其中女主人公被迫牺牲自己的幸福以满足她所爱之人的家庭的尊严。剧本可能真实地反映了当时的态度。道德观在男女角色的允许行为之间存在很大差异，现在看来是非常不公正的。幽默是个不可避免的难题，像莎士比亚或吉尔伯特（Gilbert）和苏利文（Sullivan）这样使用的双关语和笑话都是当时高度热门的话题，而如今我们已经完全不能理解其中的趣味了。吉尔伯特和苏利文的情节、场景和舞台以及文字，都发出了非常强烈和尖锐的社会评论，但是在150年后人们几乎不可能理解。社会的进步部分来自技术进步，因此，为拍电视和电影改写剧本意味着我们不可逆转地不断蒙蔽我们对过去的理解，将其强加上我们现代的道德观和生活方式。

艺术形象和图片中的信息丢失

合乎逻辑的假设是，如果信息在语言、写作和文学中逐渐消失，那么在其他领域可能会出现相同的情况。绘画和雕刻早于写作，最古老的洞穴壁画来自大约3万年前。由于洞穴中的气候条件，洞穴壁画得以保存下来——洞穴中缺乏阳光，而阳光可能会淡化所使用颜料的颜色。这些壁画通常是对动物的简单描绘，所以能告诉我们当时活着的动物的信息。但是对于古人来说，绘画纯粹是为了快乐，还是有宗教意义，抑或是否与传授狩猎技巧有关，我们只能靠猜测。岩石、木材、牛皮纸、纸张、帆布等材质上的雕刻和绘画等艺术形式，皆会因书写材料的原因而有局限性，信息会有损失。事实上，在某些方面，它们的保存状况很糟糕，因为所使用的染料和颜料在很长一段时间内很难稳定不变。此外，帆布和木制框架容易受到昆虫的攻击，对于大型画作，只有保存在富丽堂皇、高雅时尚的教堂或城堡里的那些，才能得以保存下来。

更著名的画作的情况，与文献被翻译时发生变化的情况类似，但这里的变化来自修复，或者那些要求改进或改变的人。特别是图画中的人物赤身裸体,宗教一度对此无法忍受,解决办法是要么在原画中加入衣服,要么删除雕像中的裸体部分。我认为这更像是数据丢失而不是信息丢失。

修复和维修费用很高,因此只有著名艺术家的作品才值得大费周章。达·芬奇(Leonardo da Vinci)的《最后的晚餐》就是一个典型不良修复的例子。他在1494年到1498年用蛋彩画法绘制了原版,在朝北的墙壁上刮石膏底,然后用乳香画。从保存的角度来看,不幸的是,画作位于厨房旁边的餐厅里。蛋彩画在石膏底上的优势在于可以呈现比常见的壁画更细致的细节和颜色。石膏底上的蛋彩画可以小心翼翼地涂上去,比在潮湿的石膏上画得更慢。不幸的是,油画表面与潮湿的墙壁没有很好地黏合,而且靠近厨房使其变得更为糟糕,几乎立刻就出现了问题。随后即使这间房间作为军营使用也无助于保存好这幅画,到1642年左右,这幅画几乎消失了。尽管如此,副本已经制作,从那以后又有许多人进行了修复。有些人极具想象力。"修复者"使用了不同类型的颜料,现代分析显示他们改变了颜色,改变了画中不同人物的凝视方向,总体而言,现在只能猜测原始版本的真实效果。

相比之下,仅仅几年之后的1500年,拉斐尔(Raphael)画了一幅名为《雅典学院》的宏伟场景。时至今日仍保存良好,但是我们可以看到绘画功底,却缺乏对内容的理解。据说画中人物是当时或以前的艺术家或哲学家的形象,但图片下面没有任何文字介绍可以说明谁是谁。艺术史学家对《雅典学院》中的部分人物达成了一致意见,但是许多人我们今天仍不知他们是谁。因此,我们只能将作品视为一幅画,失去了原作者想达到的社会评判意义。这是博物馆中大部分艺术品的典型特征,因为这些画作引用了神话、当地人物、著名战役或创作时其他的著名事件,而现在我们这一代人对这些背景一无所知。鲜花的种类表示纯洁或表示忠诚,红布可能暗示妓院。即使我们认识到艺术家的技能,所有这些编码信息也会丢失。随着现代社会拥有更多的技术和教育,对古代神话和古代历史事件的兴趣减少,这种理解消失的速度正在加快。

音乐与技术

语言和文化的演变不仅出现在文学和绘画中,在音乐中也很明显。最初,音乐与语言、文化紧密相连,因为只有通过个人接触、听取和记忆,音乐才能从一个区域传递到另一个区域,从上一代传给下一代。这种情况从很古老的时候就存在,有很多描绘亚述、吉卜赛、古代中国和其他文化的乐器的图画。图画中很像琵琶的乐器,适合在小组中演奏,大鼓或铜管乐器可用于战场。他们演奏的音乐当然也失传了,歌曲、民谣、民乐和他们的歌词也失传了。

技术推动了音乐传播和风格的进一步演化。一个非常早期的例子就是引入纸质乐谱,这意味着教堂音乐可以从一个地方传播到另一个地方。因此,即使一位精通教堂音乐的老僧侣去世,音乐也不会被遗忘。新音乐创作部分要归功于僧侣阿雷佐的圭多(Guido d'Arezzo,公元995—1050 年),他设计了一套音符,可以协助修道院快速学习音乐。对于西方音乐来说同样重要的是,阿雷佐的圭多引入了一种半标准的音阶,定义了我们现代音乐语言的大部分内容,并给我们音阶的音符命名。

音乐音阶与口语一样多样。对音乐感兴趣的人可能会知道西方音乐每一个八度音程有 12 个半音(也就是说从钢琴上某一白键向上或者向下相隔 7 个白键就是一个八度),而许多其他文化使用五音五声音阶(大致间隔为钢琴上的黑色键)。从广义上讲,这些可能部分反映了西方和东方之间语言的音调。但是,详细地说,还会有其他"方言",例如,苏格兰风笛使用独特的"方言",相当于钢琴键盘的 12 个半音变体。爵士音调也略有不同。以前存在(现在仍然有)一个严重的问题是,歌手和弦乐演奏者在用不同的调表演时,会本能地调音,升 C 和降 D 等音符表示的调是不同的。

可以说曲调是用特定的键谱写的(例如,C 键)。这定义了在该曲调中演奏的音符的频率间隔。如果歌手改变了调(例如,因为原始歌曲的调太低或太高),那么他们会使用一组完全不同的音符。人的发声很灵活,所以不是问题。然而,在键盘乐器(例如钢琴)上,只有一个音符来满足歌手各种音乐符号所要求的所有变体。这是一种不悦耳的声音,是个大麻烦,于是以数学形式呈现的技术被用来解决这一问题:以相等的频率比定义每个半音,八度音程为 2∶1。因此,对于 12 个半音,**每个**比例必须是 2 的第 12 基音(1.059)。这是进步,数学上很优雅,但是**每个**音符都不协调!事实上,这仍然不够真实,钢琴调音在整个乐器中并不均匀。我们已经适应了妥协并将它们与钢琴特有的声音联系起来。

与语言一样,音阶调谐是存在的。互联网上描述并提供了全世界正在使用的大约 50 种不同音阶的声音。对于那些技艺欠佳的歌手或演奏者来说,这是令人鼓舞的,因为他们可以说他们只是在试验一种不那么熟悉的音阶。更现实地说,没有绝对的音阶。唯一真正常见的特征是八度音阶的高音是低音音高的两倍。

科技为乐器带来了大量的改进和创新,并激发了新乐器的发明,通过有录音和播放功能的电子设备,我们可以听到外国的音乐,并使世界各地的熟练表演者的音乐传播到世界各地。我们都熟悉的有关变化和改进的例子,是钢琴具有更强大的功能和更广泛的音符,所以它可以在更大的音乐厅中演奏。小号从简单的狩猎喇叭型演变到有键,然后有了阀门,这样它们可以演奏半音阶。萨克斯等新型乐器的发明是为了使军乐队的声音更平缓。今天的小提琴更加强大,而且已经从最初的设计中进行了改进。观众已经习惯了新声音和新音乐的影响,在全球范围内,无论他们对早期音乐有多狂热,他们听到的声音都不可能如同音乐刚谱就时人们所欣赏到的那样。这可能是乐器和音乐的自然演变,而不是技术驱动的损失。

我相信技术实际上是音乐扩展和发展方式的推动因素。技术改变了公众的品味以及对表演的期望,反过来又完全改变了音乐作品。这与标准的音乐学家认为艺术和文学是驱动因素的观点完全相反。我对技术如何塑造音乐发展很感兴趣,在我的《音乐之声——技术对音乐欣赏和作曲的影响》(*Sounds of Music: The Impact of Technology on Musical Appreciation and Composition*)一书中对此进行了探讨。

第十章

技术造成的材料损毁和信息丢失

信息和知识

　　第九章讨论了口头传递的知识是如何脆弱,因为它需要一个连续的可靠中介链。随着语言的演变或完全丢失,它同样容易被曲解。文字记录不会随着时间的推移而发生变化,但是文本的语言演变、细微差别和文化意义的问题同样严重。图像也是如此,就像我们可能有 3 万年历史的洞穴绘画,但是只能猜测它的含义。然而书面或电子存储的信息对于当前信息是有价值的,可解读的。

　　因此,本章将探讨不同的存储格式是如何保存下来的。存储格式揭示的历史变化和模式,对于我们对单纯依赖电子系统的趋势是否有信心至关重要。现代电子存储,无论是在 CD、家用计算机或远程中央云存储中,都具有巨大的容量,而且由于它们正以指数速率增长,因此它们可以轻易地存储所有先前的记录。此外,我们通过互联网和其他信息传输方式,至少在原则上可以从任何位置访问它们。激烈的工业营销和媒体炒作告诉我们,这就是应该采取的存储方式,旧的存储格式只能被废弃。尽管有这些优势,但我也要提出一个强有力的警告,即将信息全部转移到电子存储工具中具有大量的负面特征。当然,就家庭计算机存储而言,许多数据丢失的例子已经很明显,因为新的操作系统和格式通常都会使旧文件无法被访问。

同样,我们对电子通信的过度依赖,使得远程信息存储存在危险。不仅由于没有普遍的电子接口,而且如在第一章中,由于太阳黑子耀斑中的太阳离子爆发,会使卫星链接和电力大面积崩溃。这一问题旷日持久,影响深远。然而,卫星故障或损坏也可能由许多其他原因造成,从部件老化到卫星之间剧烈的碰撞,例如 2009 年美国铱星 33 和俄罗斯宇宙 2251 通信卫星之间发生的激烈碰撞。尽管该事件最初只涉及两颗卫星,但情况很容易恶化。对美国和俄罗斯而言,同样严重的潜在问题是,如果一颗军用卫星被摧毁,他们将弄不清楚是意外事故还是另一个国家的蓄意破坏。其造成的政治后果可能是严重的。

因为大多数卫星的轨道是相似的(物理学使然),所以每次碰撞产生的碎片肯定会在相似的地球轨道距离处摧毁其他卫星。最大的困难是预测卫星的预期寿命。

这种情况可以被用在灾难电影中,但不幸的是它不是虚构的,而是基于早期碰撞中的碎片破坏卫星的真实事件,被称为凯斯勒综合征。问题在于卫星可能会无法继续使用,欧洲环境卫星就是如此,它是一个大型的、没有生命的 8000 千克(8 吨)的昂贵的技术败笔(耗资约 30 亿美元),以每小时 2 万千米的速度行进,其路径区域内现在有大约 2 万个长度超过 10 厘米的碎片以相似的速度行进,再加上大约 1 亿个不到 1 厘米的碎片。在这种速度下的微小碎片,也会产生巨大的撞击能量,造成严重的伤害。

很难想象影响的潜在规模,但是对于熟悉高速步枪子弹造成损伤的人,可以感知到碰撞的规模。在大多数卫星运行的近地轨道区域,即使很小的碎片也可能产生撞击子弹的 100 倍的动能。较大的碎片会使碰撞能量增加 1000 倍以上。毫不奇怪,2014 年的数据表明,目前处于类地心轨道的 2000 颗左右的卫星中每年通常会有一颗卫星失效。碎片和卫星(或其他碎片之间)频繁擦肩而过,而且可以通过雷达数据进行跟踪。实际碰撞只会增加碎片的数量,人们正在持续关注碎片"瀑布"可能会对卫星造成的重大损失。

对卫星轨道内的碎片进行跟踪是必不可少的,因为国际空间站现在需要每年重新定位 5—10 次,以避免与较大碎片发生碰撞。在这方面唯一的好消息是,一些卫星和碎片在类似的轨道和方向上移动,而且,至少在这些例子中,碎片的相对速度较低。

太阳耀斑已经数次造成电力故障,由于气候原因,水力发电系统背后的水库中的水急剧减少,大规模电力故障会造成电力过载,水资源短缺则会导致持续的电力损失。2012 年 7 月印度三个地区的电网故障导致约 6.2 亿人(即世界人口的近 10%)长期停电。

与电力问题相关的水资源短缺同样可能发生在其他国家。在美国,米德湖的水力发电已出现了困难,还因缺乏冷却水而关闭了核电站。我们的社会有一个脆弱而复杂的相互关联的支持系统,电子通信故障大概是可能崩溃系统中最不重要的因素之一。然而,电子通信故障会删除大量的存储数据。

恐怖主义和恶意软件攻击可能会危及中央数据存储。2016 年,已经有被攻击目标网站因自动数据请求而超载,每次都导致网站被关闭数天。更加有组织的攻击可能会长时间阻止对云存储的访问。总的来说,重要的是我们要探索并考虑我们的记录能保存多久,以及我们如何轻易地获取记录。另外,需考虑的是我们是否可以信任我们找到的信息,我们不仅要可以阅读它,还要能够理解它。在所有情况下,无论是现代还是古代,历史记录产生一些损失是不可避免的,所以为了更好地保存信息,我们必须非常迅速地了解为什么会发生这种情况。如果我们了解信息丢失的原因,也许(仅仅是也许)后代将会记住我们和我们的想法。最后,正如我之前所提到的,中央存储服务可能不会继续以低收费运营,也不会没有政府干预或刑事干预,也不能保证它仍以电子格式被更新或在没有持续资金的情况下维持下去。

信息输入技术和数据丢失

书面记录的丢失是许多重要因素共同作用的结果,从语言的自然演变到政治和战争,而其他损失仅仅是由于文字和图像记录的材料已经腐烂。不那么明显的是,在每种情况下损失的驱动力都与技术改进和全球化有关,特别是在战争以及后来的广播、电视和电影中。尽管存在复杂性和各种因素,但是这里将展示在整个存储介质范围内存在的明确的信息衰减和信息丢失模式,从技术娴熟地在石头上慢慢雕刻单词或图片,到在计算机上打字(容易、快速、直接)。如果在雕刻与打字这两个极端间加以权衡,石雕可以保存相当长的时间(当然是数千年),而计算机文字被记录在机器上、软件包里和存储格式中,无疑会在几年内过时。甚至数据在 20 年内将无法读取(除了对计算机技术出色的档案管理员来说)。通过所有其他已经使用的书写材料,可以追溯该模式,我之后会提出一个新"定律"(或至少是一个想法),即书写速度和存储保存时间不是随机因素,而是以半科学的方式相互关联的。

在对比新旧书写技术的讨论中,我们很少提及的一个因素是,大多数人处理文字的方式有根本性区别。对于一个石头雕刻师,或 19 世纪的抄写员或簿记员来说,绝对有必要在开始雕刻或书写之前停下来仔细思考,因为一旦完成就不可改变。对于在现代计算机上打字,人们只要关心想写的内容,而完全不必要去关心拼写错误(因为软件能全自动纠错或可以人为纠正拼写错误)。如果不喜欢所打文字的排列顺序,或写好后想修改(很多时候两者同时发生),人们可以剪切粘贴,这从电脑操作的角度来说是非常容易的。令人好奇的是,在开始之前仔细计划的需要或频繁进行大面积更新和更改的能力,是否改变了我们撰写和思考的方式。在心里拟就草稿固然可取,但人们更喜欢能够随时纠正和修改。

材料技术造成的信息损失

从政客、科学家到媒体,我们都误以为技术正在改善世界,以及一切都在变得更好,但对于我们书写信息(从购物清单到情书和科学的所有内容)的方式而言,这是绝对错误的。实际上,更接近事实的是技术正使信息存储变得更糟。下面的例子将给出一些在过去几千年中人们所使用的一些书写媒介的简短目录,并暗示它们可以保存多久,以及它们丢失和腐烂的一些原因,并对每种情况在书写的简易性和速度以及以该格式保存的时间长度之间作出权衡。

石雕需要技巧、力量和耐心,特别是如果石雕是为了长期保存,那么石料的选择将偏向于那些不易风化和不易破碎的耐磨石类。这意味着很难雕刻。所以花岗岩上的雕刻可以被保存得很好,而老建筑上有很多在花岗岩上雕刻的题词,至今仍清晰可见。文字往往规模宏大,但是内容有限,而在气候适宜的情况下,建筑物上引人瞩目的雕刻会告诉你,这是宇宙的统治者奥格国王的宫殿,即使人们淡忘了奥格国王,这雕刻也能被保存完整。有的石雕来自最早的有文字记载的文明时期,所以保存1万年是可能的。恶劣的气候,松软的石头,更快更便宜的雕刻显然不符合任何英国教堂墓地对石碑的要求,墓地中的一些墓碑在100年或200年后仍然清晰可辨,但是许多其他同时代的雕刻经历风吹雨打,早已被侵蚀得模糊不清了。

石雕的显著问题是制作成本高,沉重且不便携带,因此最适合在固定位置使用,而不是通过邮寄发送。在更温和的气候条件下储存会增加它们的保存机会,就像埋在保护层中的沙子一样。罗塞塔(Rosetta)石碑碎片的情况表明,可以在诸如玄武岩之类的石材上雕刻大量文字,而且这些文字在几千年后仍清晰可见。

石雕似乎是个理想的选择,因为它可以将书写速度和信息量联系起来,而且其中的一些可以保存下来,然而大部分石碑会丢失、破碎或被侵蚀。总的来说,这意味着存在典型的半衰期,即在任何一个时刻存在的物品的一半可能在半衰期内保存下来。半衰期的概念在科学中很常见,就像放射性元素(如铀或钾)的核存在重量的混合,因为它们含有不同数量的质子和中子(尽管它们是化学元素铀或钾)。一些质子和中子混合物是不稳定的,据统计有一半以非常精确的速率分解。损失一半不稳定元素的时间被称为半衰期。物质保存的半衰期模式也是类似的,即使我们正在讨论的是逐渐腐烂的书写材料。

石头是无生命的,所以这种有关材料的预期寿命的观点与我们对人类预期寿命的看法不同。对于长到成年期的英国人,我们通常可以估算那些能存活到 70 岁的人所占的百分比(经典的 70 岁)。有些令人惊讶的是,当我们活到 90 岁时,无生命的半衰期模式就显现了。90 岁以上的生存统计数据表明,一组 90 岁的人大约有一半可能活到 91 岁,而活到 91 岁的人有 50% 活到 92 岁,依此类推。对于任何阅读本段文字的 90 岁的人来说,我很遗憾地说这意味着只有千分之一的人可能会活到 100 岁。

这里,半衰期模型接近于无生命的信息丢失半衰期或放射性元素衰减的模型。在用于书写的许多材料中,石头显然是长期保存信息的最佳选择,因为在坚硬的石头上雕刻的信息的半衰期可能是几千年。通过在黏土书板上雕刻,然后让其自然干燥或受到烘烤,可以更快地书写。这是楔形文字书写的经典开端。信息保存效果很好,但黏土书板更容易破碎或丢失,因为它们往往是小型便携式物品。然而,黏土书板保存的半衰期的概念可能仍然有一个特定数字,比如一千年。雕刻文字的石碑数量比雕刻文字的大石头要多,所以更多的石碑可能保存下来(即使石碑的半衰期较短)。

到公元前2000年左右,人们通过在纸莎草纸和纸上用墨水书写实现了快速书写。其优点包括更快的书写速度,较轻的重量,易于存储和运输以及可以随时使用,这些材料可能会比这一时期典型的人类寿命更长。对于存放在埃及干燥墓葬中的文件(在保护石盒内),许多文件已经腐烂但总体上还有少数保存到现在,失败的原因有纸莎草纸的易腐烂、昆虫侵袭、油墨褪色或环境潮湿。总的来说,这意味着被精心储存的物品的半衰期可能为1000或2000年,但一般文件将在100年左右的时间内消失。

书写材料技术很快发展到使用动物皮肤,被称为犊皮纸和羊皮纸。和以前一样,这些纸非常适合用油墨快速书写和运输保存,而且在良好的容器中,一些能留存至今。油墨褪色和细菌虫子的破坏可能将半衰期缩短到几百年内,但同样,有些羊皮纸历经几个半衰期幸存下来并成功地保存了1000年。现代技术可以略微提高已经褪色的文本的清晰度,因为经常在红外光下观看提供了比在可见日光下观看原始墨水更好的对比度。犊皮纸并没有过时,正如英国议会法案被清晰地写在犊皮纸上,以确保长期稳定的保存和方便阅读。

2016年,有人提议废掉犊皮纸并完全转为电子存储系统。这种变化可能为存储副本提供了一些初始的速度优势,但幸运的是,随着人们认识到电子格式和软件具有高度瞬态性,智慧占据了上风。电子存储设备的使用期限可能只有数十年,而不是数百年。当然,电子传输和分发法律文件还是常规的。[在本章后面,我将回到这个主题,继续讨论犊皮纸及《末日审判书》(*Domesday Book*)的重要性。]

被精心保存的著作的例子也包括政治文件,例如在诺曼人入侵之后英国人拥有的财产记录。这本诞生于1086年名为《末日审判书》的书被人们所珍视,因此它对这种文本的正常保存半衰期提供了扭曲和扩展的视角。其他备受瞩目的文件,如《死海古卷》(Dead Sea Scrolls)从公元前1世纪就已经被发现(状况极差)。对于所用材料而言,这些古著作都处于多个半衰期的极限。

《死海古卷》是保存时间较短的书写技术的有趣案例,因为卷轴是被保存在据称是由青铜做成的金属容器中。青铜(在大多数人眼中)是铜和锡的硬质合金,很早就被广泛使用,腐蚀后形成表面保护层,而且在制剑和装甲中很有价值。青铜器时代的冶金技术已经发展了1000多年,青铜制品因其有保护性涂层而幸存下来。相比之下,《死海古卷》的容器是砷铜(即铜和砷)制的,这种材料具有一些良好的特性并且炼制容易,但是在熔炼生产过程中会释放出大量有毒的砷蒸气。在砷铜作坊工作的人的预期寿命非常短,而且该技能在家族企业中传递下去的可能性极小。砷铜已经被淘汰。

现代风格的纸张制造业始于公元前1世纪左右的中国,在公元前8世纪传播到伊斯兰世界,并继续向西传播。从书写到在纸上进行的各种印刷形式的发展,加速了信息传递和复制。在纸张上可以快速书写,而且纸比羊皮纸和犊皮纸更容易生产,但是美中不足是缩短了保存时间。与早期产品一样,油墨也容易褪色或腐蚀纸张。例如,许多中世纪的黑色墨水是由铁含量相当高的橡子瘿制成的。铁具有良好的黑色对比度,但是在化学方面铁会腐蚀纸张,因此圆圈的中心(如在字母 o 或 p 中)可能会脱落。许多类型的纸张在阳光下会褪色或腐蚀为碎片。由于印刷的数量很大(例如书籍的大规模生产),许多印刷品一直被保存至今。然而,对于一次性的特定文件和正常文件,平均预期寿命已降至1个世纪左右。在20世纪,打字机中打印键的击打可能会造成打字纸损坏。油墨褪色仍然是一个难题,直到最近,许多印在收据上的质量保证和保修条款是没有实际价值的,因为上面的文字在保质期到期之前就会消失。

将信息写入计算机

无论是楔形文字、象形文字还是后来的文字,通过写字来存储或发送信息的早期尝试都过于简单化。困难的部分是,解释和信息处理是由一个强大而复杂的器官(即大脑)进行的。所涉及的数字中还需要使用各种数字系统,例如我们可以用手指数 10 个数。更大的数字不过是有几组 10,为简单起见,添加几个关键符号可以减少所需的标记数量。因此罗马数字使用 I、V、X、L、C、D 和 M 等符号来表示 1、5、10、50、100、500 和 1000。该系统非常精确,但最初没有 0,当然 0 不适合乘法和除法。你可以试试仅使用罗马数字计算 497 乘 319,除法就更难了!

存在许多其他可能性,因此不使用几组 10(来自手指),而是仅使用几组 2(例如,两只手)。这被称为二进制计数,因此 0、1、2、3 等变为 0、01、10、11 等。尽管这对于人类来说并不那么容易阅读,但是实际上它对于电子计算机来说更加实用,因为更简单的电子系统实际上只有两个状态:关闭或开启(即 0 和 1 状态)。

由于计算机缺乏内在智能,我们必须给它们下达如何进行不同操作(无论是文字处理还是数字计算)的指令集。这非常繁琐,但是一旦得到指示,计算机可以比我们更快地执行计算,因此花在软件编写上的时间是值得的。这样,向计算机输入的指令必须将字母和数字转换为混合着开启条件和关闭条件的代码。这很简单,但实际上它也适用于许多其他的情况。

例如,在机械织机中,人们必须告知机器进行或不进行机械运作以便创造图案或改变线条的颜色。这些编码指令最初是由法国里昂的雅卡尔(Jacquard)于 18 世纪发明的。这一技术进步提升了编织速度,但是,正如这种进步改变了前几代人的就业机会和习惯一样,它牺牲了手工技能以换取大规模生产。

霍利里思(Herman Hollerith)在 1889 年为穿孔卡片申请了专利,从而改进了这一办法。向前再迈进半个多世纪,穿孔卡片专利被认为与计算机技术兼容。因此到了 20 世纪 50 年代,计算机输入以霍利里思卡片的形式被编码在穿孔卡片上。人们在一堆霍利里思卡片上以穿孔的形式写上所有要处理的信息,而计算机软件指令在另外一堆卡上。这一系统运转很慢,计算机还占据了大量的空间,因为要用空调冷却真空阀(也被称为真空管)。随着打孔纸带读取器的出现,人们实现了更高的访问速度。虽然读取速度提高了,但是纠正纸带上的错误却枯燥乏味。这些书写方法是当时最先进的,但注定要被淘汰,因为它们每个都会在约 20 年内过时。

这时磁带应运而生,取代了霍利里思卡片。磁带的优点包括更高的计算机进给速度、容易纠正错误,若精心保管,个别磁带或许能使用 10 年。10 年这个数字有点夸张,因为磁带如果被频繁使用会拉伸并损坏,因此关键数据将被转移到新副本上(复制中会产生错误,但愿错误不严重)。磁带技术所用的材料、容量、速度和处理机器都更具优势,还用于在整个音乐录制过程中制作原版拷贝。磁带也是粒子物理中存储数据的标准介质。磁带会在这些领域被继续使用下去,但是一个严厉的警告是旧磁带可能不再可读,因为磁带写入格式和大小的不同,以及磁带读取器已经发生变化。这与说汽车已经存在了 100 年没有什么区别,但是 20 世纪早期和 21 世纪的汽车之间的相似之处却是有限的。

1984 年[这是年份而不是奥韦尔(George Orwell)的书],为存贮音乐,小型光盘写入和数据存储横空出世,取代了乙烯基光盘。要解释这种变化的原因,看看音乐录制的模式会有所帮助。大多数人会认为音乐与现代技术的进步无关,但事实并非如此。实际上,人们对录制音乐的渴望是基础电子产品发展的主要因素。从这个目标出发,相继诞生了麦克风、功率放大器和扬声器,它们实现了无线电广播,以及随后所有其他类型电子产品的扩展。

音乐录音媒介的成功和更新换代

20 世纪电子学的进步彻底改变了世界。1904 年,弗莱明教授(Ambrose Fleming),(在英国)发明了一种真空阀。该阀门含有一个热阴极,产生带负电的电子,这些电子被吸引到带正电的收集电子的电极(阳极)。这个极其简单的概念意味着有可能有一个允许电流仅向一个方向流动的设备。到 1907 年,德福雷斯特(Lee de Forest)(在美国)在阴极附近添加了一个线栅,使输入电压的微小变化导致通过阀门传输的电流发生很大变化。这就是第一台电子管放大器的基础。

与音乐相关的是,在 19 世纪,人类尝试通过使受声音振动在蜡表面匀速移动的针来制作印记,先是在蜡鼓上,然后是蜡盘。然而,这种方法需要响亮的声音,而且播放时严重失真。

电信号放大器提供了一个新的维度,因为它可以用于制造灵敏的麦克风,并放大其弱电信号,用于从扬声器到记录和存储在其他材料上的各种技术。这意味着人们可以制作声音的原版拷贝并复制声音,而不是单独记录每个副本。光盘只能录几分钟的声音,但对于舞曲或歌曲来说已经足够了。因此,留声机音乐在文化上非常受欢迎,即使对非音乐家也是如此。这是一个有利可图且潜在客户广泛的市场,由此推动了电子技术的进步,并最终在 1920 年发展到无线电发射器和接收器的发明和推广。电子时代已经到来。

第一批电子设备改变了录音行业,并通过紫胶光盘为广大听众带来了音乐,但播放时间很短,因此有一种典型的新变种模式推动了老式系统和设备的淘汰与崩溃。电子录音设备也是这么淘汰上一代蜡盘录音的。记录材料从紫胶发展到乙烯基,旋转速度从每分钟 78 转变成 45 转或 $33\frac{1}{3}$ 转,因此播放时间稳定地从每侧 3 分钟增加到每侧近 30 分钟。每种格式都占据了近 20 年的主导地位。20 世纪 80 年代早期,乙烯基唱片与磁带竞争,继而被磁带取代,磁带成为首选系统。然而,古典交响乐和歌剧等需要更长的播放时间。CD(小型光盘)的引入满足了这一挑战。据说光盘的容量足以容纳贝多芬的《第九交响曲》(约 75 分钟)。总体结果是乙烯基唱片的销售额下降,到 2000 年降至古典音乐销售额的 2% 左右。能提供 80 分钟良好音质的小型录制光盘直到 20 世纪 80 年代后期才出现并迅速增长,到 20 世纪 90 年代中期占据了 80% 的市场。因此,在 10 年内,音乐记录媒介发生了天翻地覆的变化。

CD 存储

因为可以存储大容量数据,CD 被应用于计算机存储方面。我们应该记住,在同一时期,计算机的性能和普及度取得了巨大进步。这里有两个问题:存储在 CD 上的信息能保存多久?由于存储格式的变化或材料故障,CD 会过时吗?因此,对于很少被访问的 CD 存储器以及被反复访问的 CD 存储器(例如,音乐)可能存在不同的答案。这些不同的答案对我们宝贵的音乐或计算机生成数据的保存很重要。CD 在正常处理时相对粗糙,但它们可能会被划伤,而且涂层会受到细菌的侵袭(特别是在热带气候中)。聚碳酸酯涂层会发生腐烂,金属表面可能氧化且发生变质,这使得它们因长时间不避光或者暴露在包装所用泡沫或塑料产生的化学蒸气中而发生降解。

尽管未使用的光盘如妥善保管可能保存 50 年或 100 年,但是我们经常使用的光盘因受到气候、化学、机械或细菌的攻击,所以其生命周期要短得多。一个非常明显的例子是公共音乐库中的音乐 CD,它们在 10 年内大都被腐蚀得不能再使用。

对计算机数据存储而言,可以推断的是当前 CD 储存的数据将在一代内丢失,虽然 1984 年创建的系统至今仍然保存完好。音乐可能再次成为淘汰 CD 的驱动因素,或者扮演反派角色,因为人们有可能改进 CD,例如,从互动设备控制音调平衡或选择不同的乐器通道等方面加以改进。这个概念是可行的,尤其是因为人们会为播放 CD 所需的电子产品的批量生产创造一个非常大的有利可图的市场,而从商业上来说,它将使人们重新关注 CD 的格式,这些格式现在正与以 MP3 类文件形式下载的音乐竞争。MP3 格式非常紧凑,该格式的音乐适合用双耳式耳机听,但是对于真正的音乐爱好者来说,交互式 CD 可以修正部件的平衡并适应房间的声学效果,毫无疑问,这将是一项革命性的进步。

《末日审判书》——羊皮纸的成功和电子设备的失败

改变录音格式的音乐产业的例子,说明许多成功的新信息存储技术最初的保存时间有限。同样具有启发性的是,如果它们未能预见到技术发展的方向,那么在当时看起来像是一次重大飞跃的技术的引入,可能会在几年内崩溃和消失。英国广播公司(BBC)制作现代版《末日审判书》的尝试正是新技术蒸发的一个典型例子。这本 1086 年出版的大部头著作记录了被诺曼人征服的整个地区的人员和财产细节。这本书的目的当然是为了提高税收金额,并使从撒克逊人到诺曼人的财富再分配合法化。(他们赢得了入侵战争,所以这不能被称为盗窃。)财产和社会布局的详细清单也可以帮助我们洞察当时的生活。地图和记录相当准确。这本书用拉丁语写成，覆盖英国的 13 000 个地点，内容充实，令人叹为观止。总的来说，上下两册共 900 多页，200 万余字，被精心保存至今。有趣的是，最终文本似乎只是用一种笔迹写成的。

为了庆祝 900 年前的这一事件，BBC 委托制作了一些互动视频，其中包含在英国各地收集的图像和数据。该项目旨在提供现代英国的快照，并打算成为未来许多年的宝贵信息来源。就图像和视频剪辑的数量而言，1986 年制作过程中面临的挑战是，要找到电子书写系统、软件和硬件来记录和访问如此丰富的数据。当时没有可以处理它的标准媒介，但其目的是使其可用于 BBC 微型计算机，这些计算机是由政府拨款引入学校的。请注意，这些 20 世纪 80 年代最先进的机器没有内置存储光盘，而且内存通常为 256 K！

因此，人们为此目的建立了一个全新的计算机系统，视频资料被存储在一些非常大的光盘上。遗憾的是，该系统非常昂贵，而且在项目完成之前政府就终止了向学校资助这些设备的计划。拷贝的销售情况不好，因为拷贝的价格在 1986 年大致相当于一辆小型车的价格。此外，整个制作过程显然处于 1986 年技术的最前沿，不幸的是它没有朝着主流发展的方向前进，到 20 世纪 90 年代中期，人们认为没有可用的系统来读取它。更糟糕的是，该计算机格式与 20 世纪 90 年代的技术不兼容，主存储磁带和光盘严重腐坏。实际上整个《末日审判书》制作项目在不到 10 年的时间内就已经被搁置。

2002 年，英国议会提出这个问题作为仅保留电子记录的风险的例子，然后试图重启该项目，但仅发现了一份工作副本和一台机器，其中的软件是由一支 20 世纪 80 年代在该地区工作过的团队研制出来的。然后政府将该系统转录为更新的技术存储和显示系统。这个例子传达的信息是，在技术迅速变化的领域，即使是重大项目也可能在 10 年内消失。在这个例子中,幸运的是成功恢复了数据,因为一些具有相关技术技能的人仍然活着。

总的来说,虽然我们生成数据的速度越来越快,但是信息保存的时间由黏土书板的几千年断崖式减少至计算机存储的不到 10 年。

文字、图形和摄影存储

如果我重新处理以书面文本形式存储的信息,但现在是将信息直接键入(或复制)到计算机上,该模式已经完全脱离使用纸张作为存储介质的方式,而是将信息存储在计算机或某个版本的外部设备上。

不幸的是,我们现在面临着基于技术进步的两种快速变化的问题。首先是软件格式不断发展进步,当前的文字处理软件包在升级或过时之前可能只有 5 年的使用寿命;第二个问题是存储介质的格式同样可能过时(稍后再讨论细节)。最终结果就是,除非材料在 10 年内被复制并转换成新的格式,否则会变得像《死海古卷》一样难以辨认。这是有助于为我们的文档创造更短的半衰期的技术改进(计算机性能、操作软件、软件包的升级和过时以及存储格式)的典型例子。

书面信息丢失的速度"定律"

作为一名科学家,如果我能在数据中看到明确的模式,我就会对这个想法有信心,如果有"定律"可以量化地描述现在和将来发生的事情,那么我就更有信心了。还有一些熟悉的所谓定律的例子,实际上只是反映趋势。在电子和计算机领域,著名的"摩尔定律"最初指出计算机芯片上的晶体管数量每 24 个月翻一番(现在已经发展到每 18 个月翻一番)。

其他相关技术的改进也呈现了非常相似的模式。例子包括 CCD 相机芯片上的像素数量或计算机存储器的存储量都随着时间推移呈指数增长。CCD 芯片的改进率约为每年 10 倍，而计算机存储器的改进率接近每年 100 倍。在光纤通信技术中，信号通道的数量、数据传输速率和传送距离都是重要且相互关联的。带宽距离积（传输距离和最大光谱宽度的乘积）每 4 年增长约 10 倍。在这种情况下，进步并不是平稳地实现的，因为通常必须引入全新技术来保持信号容量的扩展。有趣的是，传输数据速率的图形图也逐渐变回使用莫尔斯电码或电报光脉冲的 19 世纪的形态，唯一的区别是传输容量提高了 1 万亿倍。

当我们考虑将信息写入不同的媒介保存时，从雕刻在石头上到写入计算机中肯定会有一定趋势。找到准确的预测法是不太可能的，因为各种材料之间存在太多差异，但确实存在一种模式，在我的模型中其趋势如下：信息写入和存储的速率乘以保存半衰期，就等于大致恒定值（S）。S 就是信息保存的衡量标准。

用数字来测试这一模型肯定会引起争议而且每个人的观点都不同。例如，使用 20 世纪的电动打字机，一个非常优秀的打字员每天可以打 80 页，每年工作 250 天（即每年 20 000 页），这篇文本在纸张和印刷品逐渐消失或在文件系统和办公室装修中丢失之前能保存大约 40 年。忽略我正在使用的"页"这一奇怪的单位，那么 S 值为 800 000。这可以与优秀而多产的抄写员进行比较，抄写员在 1086 年大约一年内制作了 900 页的《末日审判书》的最终版本。这本书已经保存了大约 900 年，那么它的 S 值达到 810 000。这个比较可能失之偏颇，但在这种估算中出现的 S 值的有效范围大体上是一致的。

人们可以采用许多其他的例子，例如我们可以猜测雕刻罗塞塔石碑所花费的时间，虽然它是整体的一小部分，因为部分残缺，但该片段仍处于良好状态。我们就可以计算出相应的 S 值。楔形文字的黏土书板的 S 值也不会差太多。

我戏谑地尝试使用这个 S 值来预测一位典型的物理学家的博士论文的保存时间,这篇博士论文进行了计算机运算,包括计算机绘图(即计算机性能相当于多年的人工计算和绘图)。最终的 S 值是可怜的几个月。然而,这一 S 值实际上是合理的!提交论文后,在一两个月内进行面对面的答辩(**口头交流**)。论文的最佳部分已经发表,而装订好的论文则被储存于一个资料库中,可能永远不会被再次阅读(甚至可能被老鼠吃掉)。

这一趋势的现代阶段是强大的计算机和互联网通信在短时间内传输大量信息,这意味着大多数传输的信息保存的时间非常短。事实上,这肯定是正确的,因为大多数电子邮件只会被阅读一次。数以百计的诈骗邮件和垃圾邮件没有被阅读就被放进垃圾箱,而且还有数以百万计的博客和推文在互联网上成为被乱扔的垃圾,但它们会迅速消失。在后一种情况下,互联网信息丢失不是完全消极的。巨大的信息传输流量的真正缺点是,当我们使用其他通信方法时,也埋葬并丢失了有价值的数据,而且速率比过去更快。

非常明确和关键的观察结果是,有一种趋势明确地表明,转向更高速的书写和计算技术能以更快的速度生成信息,但是保存时间将在材料丢失或被取代之前逐渐变短。此外,相同的状况存在于广泛的领域内,从书写、计算和机械设备到我现在将展示的其他类型的信息。

图片信息丢失

前面已经提到了在艺术象征中编码的信息,以及这样一个事实:即使对于优秀的作品,我们也可能不会认识到隐含的象征意义或肖像画具有的特别重要的意义。尽管课堂上、电视节目里和书中的艺术鉴赏现在十分流行，但即使对于现代专家来说，其中也存在很多的猜测因素。在绘画时，没有人会大费周章地记下当时所理解的含义，或者识别作品中隐含的神话、政治和个性。艺术修复也修残了许多画作，特别是如果需要进行大规模修补的话。此外，大牌艺术家的艺术品以高得离谱的价格被出售，因此有相当数量的复制品和赝品问世，有些赝品可能追溯到原作品诞生的年代。

现代同等范围的困难已经从画布和纸上的颜料转移到摄影和计算机生成的图像。在未来，我们同样不能充分理解更新的摄影或电子格式生成的图像的文化或象征意义。它们可能成为过时软件中的电子记录作品，而原件可能无法再被访问，或者如果图像已被转换为新格式，则无法知道它们是否已被编辑过。有许多政治照片被编辑删减以移除持不同政见者，或者添加希望被视为支持政见的人。由于各种原因，家庭团体照同样经过修改，而从数字版本来看，原始图像也会丢失。在许多情况下，用于改善或改变人的外观的图像电子编辑已经是司空见惯。

图像、摄影和电子产品

从宗教到政治和社会评论，艺术有很多用途，随着时间的推移，更好的材料、颜料或对视角的理解都会带来稳定的改进（或者至少以我们现在的理解算得上是改进）。然而，随着摄影的引入，技术对绘画这种艺术的发展造成了严重的破坏。摄影可以被不同程度地视为与绘画互补或更准确的一种全新的艺术形式。摄影比绘画快得多，但技术进步经常会产生比预期寿命更短的图像，这也符合我的模型。在这种情况下，油画肖像的寿命可能会超过摄影图像（特别是如果这些图像是彩色的）。摄影同样对绘画风格产生了深远的影响：虽然早期绘画可能瞄准了肖像中的现实主义和还原度，但照片恰好占据了这个市场,导致许多艺术家转而去了新的方向,以避免自己的作品被与照片相比的尴尬局面。

照片的采集时间短,但材料的化学性质从未像油画一样稳定。与往常一样,人们在图像采集速度、图像质量和保存时间之间面临权衡。19世纪20年代的早期摄影,需要明亮的阳光和稳定不动的对象,该过程使用玻璃板涂覆化学品,但许多照片至今已经保存了将近200年。改进的化学和加工技术提供了更精细的细节和色调,但是其长期稳定性经常受到影响,即保存时间受到影响。印刷纸的降解也降低了底版的保存期限。

大约在1900年,运动图像的拍摄技术取得了喜人的进步,但是与在工作室制作的静态图像相比,这些图像的每一帧质量都要差些。更麻烦的是,原始纤维素背衬在化学和机械方面都不稳定,胶片不仅会坏,而且有时也会因自燃而引发火灾。实际上,这种运动图像胶片已经为图像定义了化学上有限的半衰期。

后来胶片记录遭到破坏的原因是电影胶片边缘附带音轨的新技术,有声电影立即取代了无声电影(以及许多相貌出众但没有台词功力的明星)。无声胶片的旧库存被摧毁,不仅是为了尽量减少火灾危险,而且还因为胶片中使用的卤化银颗粒中含有大量宝贵的银。被破坏的不仅是那些不怎么受欢迎的作品,即使是风靡一时的无声电影,如卓别林(Charlie Chaplin)等明星的胶片也所剩无几。

到了20世纪40年代,人类已经可以制作彩色电影,终结了黑白电影和黑白家庭照片的制作主流。大多数人欣赏彩色,所以这项技术是真正的进步,是可取的。黑白电影也能传达信息,但黑白电影与彩色世界有许多细微的差别。颜色的明显进步并非没有复杂性。彩色胶片的缺点很快就出现了,其化学反应要复杂得多。此外,它的灵敏度较低,缺乏长期稳定性。对电影、印刷品和幻灯片而言,颜色会随着时间的推移而褪色和变化。原始图像会发生非常严重的损坏，所有有过旧彩色照片和胶片的人都亲身经历过。因为颜色很不稳定，会变化和褪色，实际上比更为稳定的黑白图片要糟糕。也许是我们更容忍褪色的黑白图像或棕色图像。这种颜色变化同样发生在使用胶片的家庭录影中。

影视技术的下一个进步是最初用于黑白照片的即时打印相机，后来人类又发明了彩色即时打印相机。这两项技术大约在 20 世纪末问世，简短地流行了约 10 年或 15 年，但仍然受到内置化学稳定性的影响，因此被更可靠、更便宜的电子相机所取代。最新的相机可以把拍摄的照片打印出来。

摄影的广泛模式与以前一样：随着更好技术的引入，每个新版本在被新技术取代之前的生存期逐渐缩短。早期的图片获取缓慢且包含的信息有限，被人类倍加珍惜，有些已被珍藏近 200 年。20 世纪初无声移动图像的半衰期可能是 30 年（因为火灾或为提取银而鲜有保留下来的）。20 世纪中叶的彩色胶片和电影在色彩完整性方面有所失真，所以即使胶片存在，大部分信息也会在 10 年到 20 年内丢失殆尽。对于电影制片厂保管的原版拷贝来说，情况更是如此。

家庭电影和视频与相机、投影仪齐头并进，共同发展。对于新技术，没有初始标准、帧速率或格式，因此在视频制作中至少有两种主要格式在竞争。每种都有一些优势，但在被电子系统取代之前都流行不超过 20 年。这些家庭的录像都被束之高阁，因为播放设备已经不能用了。然后当老一辈死去的时候在家庭大扫除中被扔掉。因此，所有记录了儿童成长、新人步入婚姻殿堂和亲朋共享美好时光的快乐照片都会在一代之内永久丢失。

总体而言，对于基于卤化银的摄影，竞争因素是信息细节、色彩保真和保存时间，而后期技术产生的高等级彩色图像比简单的原始黑白或玻璃板上的棕色图片降解得更快、更明显。每个版本的使用期很少超过一代,即25年。

这是一个绝对理想的案例,表明随着两个多世纪以来定量数据的传播,更好的技术会缩短更多信息的保存时间。

信息丢失的一个不太明显的例子,是计算机处理的重新设计。我遇到过许多应用程序,例如专用研究设备的操作程序和用于发表、图片编辑或音乐制作的家庭套餐。这些程序制作费用高昂,是为最先进的计算机编写。在每个例子中,该软件都与后来改进过的几代计算机处理器不兼容,而重写应用程序不太可行或费用太昂贵。我自己的解决办法是在实验室中保留各种旧计算机,但这只是一个存在诸多相关障碍的短期解决方案。

电子图像存储的保存期

古典摄影的消亡大多与摄影过程的弱点或化学不稳定性无关,而是与使用CCD摄像机的电子记录存储系统的能力有关。不太明显的是,胶片摄影需要很多技能才能正确处理曝光、对焦以及胶片冲洗过程,因为在拍摄阶段的任何错误都是不可逆转的。同样,胶片影像的编辑和印刷需要非常专业的方法,这意味着拍得不好的照片永远得不到改善。

这与以电子方式拍摄和存储的图像形成对比。由于市场潜力巨大且利润丰厚,决定图像质量的CCD像素数显著增加,甚至更令人惊讶的是,相机的价格呈现陡降之势。与此同时,镜头质量大幅提升,即使手机的内置摄像头也越来越好。现代CCD相机的优势非常明显:紧凑性、良好的色彩保真度、高分辨率、高速度、延时拍摄、可以在内置存储器中存储大量图片,以及即时查看拍摄效果,如有必要,重拍一张。视频和高速动作镜头以及快速连拍都被加入了相机的功能包,加上相机有了电子自动对焦和防抖功能,对于普通用户来说,这比拍摄卤化银照片更方便、更先进。

其他优点是,数字图像的后期处理更容易改变色彩平衡,或编辑图片。至关重要的是,可以对电子副本进行更改的同时保持原始文件仍然可用。专业摄影师还是会发现摄影过程的一些优点,但即使是他们也经常使用电子 CCD 相机,尤其是随着现代相机能拥有超过 3000 万像素。这是原来只能在高档胶片上获得的分辨率。

一代人以内被淘汰的规律再次应验。在高清 CCD 相机出现的不到 10 年,它的销量就在下降,因为大多数快照照片现在都是在手机上拍摄的。图片即时成像,可以被立即发送给朋友,正如我的信息保存定律所预测那样,人们会查看一次他们拍摄的照片,不会再看第二次,或者在几小时内删除。

在我自己的摄影和 CCD 使用经历中,我是一个典型的相机用户,经历了从胶片到几代 CCD 相机的演变。早期的 CCD 质量现在看起来很差,所以我删除了许多照片。同样,对我保留的后期版本来说,我的存储系统上有过多的照片,它们不是几张关于我生命中可能要重温的关键事件的照片,而是数百张让我兴趣微乎其微的照片,所以我很少翻阅这些照片。在信息保存方面,平均图像寿命和观看量迅速下降。这正是本章的要旨:更多的技术意味着更少的信息。

手机相机扩展了摄影模式。如果手机用户每天与朋友拍摄 30 张照片(这一数量不算多),这相当于每年拍摄约 1 万张照片。如果他们从朋友那里收到相同数量的照片,并且拍摄、发送、接收、查看每张照片花费的时间只有两分钟左右,那么每天消耗一小时,换句话说,这意味着许多 CCD 图片的观看寿命最多只有几分钟。相关的负面因素是它们堵塞了互联网和使用了手机储存卡容量。

计算机性能与和信息丢失

计算性能、信息存储以及通过电话和互联网进行的电子通信的指数增长,在过去 25 年中创造了一种以前难以想象的转变。我们被新玩具所吸引,被它占据了我们的生活,并完全相信它。我们的热情经常是有据可依的,因为它实现了世界各地间的快速通信、更快的计算和更准确的天气预报。

尽管功能很好,但是消极方面也很快就显现出来。例如,它彻底改变了我们购物的方式,但这样做减少了对当地社区商店和地方就业的支持。我们网购时,很难得知我们消费产生的利润税是否被收缴至政府的手里(或者卖方是基于离岸税制?)。卖方和公司与社区的隔阂将他们的身心都隔离开来,然后他们在所销售的国家就缺乏相关的利益和支持。他们绝对不促进本地工业,相反,网购推动了产品的全球化,随之而来的是大宗运输的增加,甚至在当地过时的园艺产品也能跨越大洋。这些因素都具有负面特征,因为大宗运输消耗燃料和动力,消耗自然资源,并导致全球变暖和许多国家的水资源短缺。最重要的是,这种模式提高了高消费国家(如英国或美国)许多类型工作的失业率。

在这个阶段不太明显的是,更强的计算机性能是否可以催生更好的机器人。机器人技术将为制造商提高利润,但是会造成人类失业率的增加。有人认为机器人技术使工人有了更多闲暇时间,这个观点是错误的;实际上机器人技术通常意味着失业,完全忽视了个人工作和实现某些任务的满足感。对于我个人而言,我认为以提高失业率为代价的商品价格降低是一种不可接受的交易。

我们已经完全痴迷于高速电子通信的优势并被其征服,但是,如果我们希望在未来 25 年存活下来,那么我们需要快速了解其副作用和长期后果。

数据存储的模式

本章的关注点是技术进步如何在信息保存和数据存储中引起更加戏剧化的问题。因此，对比如何在前计算机时代和目前存储信息是有趣的。1986 年的数据存储分析表明，当时的信息存储方式与今天截然不同。首先，几乎唯一的方法是使用模拟系统。在每年存储的总数据中，据估计，存储在乙烯基唱片和磁带上的音乐大约占 25%；印刷品或底片上的照片约占 13%；录像带格式约占 60%。从那时起，存储量每 10 年至少增长 10 倍（到目前为止增长了 1000 倍，而且仍然在增加）。最明显的是，这种模式发生了翻天覆地的变化，因此模拟格式中可能还剩下不到 5%。数字磁带以 10% 左右的占有率进入市场，DVD 等占 20% 左右，硬盘约占 40%。换句话说，我们完全依赖于通过计算机访问的数据存储。

在此期间，计算机存储格式经历了各种光盘和磁带格式，存储空间也由 250 千字节的软盘一路发展到目前万亿字节的存储设备。在这里帮不懂又羞于启齿的读者解释一下，前缀千、兆和万亿的意思是从 1000 变为 100 万、1 万亿。非常粗略地说，从 20 世纪 80 年代到现在的软盘存储范围相当于从高尔夫球座顶部的面积到 5 个足球场的面积的比例（我觉得这比数字更容易想象）。进步喜人，但唯一简单的方法是淘汰所有以前的方法。通常，每种类型的存储介质都会随着存储空间的增大和性能的增加而在 10 年内消失。

总体效果是我们很少有人拥有合适的设备来读取存储在早期系统中的任何信息。这不是一个过渡阶段，而是一个将持续存在的问题，因为它是继续扩大存储空间唯一可持续的方式。

许多公司的广告宣称,针对这种困难,解决方案是将我们的所有数据保存在一些巨型的远程站点中,还给远程站点起了一个很美好的名字:云。好处很明显,如果云管理可以不断更新我们存储数据的格式,就可以避免设备过时和无法访问。但是,这意味着云公司可以访问我们的文件,其中有几个明显的缺点:(1)保存的文件可能是保密的;(2)文件可能是被加密的;(3)文件可能在此过程中被破坏;(4)运营云存储的经验不足,因为这个概念还没有存在很长时间。因此,我们无法猜测哪些云公司能够生存下来,或者,如果他们被收购,现有的安排和合同是否将继续有效。另一个潜在的困难是,如果我们为云存储付费(云存储迟早会收费,即使现在的云存储系统宁可赔本也不向用户收费),那么当用户死亡或公司破产时,存储的信息可能会被删除或至少由于欠费而无法访问。

已有相关诉讼案例:用户想分享他们存储在云中的数据(例如,在一个案例中的一系列庞大的音乐收藏),但该公司不仅拒绝分享,而且暗示该数据在所有者去世后就不可访问了。所以存储在云中的数据不像传家宝那样可以从一代传给下一代,也不似一捆用缎带绑着的情书,可以由下一代(和历史学家)传承。相反,用户死亡可能导致云中所有文件丢失。因此,云在存储空间方面是一个很好的进步,但在其他方面却是一场灾难。如果你的遗嘱和债券以同样的方式存储,那么它们同样可以在云系统中消失。

另一个非常重要的事实是,对于云存储我们必须能够访问它,因此在断电或互联网流量堵塞时,就访问不了了。最后一个问题是,正如将在关于计算机犯罪和网络战的一章中所讨论的那样,一个处心积虑的政府、恐怖分子或恶意攻击者,可能会在每次攻击时摧毁大量数据。从该领域的所有其他趋势来看,这种攻击的破坏力也呈指数增长。

对于无纸化社会的其他建议,需要同样谨慎,例如,英国医疗记录可能完全实现无纸化。

我对云存储的批判可能有些过火,因为对于许多公司来说,它的好处是可以被不同地点的许多员工访问。尽管如此,我个人会确保在某个地方有一个完整的备份副本,这样安全,只有少数人可以访问,而且与电子邮件和互联网访问隔离。对于其他人来说,这似乎意味着只有你可以承受存储在云系统中的信息丢失,你才能用它。

更广泛的半衰期概念

也许不太明显的是,保密信息也可能生命有限。对于只有一个人知道的非书面信息,"半衰期"是由掌握信息的人的死亡决定的。当秘密信息或文件分散在几个人身上时,加密信息泄露的可能性就会增加。我们可以尝试将信息保密或限制访问,而且需要针对各种主题进行操作。原因涉及政治、商业和犯罪活动(加上它们的组合),各不相同。最高机密可能会受到严格限制,以至于即使是有权访问的人也可能无法完全理解其含义(例如政治家可能无法理解新武器的真正危险,或者军方可能没有考虑过新生物武器对农业造成的后果,等等)。

许多工业公司还需要保持其生产方法和产品成分的保密性,所以保密是必要的,但这个词对不同的人意义不同。然而,现在通过电子通信可以访问和传播信息的速度意味着曾经被牢牢锁定数十年的数据,现在可以突然为公众所知。这不是一个过渡阶段,因为即使是绝密信息也意味着不止一个人可以访问它。因此,一个举报人,一个有良知的人或者一个热衷于破坏组织的人就能传播这些数据。对保密信息的半衰期而言,技术可能已经使我们由50年保密原则变成即时全球传播。

从许多方面来看,这可能是可取的,因为信息的广泛传播可以揭露自称是为国效力的组织或乱花慈善资金的慈善机构(或其接受者)的犯罪活动,还可以揭露以前被宗教或其他大型公共和私人组织掩盖的犯罪活动。因此,肇事者不能确保其一生都会免于处罚。相反的是,完全开放以获取所有类型的知识和信息会破坏商业活动和安全(地方安全和国家安全)。我怀疑我们是否能把握理想的平衡,但毫无疑问技术为那些希望信息被公开披露的人打开了大门。每当存储计算系统被链接到其他设备和网络时,黑客读取或窜改信息的可能性就非常高。

有哪些可用的数据保存方案?

针对保存和访问信息的困难,需要采用不同的方法,具体取决于我们想要保存材料的类型。我们一生中肯定需要访问个人资料、文件、财务记录、家庭照片等,并希望为后代保留一些材料。在这里,我们又面临着如何处理不断变化的软件和硬件的两难境地。新系统总是与旧系统不兼容,因此,除非我们尽可能采取行动,否则记录将永久丢失。因此,我们需要无法被恶意软件和黑客访问的备份副本,并确保将其更新到最新版本的软件和存储系统中。

对于真正关键的文件,请保留一份纸质打印版备份。这不是独家方法,如果我们对云存储系统(或它们的下一代)充满信心,那么这可能是次要的防御线。云存储的弱点是,改变格式可能会使我们珍贵的云文档和照片过时,除非我们及时访问以进行更新。由于这意味着一个非常大的市场机遇,似乎不可避免地会出现能够解决程序和格式过时问题的公司提供更新服务,但除非这种公司很快出现,否则我们的旧资料可能已经消亡。

我们不必觉得自己无能为力,因为面对这个问题大型机构、公司和研究中心同样也无可奈何。一个经常被引用的例子是美国国家航空航天局对空间探测收集的数据存档检索问题。当然,这是不可再生的信息。对于美国国家航空航天局而言,由于太空任务需要很长时间来计划和准备,发射后还要运行多年,情况会变得更糟。他们明智地选择了可靠且经过良好测试的设备和软件。不幸的是,这意味着在计算机方面,发射时它就已经过时了。

我已经提到了音乐存储系统和视频存储系统的发展,这些系统不仅适用于家庭用品和 CD 收藏,也适用于广播、电视和电影。这也不是个人问题,对大型机构和国家档案工作者来说这个问题同样存在。在英国,主要的录音档案由大英图书馆保存。他们的存储库中有大约 200 万份录音,声音格式从蜡筒留声机到所有后来的磁带、唱片和 CD,一应俱全。许多录音因为机械腐烂而面临严重风险,而其他则需要专用设备才能播放,大多数录音都将受益于被转移到真正稳定的电子平台。这是一项紧迫的挑战,尤其是随着新材料数量的迅速增加。

下一类例子力证了我总结的规律,即生成越快的信息,保存时间越短。在这里,我指的是推特、脸书、Instagram 博客和网页生成的所有电子信息,这些信息有时仅仅是个人信息,但是在有的时候还包括值得保存的有用信息。这些材料可能永远不会被印刷,因此我们面对的是纯电子格式的存储。同样,现实充满挑战,目前对这个呈指数增长的数据库的估计是,到 2014 年,由这些路径产生的信息比世界有史以来产生的信息都要多。存储容量正在增加,但目录和访问它的路径非常难以完善,因此许多可取的信息可能会隐藏起来,为世人遗忘,即使它们实际上已经被存储在某处。

为了一窥电子存储问题的严重性,我们应该认识到,相机技术既可以独立存在,也可以被内置于手机中,可以实现如此快速的电子图像捕获,使大多数图像在短期内具有可读性。这意味着我们随时可以丢弃它们即没有必要长期保留它们。我们从手机发送的许多图片只是 30 秒的评论或娱乐内容。这非常符合"数据生成越快,保存时间越短"的规律。如果我们对生活采取不同的观点并希望保留所有这些图像,那么存储问题将是骇人的。目前的估计表明,在全世界范围内,我们每年拍摄大约1万亿(100万个100万)张照片,而且这一速度仍在上升。

管理机关和国家机构产生的其他纯电子信息,现在包括从未以纸质格式存在的大量数据、报告、法律文件、公告和社会评论。当他们的网站和其他平台被关闭或被破坏时发生的损失意味着我们正在以不断增加的速度丢失文化、教育、法律文件和记录。因为我们正在输掉这场存储战,大英图书馆使用了"数字黑洞"这一字眼。

如果我们通过电子设备存储数据,那么,即使存储介质不需要连续供电,我们仍然需要电力才能访问数据。这是存储链中的一个弱点,不仅因为格式随时间推移而变化,而且还因为我们可能在重大危机时需要所存储的信息。第一章中描绘的造成短时电力故障的小型自然灾害的场景也表明,在这些关键时刻是无法访问网络存储数据的。长时间的电力故障造成的问题更严重,因为所有电子数据存储的预期寿命以及存储在那里的文件可能会突然减少到零。同样可能的"数据厄运"场景将是恐怖主义或政府干预(本国政府或外国政府)删除所有存储的国家档案。在我看来,从因恶意或政治动机而破坏电子数据和计算机系统的例子来看,这实际上比罕见的自然灾害更有可能发生。

最后一个问题——我们会被铭记吗?

存储系统和软件不可避免地将成为不断发展进步的动态系统,而且不一定与早期版本完全兼容。因此,对于想要为自己的家庭或后代保留的任何记录、照片、图像或其他信息,我们需要确保无论使用哪种存储介质,信息都会不断被更新。现实情况是,对想要被铭记的愿望而言,我们需要承认我们将迅速消失,被世人遗忘。很多人的家谱向前追溯了几百年,这些家谱可能有名字和日期,但实际上人们几乎不会说起他们。一些人可能已经名扬四海(或臭名昭著),但在我们之前的数十亿人中,大部分已完全从我们的记录中消失。因此,我的结论是忘记虚荣。相反,我们要享受任何现在拥有的名望和家庭,并承认在一代左右的时间里,我们能作为家谱或墓碑上的名字被铭记就是幸运的了。

在更务实的层面上审视存储系统的发展和信息衰退,我想打个比方:在自行车、火车、汽车、飞机和公共交通工具出现之前,人们靠双腿走路。较新的技术可能更快,但双脚久经考验,值得信赖。所以不应该鄙视纸质记录。

毫无疑问,这个比方传达的消息是信息生成速度越快,保存时间越短。这不是一个新的想法,它适用于我们可以考虑到的所有信息系统。任何教师都会认同,即使是一个简单的主题,如果讲解得太快,学生也不会理解,但是如果教师缓慢而轻松地讲解,学生理解记忆会轻松很多。花前月下和激情云雨同样如此。

◆ 第十一章

技术——犯罪与恐怖主义的新前沿

如何以最小的风险成功犯罪

做一名专业犯罪分子的缺点是利润可能不丰厚,不可能总能逃过法律的制裁(除非你非常成功),而且在犯罪时可能存在危险,也可能与其他当地犯罪分子发生冲突。因此,聪明的潜在犯罪分子会努力学习科学、技术和计算机软件,这是一个安全且有利可图的职业道路。技术提供了一个理想的机会,首先,可以针对外国人或外国企业进行犯罪,其次是可以明智地选择在哪个国家犯罪,被引渡的可能性最小。这样犯罪者几乎没有个人危险,而且通过互联网整个世界都是犯罪目标。根据计算机技能和智力水平,他们突然可以得到一系列选项。显然,实际结果是网络和相关电子犯罪的增长率非常快。

我们大多数人(轻易信赖别人的普通大众)都会知道,以电话或电子邮件开始进行的电信诈骗,都声称自己是银行、税务局或软件公司。无论使用哪种套路,其中一个目标都是获得访问我们计算机的权限。一旦成功访问,就可以读取内容。可用的数据包括银行账户和信用卡密码。由于技术水平较低,网络犯罪分子可以利用广泛的骗局进行攻击,这些骗局似乎打着信誉良好的公司的旗号在提供商品,但是我们的付款细节导致银行转账到国外,我们的钱就消失了。

多数例子只采用了显而易见的诈骗方法,但是实际上这些骗局只是冰山一角。就涉案金额而言,网络犯罪极为严重。例如在美国,网络诈骗涉案金额在 2013 年约为 10 亿美元。对涉案金额的估计还在增加,到 2015 年翻了一番。更令人担忧的是,这种犯罪方法的规模和复杂程度在不断提高。因此,人们要小心谨慎,提高安全意识。一旦资金流失,失而复得的可能性就很小。

在个人层面,我们可能会关注我们自己的银行交易。但是,对于小额款项,例如,据称是某些慈善机构或保险费的常规支付,我们可能会认为我们忘记了是自己设定的。对于罪犯来说,这么小的数额并不是很诱人,因此每次盗窃的数量越多越好,或者重复进行小金额诈骗。然而,我们大多数人很可能会迅速注意到几千英镑的损失。这对犯罪分子来说稍微有点头疼,因为这可能意味着个人不太可能成为大型犯罪组织的有价值目标,尤其是我们一旦报警,警方就会介入调查。

精明的犯罪分子既想骗取大笔资金又需要在一个在识别异常方面较松懈的系统操作。因此,理想的目标可能涉及复杂的跨国组织甚至银行,这些机构每天发生多笔跨国转账。2015 年初出现了一个典型的例子,当时安全公司卡巴斯基调查了自动取款机产生的损失。最初的问题似乎是某些自动取款机被远程指示在特定的时间吐钱而无需任何银行卡。然后他们很快就发现,这只是一个更庞大的犯罪网络的一部分,该网络已经运行了几年,每年攫取大约 10 亿美元。

该网络不仅入侵银行系统,还入侵银行内摄像头的视频图像。这些都揭露了银行处理方法和程序的漏洞。该网络重复犯罪,然后在银行之间转移资金,例如通过 SWIFT 系统转移。在某些情况下,源账户中的金额被更改,例如由 2000 被改为 20 000。转账 18 000 意味着账户的所有者没有意识到余额的任何变化,金额变化在几毫秒内发生。同样,

SWIFT 机制被愚弄了,因为源账户似乎有足够的资金用于转账。一旦外国账户积累了足够的资金,资金被转移后账户就被注销。

该犯罪网络的心理是,从不针对同一家银行诈骗过多的金额,以避免被发现和刑事调查。一家银行的总损失在一两年内通常保持在 1000 万以下。对于我们大多数人来说,1000 万是一个非常大的数字,但就一家银行年度营业额而言,这一金额是微不足道的;事实上,损失可能不过是董事的年薪。

市面上有很多银行,所以有很多潜在的目标。卡巴斯基的首次估计是,在 2015 年之前,来自至少 25 个国家的数百家银行遭到抢劫(或正在被抢劫)。迄今为止的总涉案金额达数十亿美元。2016 年,该形式的一种变体从孟加拉国中央银行转移了约 8100 万美元,方法是阻止打印转账明细。类似的一次犯罪行为试图从纽约联邦储备银行的孟加拉国账户中转移 9.51 亿美元,但以失败告终,失败的原因是转账细节有拼写错误。

这种国际犯罪的另一个关键特征是,在过去几年中,成功起诉并追回这些"新百万富翁"犯罪团伙攫取的金额数量几乎为零。

这些商业损失不应与估算趋势和期货的自动交易引起的股票市场和银行损失相混淆,它们同样是技术和软件进步的结果(其中计算机预测模型存在缺陷),并被设计独立于人类的警惕和控制。投资者损失惨重,除法律方面外,基金经理似乎也可能完全出于故意犯罪或一时疏忽大意和无能造成这些损失。

银行应该考虑重返电动打字机和手写分类账时代吗?

小规模计算机犯罪

犯罪为正直的网络专家和顾问带来同样有利可图的业务,因为许多网站提供了有关防病毒软件等保护措施的建议,并详细说明我们防御中容易受到攻击的各种弱点。对于粗心大意的人来说社交网络特别危险,因为社交网络涉及我们正在与之沟通的人,他们最初似乎是我们信任的新朋友。网络钓鱼诈骗和获取的有关我们生活细节的信息,甚至是犯罪照片的信息可能很快就会出现。后者被用于勒索,这是一种不断增长的犯罪方式,非常有利可图。勒索诈骗大多是隐藏的,但是他们造成的自杀事件数量有所增加。总体而言,英国 2013 年的估计数据显示,谷歌、领英、我的空间、推特和脸书等社交网络涉及这些犯罪行为的相对危险性为 5%—39%(按所列顺序排列)。

人们轻信他人,容易上当,而且把自身置于危险之中。政府通信总部(缩写为 GCHQ,英国涉及安全和电子间谍等业务的部门)的专家建议表明,80%的网络犯罪可以被阻止或得以避免,方法是要有更高的安全性和风险管理意识,以及不要轻信我们并不认识也可能永远不会遇到的陌生人(别忘了我们看到的对方的照片可能与真人完全不同)。

英国的网络犯罪规模

网络犯罪不仅限于陌生人访问银行账户等详细信息的活动。事实上,许多案例都涉及我们认识的人和同事。像慈善机构一样,网络犯罪可以从家里开始。许多行业、镇议会或慈善机构会有大量资金流入其系统,这笔钱由大批机构员工进行处理。此类金融交易的权限很少受到严格限制,特别是在大型机构中,因此"标准"网络犯罪包括开具虚假雇员的工资单、向使用多个地址和银行账户的员工支付双倍工资或购买不存在的商品和服务。许多相同的犯罪问题已经存在于纸质会计业务中,但电子版本的生成要简单得多,而且往往不太可能追溯到犯罪者。

大公司有数百名员工知道相关的现金转账细节和密码。有些人会一时疏忽大意,有些人的行为可能会意外地构成犯罪。同样,在竞争激烈的行业中,盗窃知识、生产信息、营销策略等都将为那些能够从竞争对手中获取数据的人创造利润。这些盗窃信息(而不是金钱)的行为难以被查明,也不太可能被起诉。令人担忧的是这种犯罪的规模还在不断增长。

2013年的一份政府报告估计,英国经济每年(至少)损失约270亿英镑,其中可以细分为:商业,210亿英镑;政府,22亿英镑;私人,33亿英镑。如果GCHQ是正确的,那么情况就有可能实现巨大的改观。这些数字清楚地表明了为什么网络诈骗不仅吸引了成熟的标准罪犯,而且吸引了一类全新的小偷,他们在犯罪行为中因为不会被抓住而肆无忌惮。从某种程度上说,正是因为网络窃贼可能永远不会看到受害者,因而没有悔意,才助长了犯罪行为。

与隐藏在避税天堂的钱相比,这些金额实际上是微不足道的。关于不向母国缴纳税收金额的估计有多个版本,但2013年的数据表明,税收收入至少损失了1000亿欧元,而全球有近5万亿美元存储在国外的避税天堂。这笔款项可能超过世界各国的国家债务总额。这些数额是巨大的,而且无助于减少贫困或改善世界上大多数人口的生活,我认为这种避税天堂的存在无疑是犯罪行为。缺乏诚信、勇气或能力来解决这个问题的世界各国政府同样有罪,我相信一定还有其他人认同我这个观点。在技术或电子辅助犯罪方面,逃税绝对是一个主要的选项。事实上,逃税行为非常明显,因为许多存款银行甚至可能不是以建筑物的形式存在,而是以纯粹的电子网站的形式存在。

一个经常被引用的例子是开曼群岛,那里有近400家注册银行,但只有20多家面向岛上的居民和非居民开展业务。对于这个260平方千米,人口少于6万的群岛而言,银行密度过高。

令我感到惊讶的是,没有有效的"罗宾汉"式*黑客瞄准这些巨大的财富,并将其重新分配给较贫穷的国家或有价值的事业。

黑客和安全

软件和安全程序是由小团队中的个人编写的。大多数的软件和安全程序也有交付日期,而且在竞争激烈的行业市场中,他们的目标是快速完成。如果他们的努力有效,那么他们不可避免地会继续进行下一个项目。他们计划的所有事情也很难百分之百成功,或者是因为他们犯了错误,或者是他们没有考虑或软件包中没有包含客户们要的项目。这是显而易见的,因为大多数软件包都要定期更新和替换版本。这类软件程序员的心态是他们试图创造而不是破坏,因此他们本能地无法考虑所有在安全方面可能存在的漏洞和弱点。这造就了一场持久战:当安全性被破坏时,必须找到解决方案。有时系统可以在漏洞被发现并被利用之前运行 20 年,这是个大问题,因为原始程序员不太可能仍然在该岗位中工作,或者他们已经忘记了他们设想方法的细节。甚至也可能由于计算机性能的提高,原计划中未显露的弱点也会被利用。因此,完美的安全防御是一个美好的愿望,但完全不切实际。

向公众报道的重大黑客事件仅仅表明,对于那些技术娴熟且居心叵测的人来说,大型公司和政府机构的防御同样是可行的目标。在间谍活动和政治分裂方面,主要国家都游走在黑客的犯罪边缘(也许他们认为为了国家安全,这么做合情合理合法)。他们可能不仅仅获取信息,而且传播虚假信息,改变其他国家或公司的文件中的细节,或造成

---

* 罗宾汉(Robin Hood)是英国的一个传奇英雄人物,他在民间被广为传诵的是劫富济贫,也就是抢劫富人施舍给穷人。"劫富济贫"不一定是正确的,但在受压迫的穷人眼里,罗宾汉就是正义的化身,因此得江湖名号"侠盗罗宾汉"。——译者

损害和毁灭。例如,中东用于分离铀同位素的离心机的操作中,引入的软件错误破坏了这些单元并阻碍了发展核电(以及可能的武器)的计划。虽然没有一个国家声称对此负责,但非官方报告显示,这次袭击可能是由五六个程序员在几个月内组织的(即一个规模非常小的活动)。

2014年访问索尼影视工作室主机的例子,说明了可能发生问题的规模。该工作室计划将发布一部关于朝鲜的有争议的喜剧电影,这引发了一场出于政治动机的攻击,这次攻击比业界预期的更为复杂。复制数据后,恶意软件摧毁了服务器和计算机,并删除所有数据,整个过程显然轻而易举。对于许多公司而言,这可能意味着彻底毁灭,但它表明主要行业的脆弱程度,以及个人用户的防御何等无力。可以合理假设,政府雇佣的计算机黑客参与其中,而且许多政府已经获得了对其他国家计算机网络的访问权限。唯一的区别是,在大多数情况下入侵者可能只作为被动的听众,而不是暴露他们的电子间谍身份。入侵者作为被动的听众,意味着他们可以实时访问对方的计划,而且在发生冲突时可以从内部摧毁敌方通信。入侵方法比《1984》(1984)的"老大哥"剧情*更狡猾,但比小说中想象的更具侵扰性,因为剧情的场景被设定在未来30年,当时计算机和电子通信的潜力还没有受到重视。

2015年底,发生了一次非常简单的受政治驱动的电子通信攻击事件,一定数量的自动拨号智能手机进行了协同攻击。产生的活动峰值比所有其他互联网流量高出10倍。在该事件之前和之后的许多场合,人们也已经注意到超载特定目标。这里真正需要担心的是,这次电子通信攻击事件,可能只是进行更大规模超载造成整个互联网崩溃之前

---

* 英国作家奥威尔在早些年出版的小说《1984》中,描述了一个极权社会里的极权政权"老大哥",他为了维持和巩固其凌驾于社会之上的绝对权力,对社会的每一个成员进行全方位监控;不论你说了什么、做了什么,"老大哥"都会知道,甚至包括你在想什么他也能了如指掌。——译者

的预演。

我还读到,现代导弹制导系统非常复杂,整个控制芯片通常是在一个国家制造的,生产芯片的国家在本国的导弹中不一定使用这种芯片。我可以很清晰地想象,如果导弹的轰炸目标是与芯片生产国友好的国家,潜藏在芯片中的软件可以重新给导弹设定目标。如果是真的,这一情况不容忽视。然而,之前发生过这样的事件:一个北约国家向南美洲出售导弹,但没有改变其在雷达信号中显示这是一枚北约导弹的技术,当这枚导弹被用来对付北约成员国时,对其造成了相当大的破坏(因为他们以为这枚导弹不是瞄准自己)。因此,后来对导弹进行编码的故事也是说得通的。

理解正在使用的技术是绝对必要的。在使用制导导弹攻击方面发生过一个相关的案例。问题似乎是为敌方目标设置了卫星导航的坐标,但操作员没有注意到设备上的低电量警告。电压下降,然后导弹自动将坐标重置到导弹发射地。一旦发射系统被激活,导弹就会在新位置准确爆炸,并摧毁指挥所。

有效的反黑客攻击

针对互联网黑客的唯一安全防御方法,就是不连接互联网。因此,在工业公司(或国家设施)中,隔离的独立计算机系统比与同一公司其他计算机相连接的计算机系统更安全。乍一看,这似乎是一个完美的解决方案,但多年来,已经可以通过未连接到计算机的传感器记录键盘输入指令。因此,位于计算机控制范围内的这种传感器,将输入内容和密码传输到更远的接收器,这些是常见的间谍装置,被用于在建筑外记录银行活动。除非系统在电子屏蔽室内,而且使用真正独立的电源装置(即不插入主电源),否则计算机隔离不会百分之百有效。

克里姆林宫采取了一种有趣的方法,据称他们花了 5 万欧元为事关重大的安全工作购置电子打字机。我猜这些打字机仅用于电子屏蔽的、无漏洞的房间。克里姆林宫擅长这类活动,据报道,他们曾雇佣本国当地工人建了一个外国大使馆,并设法对主要的外国政府进行了缜密监视,这个外国政府还认为他们通过使用当地劳工节省了资金。

同样令人惊讶的是,据称美国总统不携带移动(手机)电话。具体原因没有说明,但据猜测,如果总统使用手机的话,其他人就可以在任何时候跟踪他的确切位置,拦截消息,甚至窃听通话内容。

间谍和安全

在方法方面,政府间谍活动与非法访问私人或公司数据之间几乎没有什么不同。政府当然可以在更大规模上运作,而且一些政府已经在每个电子邮件、脸书或通过互联网传输的其他文档中实施关键字搜索。同样的内容监控也可以针对固定电话和移动通信。这些行为是对个人隐私的无情侵犯。从安全的角度看,困难不在于检测关键情绪词(即这是简单的字符识别),而是识别语境并优先分析暗含犯罪和政治活动的文件或语音信息。总工作量是巨大的,也很难把危险信号从其他信号中筛选出来,所以必须在很大程度上进行自动化筛选。

我们对间谍技术(无论是国际间谍、工业间谍还是私人间谍)的印象无疑受到富有想象力的编剧、詹姆斯·邦德(James Bond)电影以及许多其他电影和电视节目的影响。令人惊讶的是,间谍电影中使用的许多道具在剧本创作时并不存在,但后来在现实世界中已经出现(例如使用激光切割钢板、腕表通信和平视显示眼镜)。我的直觉是,一旦人们构思了一些新的噱头,除非它违反了物理原理,否则就可以制造出来。只要投入足够的时间、精力和金钱,我们就很可能会找到解决方案。作为一名物理学家,我给大学学习小组布置的作业就是猜测特定系统的工作原理。

这里的心理很有意思。如果我提出一个关于不存在的设备的问题时(我也承认它不存在),学生尝试提出意见的积极性就不强。然而,如果我说该问题或设备已经存在时,学生会发挥想象力,并积极地提出新想法。知道问题已经解决使我们有信心制作我们自己的解决方案。新颖性和对原创想法的需求往往具有很大挑战性。

人类很难理解并相信科学进步的真正规模,除非这个人在这个领域有渊博的知识。这是因为杂志、论文和电视科学节目不可避免地为大众提供肤浅的评论。他们试图吸引并保持我们的注意力,所以可能暗含着对新发现或新产品的夸大其词。例如,他们重申计算机或其他电子设备与 10 年前相比性能有多强大。当然他们是正确的,但是,由于无法看到 CCD 相机上有多少像素,或者不能切身感受到计算机芯片的速度,我们很难完全理解技术的进步。

用数字来说,技术进步了 10 亿倍意味着进步很大。由于我们不熟悉非常大的数字,所以很难或不可能理解这个量级。实际上,我们对进步的真实规模的影响不感兴趣。就个人而言,我需要切身感受到发生的变化。即使作为一名科学家,面对很基本的问题,如在一个原子中,说中心核的直径比整体直径小 10 万倍,我也有理解上的困难,这让我对比例没有真正的感觉,即使我认为它是真的。然而,如果我看到以相同的比例将一片草叶的宽度与足球场的大小相比,那么我对它们的相对尺寸就会有一个切实的印象(我仍然需要设想该尺寸的范围)。

因此,为了强调生活记忆中电气设备的性能和尺寸的变化,我将比较在第二次世界大战开始时由英国特工在法国投入并使用的无线电传输设备与更现代化的系统。1942 年,最先进的便携式无线电发射机的发射距离近 800 千米,它们被整齐地安装在一个重约 15 千克的行李箱中。当然,英国特工还需要一个6伏的汽车电池给无线电发射机供电,设置几米的天线,然后仔细调整发射机的频率。这一无线电发射机可以传输莫尔斯电码,但不能直接通话。为了改变电波频率,以避免在长时间传输期间被发现,还得从根本上改变一些组件。同样令人惊讶的是,早期通过无线电发射系统发现敌方特工并不困难,而且在数周之内就能发现(并处决)敌方特工。当然,在招募特工的时候是不会告诉应征对象这一事实的。

1943年人们开发了一种最先进的9千克重的"微型"无线电发射器。虽然无线电发射器越来越先进,但是到了20世纪50年代,一个秘密的无线电发射器仍然有一个大的公文包大小,重约9千克。该机器可以用电源驱动,有一个通话通道以及莫尔斯电码发射器,但是发射范围增加到大约3200千米。我们现在使用的具有即时图像传输功能(以及加密选项)的智能手机,清楚地突显了电子技术的进步。实际上,现代移动电话不仅具有比屡被引用的20世纪40年代的谜解码计算机更强的计算能力(和速度),而且比用于"阿波罗号"发射的美国国家航空航天局系统强大数千倍。

相机、遥感器和间谍窃听器现在也取得了类似进步。小型无人机甚至也可被用于飞行和间谍活动,或被用于农业以评估植物何时可以收获。在葡萄园中,传感器可精确定位哪些葡萄藤可以采摘了,而机载红外探测器可以监测葡萄的含糖量。

在间谍活动或侵入他人生活方面,我怀疑在农业中如此有价值且用于军事监视的无人机将在未来的讨论中占更重要地位。无人机的价格正在下降,而其性能正在改善。这是经典的技术进步。因此,无人机的使用范围将会增加,这必然包括进行犯罪活动以及窥探私人住所。

我们可能会认为别人很难在我们家中对我们进行监视,但除了在我们房间中的设备里隐蔽地安装信号发射器外(有时,外观似乎是适配器插头或电话插座),一个好的间谍不用进入房间就可以安装探测器。一些黑客使用恶意软件访问我们的计算机摄像头和麦克风,并且不用激活指示摄像头或麦克风正在运行的正常显示灯。类似的手机漏洞甚至可以在手机关机时(我们以为手机关机了)传输信息。基本上我们可以设想到的任何间谍情景都可能变成现实。

如果你的生活方式涉及敏感对话和敏感接触,而且手机电池经常需要充电,那么请检查手机中是否有漏洞。

技术进步很棒,但被误用和滥用的机会也很多。

手机,汽车和家庭

现在,我们经常使用手机接打电话、拍照、上网。没有引起用户注意的是,手机中的额外信息使接收站和发射站可以精确定位呼叫者和接收消息的人的位置。即使手机不在使用中也可以查到手机使用者的位置,这对追踪失踪的儿童或易受伤害的成年人非常有价值,但反过来又意味着任何能够访问记录的人都可以绘制我们的活动轨迹和曾与我们通话的人的详细信息。这会侵犯我们的隐私权。更糟糕的是,我们现在有许多应用程序允许我们远程访问家中的设备。这些功能包括打开暖气设备、拉开窗帘、启动烤箱等功能——所有这些功能都通过手机进行操作。有办法登录我们的电话安全系统的任何人,也完全可以执行这些任务。家庭和车库的电子控制遥控门锁这一噱头现在似乎不再受欢迎,而且可能(或应当)违反保险条款。

现在汽车可以搭载车载电话和安全防盗系统,并出现了许多其他功能,有些功能是可以预测的,但其他功能出乎意料。英国有一种趋势,即豪华版汽车省去钥匙,使用电子遥控钥匙扣来打开和关闭车门。有先见之明的人就会发现,如果汽车电池或电子遥控钥匙的电池电压下降,可就有麻烦了。

为了克服这些问题并让修理厂维修,修理厂可利用简单的安全超控系统访问车载计算机。不可避免地,这些设备或替代品也可以被犯罪分子用来重置密钥代码,进而窃取汽车或汽车中的物品。一些保险公司现在对这种使用遥控钥匙的豪华轿车的理赔范围设置了限额。现在人们更乐于使用方向盘上的巨型曲柄锁,因为大多数偷车贼看到巨型曲柄锁只能转向下一个更容易得手的目标。

车载计算机控制系统记录有关发动机性能的许多细节,并在汽车运行时自动进行调整以优化发动机性能。最高级别的超级跑车似乎也有了其他一切高档功能,这是非常好的进步。作为驾驶员,我们察觉不到这种后台电子控制,唯一给我们留下深刻印象的是,当拐弯速度过快时我们不再会侧滑或漂移,加速或制动也不会造成打滑,因为计算机芯片控制了动力转向。

车载计算机还有更多功能,它可以监视或改变轮胎压力,释放安全气囊,并传输 GPS 位置和速度。传感器响应可用于评估驾驶员的技术和能力(这些信息现在被一些保险公司使用,这些保险公司为拥有良好驾驶技术的驾驶员提供较低的保险费用,特别是对于那些本来要缴纳很高保费的年轻驾驶员)。此外它还有移动电话通信连接系统,可以和其他站点间实现数据传输(和接收)。如果发生车祸,它可以自动呼叫帮助并报告汽车的位置。不良驾驶行为会被记录下来。车载计算机数据已被用于举证超速驾驶等。距离传感器有助于自动平行停车,而且在变速巡航控制下,如果周围车辆变速,它们可以加速或减慢车速。总的来说,这意味着我们熟练驾驶的汽车并非完全由我们控制。相反,我们已将其中的一部分委托给车载计算机,或者更令人担忧的是,委托给那些可以随意访问车载计算机的人。

这些功能都是为驾驶员着想才设计的,但缺点是这些功能恰可被潜在的罪犯利用。在实践中,可以通过 CD 播放器入侵系统或加载漏洞,进而跟踪车内目标人员的轨迹。然后,轻而易举地通过车载计算机操控驾驶,打开安全气囊,或使汽车突然转向,改变轮胎压力,或加速巡航控制或掌控方向盘以引发事故。也许在未来的一些电影情节中,谋杀将由另一个国家的人通过远程造成致命事故来完成的。侦查和举证任务需要一个富有想象力又懂计算机的侦探来完成。

有趣的是,我考虑了前面两个例子(SWIFT 转账和汽车控制)的可能性,并想知道我是否应该在本书中进行阐述,因为它们可能被用于犯罪活动。我现在可以放松了,因为两个例子都已被使用、证实和报道出来了。已经有案例证明可以通过控制车速、门锁、收音机、转向等来控制汽车,随之而来的恐慌是召回了 140 万辆菲亚特克莱斯勒汽车。据推测,这不是个例,但突显了那些项目中的工作人员可能无法站在门外汉的角度去感知到这些潜在的问题。设计师专注于他们的产品性能,可能在心理上无法退后一步,并考虑这些功能会怎样被滥用。尽管如此,电影情节或现实中尚未出现申请理赔或引发车祸的案例。

2016 年发生过类似案例,有人成功地通过获得超控飞行控制权限,控制飞机飞行。愿你在下一趟航班中好运。

我还意识到其他一些潜在的犯罪手段,但在它们出现并被公开报道之前,我不会发表我的大部分看法。

我没有考虑到的一个潜在的非法功能是在尾气测试期间使用计算机修改汽车引擎响应的做法。这具有强大的营销意义,是制造商不会错过的一个因素。2015 年有一家公司披露,一家大型汽车制造商在官方测试期间采取了这种方式来伪造结果,从而降低排放量。这可能不足为奇,但是最初的披露承认超过 100 万辆汽车已经出现这种情况,后来的数据增加到 1100 万辆。现在这种方式似乎已被许多大公司广泛使用。在英国这样的国家,测试结果既决定了销售额,又决定了道路税,这意味着销售额失真和政府收入的重大损失。两轮或四轮驱动的汽车似乎也会存在被故意扭曲的尾气排放数据。英国只测试了前轮驱动的汽车。在这种情况下,计算机控制可以最大限度地减少排放,但是一旦上路并转换为真实的四轮驱动,某些汽车型号的计算机软件限制就会被取消。性能发生变化,因此销量增加,但排放也大比例地增加了(在一个案例中,真实排放是测试数据的 10 倍)。

另一个奇特的想法是,类似于汽车行业,试图不仅仅不用汽车钥匙,还要取消房屋入户系统和车库门的钥匙,其中使用的技术是一种复杂的语音识别系统。如果电源出现故障(或可充电电池的电量不足),则故障安全模式会导致打不开门。这意味着你被锁在家外。另一个不可避免的缺陷是,感冒或醉酒可能意味着你的声音不精确,门上的语音传感器将无法识别你。如果你在电视上看过模仿秀,很明显,模仿秀演员模仿一个人的能力是如此之好,以至于他们很容易欺骗任何以低成本批量生产的语言识别系统。

病历

制作和维护医疗记录数据库具有非常明显的好处,不仅对于外出时需要医疗的人,而且因为该系统可以提供大量有关治疗记录、疾病类型以及不同的执业医师和医院的诊疗水平的信息。所有这些在规划和改善全国医疗保健工作中都非常有价值。如果试图将数据用于获取关于保险理赔、工作申请或数据库上列出的个人的生活支出这类个人信息,则这些记录不太可能被允许访问。因此,在合理利用医疗信息和不当访问医疗信息之间,存在微妙的平衡。纯粹就医疗保健而言,医疗历史在实名制方面被认为是保密的,因此仅有 1 万个人左右有权限访问个人的医疗历史。

　　这意味着真实的安全水平极低,因为在任何人数达到 1 万人的群体中,会有许多人粗心,或者过度好奇,或者有意将他们的访问权用于非法目的。英国的犯罪率可能不会过高,也许医疗行业的员工比大多数人更关心他人。尽管如此,即使对于谋杀这类极端犯罪行为,在一个 1 万人的群体中每年至少也会发生一起。对于不那么极端的犯罪行为也是如此,不可避免地会发生故意滥用数据的事件。这是现实,因此是不可避免的。全面的安全性和具有广泛访问权限的详细数据库,我们不能兼得。

　　2016 年,在美国进行的一项研究一直在试图从医生处方、药品销售记录和医疗记录中挖掘数据。目前这些记录已被编码以保护患者姓名,但是它们仍然不可避免地包括年龄和性别等要素,而且在美国有患者的邮政编码,以及医疗历史和相关病史。这些概括性的数据对于查看药物使用模式和局部疾病及其传播方式非常有价值,并可以确定其是否与文化、经济或工业活动有关。他们还可以披露某些医疗实践的处方模式是否异常。最后,这些记录为制药业和政府卫生机构提供了宝贵的素材。

　　然而,我们每个人都有独特的病史,知道年龄、性别以及患者和医生常出现的地点意味着,可以通过访问更大的数据库以准确识别正在呈现的是谁的记录。这在一个小城镇显然很简单,那里可能没有很多某个特定年龄和特定病史的人。实际上,即使是大城市的人也能被精准地识别出来。由于各种原因,医疗记录的公开性是大家都不想看到的。然而,医疗相关信息全保密的时代已经远去。这一因素可能为提高医疗保险费甚至敲诈勒索提供了机会。

　　由于数据可以被密集地封装在 CD 或笔式驱动器上(或者在计算机中),因此安全性进一步削弱,而且在许多例子中,这些保存着数据的物品以及大量的机密医疗信息被遗失或被盗。进而,该信息有可能进入犯罪或公共领域。

双刃剑的第二个例子是获取和存储DNA信息。同样,DNA数据可以在出生时被轻松获取并在全国范围内存储。DNA数据可以被用于深刻洞察遗传疾病和健康状况的变化,或可能由环境问题引发的局部异常。遗传鉴定对法医学应用也很有价值,然而,由个人DNA识别某人的准确姓名和位置需要一个极其安全且控制良好的系统,对系统有操作权限的人要少之又少。虽然区域数据可能被广泛用于帮助了解环境对疾病的影响,但是个人身份鉴定需要受到更严格的控制。

即使是用于法医鉴定,对非登记在册的人匹配DNA的第一步也应该通过安全和加密的途径(即不对任何执法成员开放)。公布姓名或其他细节将比其被用于医疗记录的安全级别高得多。在许多情况下,不需要特定的身份鉴定,但滥用数据不仅会吸引保险公司和雇主,还会吸引犯罪分子的关注。滥用的机会很明显。

其中一个特别明显的领域是,许多基因研究已经证实,虽然孩子的母亲是无可争辩的事实,孩子的父亲是谁就不好说了。英国目前的研究表明,多达2%—4%(即每25个中至多有1个)的父亲可能不是他们所有孩子的亲生父亲。许多其他国家也呈现了类似或更高的比例。因此,自动获取此类数据,而不是在父子关系纠纷期间再来分析,可能会破坏许多家庭,或被用作敲诈勒索的筹码。

对DNA数据的最终评论是公众、陪审团和警方,他们倾向于完全采信DNA证据。现实已经表明,这种证据可能会被破坏,而且很多临界案例导致了起诉错误。这是一个有益的警告,即对任何新技术的完全信任都是不明智的。

扭曲现有数据

我们对互联网访问信息的依赖意味着,一旦我们输入了关键字,搜索引擎会提供一个选项列表,我们总是会先查看列表顶部的信息。因此,列表顶部的信息排名更高,甚至进一步上升。我怀疑的是很多人在查询一般信息时只查看前几页参考资料,之后的列表会逐渐被世人所忽略。作为一名科学家,我的方法可能与搜索引擎的一般用户有点不同。当我试图查询关于一个模糊的科学问题的文章时,我经常会坚持查下去,并搜索 20 页甚至更多页面的文章。这么做是有回报的,但对一般问题,我可不会这么做。

总的来说,这意味着可以影响哪些项目出现在列表顶部附近。这是影响列表的一小步,与操纵他人意见的人的观点有冲突的那些项目就会被埋没。在许多方面,这比互联网时代之前的情况更糟糕,因为以前的图书馆搜索没有偏见,不容易受到左右,当时只需要有耐心和专注精神。总体而言,在进行更广泛的互联网搜索后可以发现,互联网充斥着交叉引用和错误引用延续化。中国派对上玩的传话游戏与之类似,这个游戏的玩法是一条消息被一队人传递时越传越错。

直接有意复制信息而不透露来源是剽窃,互联网搜索中剽窃早已司空见惯(如果从搜索列表的靠后页面上显示的条目中获取信息,则尤为如此)。学生借助互联网搜索产生的论文,不可避免地有剽窃现象,除非经过巧妙的改写,否则这类论文会受到批评。甚至学术导师也广泛抄袭,但他们都使用各种来源的资料,并美其名曰研究。被抄袭的感觉好坏参半。我曾经发现一本书,其中整整一章完全取自我写过的文章(但未引用来源)。在某种程度上,我很高兴该作者很会挑!在另一个场合,我遇到了一位同事,他说他非常喜欢我的一本科学书籍,甚至在他的笔式驱动器上也存有一份电子版。我不知道还有这样的电子版本的存在,但显然我的书被他的政府复制,在国家实验室中公开使用。后来我同事给了我一份我的书的电子版!

互联网数据经常更新或者被删除。即使互联网数据似乎来自一个备受推崇的机构,而不是来自个人意见或博客,也很难猜测来源的准确性。从这个意义上讲,数据和"事实"与档案馆和旧报纸上的书面记录截然不同。在电子时代之前的案例中,我们可能能够对准确性和可能的偏差作出更好的价值判断。

最近有些报道颇令人不安,网上关于有影响力的人物的负面报道被删除了。如果说这些有影响力的人物是犯罪分子或者反社会分子,那么这个做法无可非议。然而,如果这些人因为他们现在有钱有影响力,就号称有权利掩盖以前的行为的话,就是完全不可接受的。只有在原始数据是假的时,原始数据才允许被删除,为了改善政治形象或犯罪形象,不可以删除原始数据。事实上,删除信息的例子似乎只涉及有钱有权的人,这一点很重要。

在社交网络(例如脸书)上,有许多信息是侵犯个人隐私、假话连篇或恶意诽谤,这种情况下删除并补救是合情合理的。但对于真正的新闻报道而言,任何为取悦富人或权贵而进行的有选择性的删除,正如战争中的胜利者或独裁政权所进行的历史改写。

对原始资料的最后一句提醒是,它可能不准确,不是因为原版是错误的,而是因为在多次引用中已被修改。这种情况不仅适用于进行过翻译和复制的文本,也适用于照片。光鲜亮丽的杂志上满是这类照片,原始照片被"修饰",瑕疵被粉饰。借助更先进的技术,扭曲真相变得更加简单,正如许多熟练的摄影师所知,现在可以对电子图像的逐个像素进行修改。一般来说,目的是改善图像的审美效果,瘦腰,往光头上增加头发,或者把不在场的人加进团体照中。有句格言说照片不能说谎,现在这句格言不成立了,我们在查看现代电子图像时必须谨慎。修改照片和电子文件的这种技能当然同样可以被用于犯罪或政治目的。

对安全系统的信心在很大程度上取决于谁可能通过访问它而受益。如果出于强大的政治或犯罪动机来访问、销毁或更改存储的记录,那么安全性将始终受到损害。安全系统由人设计,因此,如果一个团队可以编写相关软件,那么一个同样熟练的团队就可以入侵该软件系统。最近的案例显示,警方的监控摄像机也有潜在的安全缺陷。监控数据在商业"云"存储系统中进行备份,这些数据可能被许多警察部门合法访问,但是这意味着它们不能被非常安全地加密。因此,虽然"云"存储系统可能非常适合存储个人文件,但可能会被滥用和更改。在重大刑事调查中,相机证据理应得到更好的保护。

我已经提到加密在保护存储信息和通信中可以增加一道屏障。目前,加密可以轻松实现,因为破解加密需要大型计算机系统和专业知识。因此,为了保证个人安全,大多数政府都可以破解加密信号。政府传输的屏障更高,安全性也更强。在一本专注于介绍新技术的书中,有一种已经开发多年的计算技术被称为量子计算。量子计算很难实现,到目前为止只有在非常简单的演示中才能取得成功。但是,在将来某个时期量子计算很有可能会变得可行。一旦发生这种情况,人们就有可能破坏当前使用的任何加密代码。

技术与恐怖主义

武装冲突、侵略、扩大领土和缔造庞大帝国、强迫宗教皈依以及大规模屠杀持不同政见的人,显然这些都是人性的一部分,因为这些在整个有记录的历史中都有记载。在过去的几千年里,我们学到的教训显然很少,尽管许多人的生活质量有所提高,但根深蒂固的问题还在继续。作为我们技术进步的一部分,人类已经作出了很多努力,以制造更好的武器和更有效的方法来杀死和控制我们的同胞。我谴责此类进步,而我的谴责之词显然犯了一些错误,因为所有政府都为此提供资金,并且我们从未公开说政治家和武器制造商对权力和财富感兴趣,而不是替国家和人类的利益着想。为国防和主权而开发的武器和技术，社会各界都乐于接受,但事实上这些武器和技术并没有为我们的利益所用,反而迅速成为犯罪活动和恐怖主义的工具。从技术进步的角度来看,这些进步是显著的,但是它们意味着对社会稳定的威胁正在逐渐上升。恐怖主义是一项非常简单的活动。它没有规则,不遵守《日内瓦公约》准则,在虔诚的原教旨主义者的眼中,如果恐怖分子在恐怖行径中碰巧死亡,会被视为是上苍的奖励和通往天堂的捷径。

正是这一信念在中世纪激励了基督教十字军东征圣地(Holy Land)。支撑士兵们奔赴战场、英勇就义的信念是,这是一场公正圣洁的战争,牺牲者将在天堂来世得到回报。人们绝对难以置信的是,政治上驱动十字军东征的是所谓的宗教信念,因为参与十字军的人的宗教教义是宽容他人,冲突中的双方都说自己有理,所以也许这只是中世纪极端邪恶和反常的一面。

并非所有的参与者都如此天真,尽管报道较少,但是许多领导人在战争期间从掠夺和土地占有中攫取了大量财富。的确,一些十字军探险队对他们的所作所为更加坦诚。例如,一支来自威尼斯的舰队改变了行军路线,洗劫了君士坦丁堡等城市。

现代恐怖主义与几个世纪前的恐怖主义之间的区别在于,不是仅仅在爆炸或武装袭击中杀死一些人(袭击者本身也有潜在的危险),现代炸弹等武器的潜力允许一个人不分青红皂白地杀死数千人,并远程操控整个过程。借助网络,熟练的恐怖分子可以单枪匹马完成这一切,的确令人惶恐,因为这种方式可能在一个完全随机的场合中使用。此外,正如我们在2001年纽约世贸中心双子塔恐怖袭击中所看到的那样,实际的武器不一定是先进的军事装备,在这个事件中只是商用飞机。

这种"进步"正在形成一种难以对抗的趋势。更为重要的问题是,恐怖主义的心态仍然植根于刀、枪或炸弹等基本武器。它很少进化到理解并使用更具破坏性的化学或生物武器的程度。原因可能是生化武器不具备恐怖分子通常要求的可以推进其"事业"的直接宣传效果,或者他们可能意识到,一旦生化武器被激活,瘟疫或其他疾病的扩散可能无法被控制,在攻击目标人群的同时也有可能祸及恐怖分子自身。这些是极端分子或精神病患者可能会忽视的因素,所以我怀疑我们还没有看到技术驱动的恐怖主义真正阴暗的一面。

未来

我在前文提供的这些简短例子会令人不安,因为技术进步的主要受益者是犯罪团伙和恐怖分子。计算机犯罪、互联网犯罪和电子犯罪是一个正在成倍增长的繁荣产业,利润很可观。目前抓捕和起诉犯罪分子很困难,此类犯罪将继续增加。因此,社会的各个方面,从个人到政府机构,都需要极其谨慎。令我感到格外不安的是,在阅读和思考本章时,我可以设想在我们公开引用或讨论的范围以外还有更多潜在的犯罪手段和机会。出于显而易见的原因,我不能在此逐一说明。尽管我还没有转行的计划,但我明白为什么会有网络犯罪的诱惑,它们可能是由贪婪、政治、宗教或恶意行为驱动的,但毫无疑问,这是我们生活的一个方面。

第十二章

技术导致的社会孤立

技术导致的孤立

技术进步势不可挡，通常是可取的、有益的，但不可避免地需要人们付出代价。总会有许多人跟不上步伐，不能理解或应对新版本的世界，对他们而言，技术可能意味着社会孤立、生活不便和失业。在接下来的部分中，我将举例说明优秀的技术会如何影响和孤立各种人群。即便事实上这些变化通常被宣传为是惠及这些饱受折磨的人。然而好心办坏事的情况时常发生。

最容易考虑的是三个不同的年龄组，第一组是学龄儿童或青少年；下一组是处于工作年龄段的中年人；最后一组我将委婉地称之为长者。实际年龄定义过多取决于身体和心理能力，导致结果不够准确。在富人和穷人之间以及人们居住的地区或国家之间也存在很大差异。例如，英国人的健康、财富和预期寿命存在很大的地域差异，这些仅与技术部分相关。

对于所有人来说，第一个障碍是从体贴、聪明、富有的父母开始。如果在这方面很幸运，那么这些人可能很容易拥有一个收入很高的职业生涯。这些社会优势不仅可以提供舒适的生活方式，还可以延长人们的预期寿命。事实上,有一个简单的模式,即对于在类似的工作岗位上工作的人而言,平均收入逐步提高会导致预期寿命逐渐延长,健康状况更好。金钱不是唯一的因素,因为那些独立掌控自己生活的人,将比获得同等报酬但在工作和生活中完全处于从属地位的人活得更长。差异可能高达 5 年。饮食、当地的态度和遗传都发挥了作用。虽然整体趋势可能可以看出来,但会有许多人不符合一般模式。

在估计由于技术进步而发生的社会影响和变化方面有类似的困难。可以比较不同的人群,并监测预期寿命、收入、体型和健康等因素。这些往往是紧密相连的。它们可能会因改变生活方式以及国家和世界的整体状况而混淆起来。

因此,政府或学术研究经常会得出截然不同甚至完全相反的结论。技术的好处将完全主导某些人的观点,而其他人会认识到,某些人的利益总是以牺牲其他人的利益为代价来获取的。这里我就造成社会孤立的困境提出一些狭隘的看法。就数字而言,可能只有 10% 或 20% 的人口在经济、身体或社会方面处于不利地位,或真正遭受各种新技术的困扰。然而,在英国,这意味着 500 万—1000 万的真实人群(即相当于大伦敦全体人口的数字)在遭受这种困境。因此,我的担忧是有依据的,不应该被视为仅事关百分之几人口的小问题而被忽视。虽然这里我以英国为模型,但显然这一比例同样适用于全球。

所讨论的三个年龄组包含大约三分之一的人口。年轻意味着直到青少年时期结束,中间群体是那些可能参与就业的人(包括作为家庭主妇或其他家庭角色的就业)。"长者"是一个相当情绪化的术语,是态度和年龄问题,但至少对于英国来说,这可能表示那些退休的人,所以年龄大于 60 岁左右。这是一个积极的观点,因为在一些国家,"长者"严格说来从 40 岁开始(甚至更低)。即使是现在,很多人都会记得 40 岁时被称为"中年人";相反,根据他们的活动状态和心理态度,许多 70 多岁的人还不认为自己是长者。预期寿命的概念也发生了变化。例如，在香港，2016年出生的人预期寿命将达到84岁，因此很多人将活到22世纪。

年轻人和造成孤立的技术

对于年轻人来说，经常出现的是对手机和计算机带来的持续通信的痴迷。这不是真正的人类接触，因为电子设备不呈现区分威胁、喜爱、讽刺、幽默或双关语的语气，其中任何一个都可能被隐含在同一组词中。因此，偏见、误读文本或只听取我们想要听到的内容都很容易引发误解。

正如我已提到的，这些都是在机器人设计中要保留的至关重要的特征，我们必须认识到这些问题才能使机器人更具市场价值。然而在与人类打交道时，我们无视这些问题。对我们来说，电子联系使人完全看不到对方的面部和肢体语言，或对信息元素的反应，或者在面对面交谈中我们无意识散发的所有其他化学信号所带来的关键且非常有价值的信息和微妙之处。相反，这些机器通过一个被主观设计的设备给我们提供了平淡且并不完美的对话，它甚至不能传达单词和声音的真实能量和频率响应。虽然这是可行的，但显然我们觉得它太令人不安了。因此，电子对话意味着，我们最多只能进行部分接触，即使我们可以从任何有电话覆盖的地方进行。

尽管存在这一缺陷，但是当代人迫切需要联系那些实际上不在身边的人。这种痴迷似乎比与他们周围的人交谈更为重要。这种模式在咖啡馆中很明显：一桌桌的"朋友"使用手机在和其他人打电话、发短信或发电子邮件。

声音、视觉和身体接触不仅仅是成年人的需要，而且对在父母和婴儿之间形成家庭纽带和刺激心智发育(儿童和父母双方的)都是绝对必要的。不幸的是,电子通信正是在原本可以促进家庭感情的时刻破坏了这种生命信息的传递。这可能是无意的,但当成年人与朋友进行手机联系时,我们就开始孤立婴儿和小孩。很常见的场景是,父母边打电话边推着婴儿车,全然无视自己孩子的存在。

童年的最初几个月绝对是至关重要的,在此期间父母和孩子之间的交谈、目光接触和抚摸都会决定孩子的一生。没有这些互动,孩子的社交技能和心理都会受到永久伤害。一旦失去这个机会,就永远无法重新获取。因此,受损失的不仅仅是孩子,而且还有父母,乃至整个社会,因为我们还将抚养自己的孩子,他们会感到不受欢迎,不受关爱,不自信,无法正常交流。他们未来的育儿技巧同样会受到损害。

我怀疑父母与婴儿的疏远在 20 世纪增强的原因之一是,老式婴儿车让婴儿面对推车子的父母,然而在折叠式婴儿车的现代设计中,时兴的是让婴儿面向前方,背对父母,他们之间没有视觉接触。似乎有必要恢复早期的婴儿车设计或者将后视镜形式的一些"新"技术添加到现代的四轮婴儿车上。显然这个想法过于简单没有市场,所以我建议或许可以在父母和孩子之间加装一对屏幕和相机,这样婴儿和推车的父母可以看到彼此。

与仅通过其他方式传递的对话相比,个人接触的重要性很容易被低估。如果我们完全不以语言的语调来理解,很容易出现错误和模棱两可的情况。

书面歧义当然可以是有用的,有的是有意而为之的。有一次,有一个申请人递交的推荐信中说:"如果你雇佣他,你可就交上大运了。"我打了个电话搞清楚了推荐人的隐含意思,然后就雇佣了其他人。

当我们无法获得语音模式、语气、停顿、强度、拐点、音调或语速的变化时,我们就难以准确把握语意,这是我们通过文本和电子邮件进行日常电子通信时遇到的一个重大但却被忽视的困难。即使文本经过我们的仔细考虑,书面通信也不如个人直接联系,因为我们更喜欢口头交流。在未来私人机器人的真正高科技发展方面,现在已经有了详细的研究,重点是尝试制造能够响应我们情绪(而不只是一组指令)的机器人。这意味着他们将识别我们的声音音调、语速和音量的变化,以及我们的措辞偏好。例如,当对一个小孩,一个朋友,一个我们不喜欢或嫉妒的人或一个有权威的成年人说话时,我们会有意识地改变所有这些因素。一旦这种机器人语音识别成为常规可能,那么具有讽刺意味的是,我们可能更愿意与有同情心的机器人(或电子"朋友")进行对话,而不是与真人进行电子对话。确实,由于机器人的程序设定中将必然只有关怀或奉承模式,我们与他人之间将变得越来越孤立。

这么做是有明显原因的,因为我们可以确定电子朋友或机器人从不批评、冒犯或欺骗我们。因此,我们的个人价值感会被夸大,和它们在一起我们总是会觉得快乐。这是一种虚假的现实感,但对于许多人来说,它实际上将成为一种使人上瘾的习惯,因为它将不断提升我们的自我形象,并使我们的大脑不断释放血清素和其他快乐反应因子。机器人制造业的商业成功将随之而来,但个人的价值会随之降低。

随着孩子长大并上学,情况可能无法改善。现在,大量儿童在很小的时候就有了手机。毫无疑问,手机很有用,但对手机的依赖正在发展成对通信的电子成瘾的模式,并进一步削弱了手机用户进行人际交流的能力。从经济角度来看,同辈压力会迫使人们都拥有最新版本的手机(每年都是一大笔经济支出)以及目前所有流行的应用程序和游戏,加上家用电脑,还有更多的电子游戏。那些没有最新电子设备的人将会被视为社交弃儿。在学校里,孩子们的世界是一个严酷的世界。

与成人相比,年轻人做事不够靠谱,缺乏世俗的智慧,因此对于电子通信时代的陷阱和误导性影响毫无防备,因为这些有各式各样的伪装。首先,如果年轻人不经常与其他孩子接触,那么他们会感到孤立,感到被世人抛弃。联系的数量比联系的质量更重要,而且在很多情况下,电子联系人永远不能与真正花时间在一起而形成的友谊相提并论。这些网络还有更加阴暗的一面,因为孩子(和成年人)天真地在他们的脸书页面上发表随机的想法,或发布可能与他们的预期方式完全不同的匿名评论,或者无意识地随口说出一些如果深思熟虑绝对不会说出口的话。这些被广泛传播的评论可能是言不由衷的或断章取义的,但一旦发送,任何人都无法改变,因为第一印象最深刻,撤回或纠正已无济于事。

这同样适用于网络欺凌和造谣。这两种现象是真正严重的大问题,部分原因是它们可以是匿名的,还有部分原因是评论者也不理解评论的影响。更重要的是,这种行为很恶劣,因为这些评论通常是博客作者在面对面会谈时都没有勇气(也没有愚蠢到)去说出来的。儿童比成人更敏感,因此这些都是电子通信极具情绪化和破坏性的方面。网络欺凌是普遍的,会造成永久性的伤害,且难以阻止。

青少年期的孩子似乎特别容易受到以电子方式发展的友谊的影响,却没有意识到新的"朋友"可能与电子发送的影像完全不同。对方发来的照片和其他细节可能完全是虚构的。此外,有许多例子表明年轻人向他们的电子朋友轻率地发送了他们自己的色情图片。有些犯罪分子怂恿年轻人发送这些照片,因为它们被用作勒索,受害者若不给钱,他们就公布这些图片。精神压力迫使一些孩子自杀。这种利用他人性情单纯幼稚而进行的犯罪活动的数量和总规模很难估计,但似乎在增加。

总的来说,人们在手机或电脑屏幕(或电视屏幕)上花费的时间正在飙升,据报道在过去10年中翻了一番。来自英国和美国的许多详细调查一致证实,小时数正在稳步增加,尤其是对儿童和年轻人而言。这种与真实的人际交往的隔离破坏了所有相关人员的长期社会活动能力,但对于那些缺乏安全感、易受伤害的人或者来自无法提供其他活动的家庭的人来说,这是一个越来越分裂的陷阱。许多人花在电话、上网或看电视上的总时间是每天6—10小时,实在令人难以置信!许多孩子说他们在课堂上睡觉,因为他们在晚上不断盯着他们的网页,看看他们是否被提及。

不幸的是,这不是副作用列表的结尾。用电脑屏幕或手机来定义生活,意味着很多人总是保持不良姿势(大多数人都这样),这会破坏健康,造成眼疲劳,运动不足,还有长时间待在室内以及不良饮食习惯等后续问题。这导致21世纪近视人数显著增加,在西欧和北美都增加了约75%。毫不惊奇,在过去10年中,与父母在相同年龄段相比,年轻人的体质在历史上第一次显示出年轻一代不如父母那样健康矫捷的逆转。这是一个隐藏的问题,因为世界人口越来越多,有许多伟大的年轻运动员。他们的成就被高度宣传,而我们没有认识到他们只是极少数。与之如出一辙的是,有数百万人观看、讨论并关注足球、板球、橄榄球或棒球,但观众参与体育运动的方式就只是观看,而不是去运动场上参与其中。

体力活动和体能表现是可测量的,因此可以记录体能衰退,但是精神状态的变化和心理行为难以量化。由于依赖快速或肤浅的电子往来,深层持久的友谊的质量受到影响。许多人认为网络可以有效地找到会面、约会、婚姻对象或伙伴关系,但同样显而易见的是,有许多网站的目标是让人找到一个非常短暂的性伴侣。

另一个特点是通过互联网可以轻松访问淫秽信息、网络色情、电脑游戏和暴力电影。社会学家争论年轻人面对这些内容时会如何适应,但毫无疑问,对许多人来说持续观看这些内容意味着他们的道德标准受到破坏。结果是使人完全缺乏现实感,不能理解应如何对待他人,不能认识到战争不是满是炸弹、爆炸和枪支图像的屏幕游戏，而是涉及真实的人的痛苦和折磨。在军事训练中，现在已经用通过计算机接触暴力内容的方式来给部队灌输这种麻木不仁的态度，但是根本没办法把部队从去人性化训练恢复回正常的平民生活。因此，这种模式意味着对于其他人来说，接触暴力内容会使态度残酷化，显然无法帮助人回归文明社会。

继续往下看似乎会有重复内容，但是电子技术还是会有更微妙的破坏性影响。其中一个是，由于电子信息访问速度快，效果立竿见影，我认识的许多人（包括成熟的高智商人士）说，他们懒得去记住任何事情，因为他们总能从计算机链接中找到要用的信息。这个论点的弱点在于，因为他们没有必要努力去寻找和记忆某些东西，所以当他们回想相关话题时（或者想以渊博的知识打动他们的朋友时），信息并没有被牢固地记下来。依赖互联网资源的第二个方面是，主要城市以外的许多地方没有互联网连接。最后，令人懊恼的是，有一些包含非常有用的信息的网站已被删除，或者不再能访问，或者已更新，使得我感兴趣的信息已经消失。比如我在准备讲座时经常使用其他大学网站的科学课程（这是研究，而不是剽窃！），但后来，当我决定添加更多材料时，我发现数据源只在他们的课程期间开放。

孤立成年人的技术

对于成年人来说，电子系统和技术被称为"数字鸿沟"。会使用网络的人可以从通信和访问中受益，而那些不会的人会逐渐被孤立。在"会"与"不会"使用网络的分界线中，是收入和财富的鸿沟。对技术的依赖只会加大贫富差距，所以贫富差距正在不断扩大。此外，有许多人仅仅因为他们的地理位置而不能访问电子通信。因此，差距不仅仅来自教育或财富，尽管这些可能是最常见的原因。

在教育方面，互联网接入提供了以前在专业图书馆以外的地方无法获得的知识和参考资料。学习外语，或通过重播在其他地方播放或录制的节目，聆听各家激辩和音乐是显而易见的额外收获。互联网接入有助于获得各种知识，从学习拉丁语到了解诸如管道和天然气配件的新技术。进一步的优势是可以以便宜的价格购买商品，并找到关于这些商品质量的评论。互联网经济正是那些对穷人最有利的经济形式，但是如果他们负担不起技术费用或不了解这种技术就会失去这种优势。

他们同样无法访问只能通过互联网以详细格式提供的政府文件和信息。所得税、车辆登记和年度道路税、电子银行、联系天然气或电力供应商等的电子申报，都比坐在电话前耐心等待一个人回答琐事来得容易。

医疗和法律咨询是电子数据库的可用益处。还有一种趋势是，家用设备的服务手册和使用建议不再包含在商品中，只能在互联网上查阅。对于那些有访问权的人来说，这是非常好的，通常网上的说明比早期印刷的简要说明书更好。然而，对于那些无法访问数据库的人，情况就很糟糕了。

消费主义通过互联网进行传播，意味着人们的购物场所已从城镇和村庄消失，尤其是许多银行已经关闭。同时人们越来越依赖信用卡，而不是有形货币。这可能意味着收入有限的人将无法意识到他们的网络消费正在积累成为难以偿还的债务。如果这种超支导致他们已有的信用卡被关停，即使他们有互联网接入也会遇到重大困难。对于那些破产的人来说，这一障碍是一个标准难题。2014年美国统计数据表明，大约70%的可以拥有信用卡的人已经拥有一张信用卡，但是有大约7%的人申请信用卡时被银行拒绝，因为他们的债务记录不好，或者已经破产。

再次,统计学家可以从7%这个数字中挖掘出很多有用信息,但对于我们大多数人来说,它没有任何现实感。我们应该尝试用人数来思考它。例如,像伯明翰这样的城市(英国第二大城市,人口超过100万)。假设一半以下的人都是想要信用卡的成年人,那么7%的人就意味着大约有3万人申请信用卡被拒。这一大批人都很不幸,他们已经面临着贫困,并因为他们不是电子货币技术的使用者而面临更多困难。想象3万名伯明翰人的规模很容易,因为伯明翰市圣安德鲁斯足球场的座位就是3万个。这相当于一座美国的大联盟棒球场。

求职

如果有人在找工作,那么一些计算机技能和经验非常有帮助,即使这个工作不需要计算机技能。因为许多公司不再在报纸上刊登广告,用人方在就业中心发布网络广告,这样的招聘需要在线申请。在线申请工作可是一项没人想多多练习的技能,所以对很多人来说很难,因此他们很难展现自己的价值和能力,他们会低估自己并继续失业。因此,互联网招聘会惩罚那些没有学习计算机技能和接受相关培训的人。此外,真正的风险是用人方将通过文字和自我介绍的技巧(而不是根据工作的实际能力和背景信息)来评判应聘者。对于用不到这种计算机和自我介绍技能的体力劳动者来说,问题可能是最糟糕的。

不精通计算机技能的人面临的另一个限制是,在一些国家(特别是美国),现在可以通过计算机网络进行面试。对于没有经历过在线面试的人来说,这是一场灾难。在我看来,对于雇主而言,这也是一场灾难,因为他们可能没有意识到他们多么不擅长进行在线面试。当然,在线面试完全缺乏所有面对面的信息,这些信息在我们进行面对面交谈和决定是否与对方合作时至关重要。根据我自己的经验，为判断求职者的能力和适合性，书面评论和面对面交谈之间的差异大得惊人。

在这些情况下的输家都是在收入较低的岗位中，因为他们不太可能学习或能够使用必要的申请技能。他们的工作流动也要快得多。在更多以办公桌、办公室和商店为工作地点的岗位中，英国典型的 20—35 岁的人将每三年左右更换一次雇主。年龄较大的人换工作的频率更低，大约五年一次。实际上，除非员工通过大公司或公共服务组织取得稳定的职业发展，否则未来的雇主对那些在同一职位上工作超过五六年的人的态度不那么乐观。

这种在招聘、应聘和面试中对计算机技能的依赖，实际上直到最近 10 年才出现，继而普及开来，这一依赖性明显地在惩罚低收入群体和对计算机没有信心的工人。由于计算机并没有给雇主最大限度的选择空间，一旦雇主意识到计算机系统无法保证提供最好的雇员，填补职位空缺的模式仍可能有新的发展。

再一个我简要提到过的主题是电子学驱动更先进的机器人技术。这个领域的发展很快，并不仅仅局限于大型汽车制造商，而且在农业中同样明显，机器人可以完全自动地喂养牲畜和挤奶，或者在不需要驾驶员的情况下使用卫星导航控制的机器进行种植和收割作业。这一切完全由计算机驱动。

赞成这项技术的人认为，对于极其聪明和技术娴熟的企业家来说，这种机器人技术在经济上是可取的而且是巨大财富的源泉。这无疑是对的。他们对这项技术欣喜若狂，声称这意味着无聊、繁琐和危险的工作将不再需要人来完成，因此人们将有更多的闲暇时间。对于那些拥有财富的人来说，这也是完全正确的。这些技术人员未能认识到的是，企业家占人口的比例永远不会超过 10%，对于其他 90% 的人，成熟的机器人技术意味着失业。工人可能会失去无聊的工作，但至少这些无聊的工作提供了收入和目的感。机器人技术肯定会继续发展,但因它们的出现而产生的社会问题的规模尚无人触及。首先要认识这一点,机器人造成的大规模失业可能并非不可避免,但从过去几个世纪工作实践的历史模式来看,这极有可能发生。

获得快速通信的途径——谁真正拥有?

在前文中我已经强调了,尽管通信有很多好处,但我们对电子通信的依赖也存在严重的不平等和破坏性。很难理解这一点并预测它会将我们带向何方,因为快速的电子通信是 21 世纪的现象。难以接触电子技术与孤立和贫困相互关联,而且正负面之间存在冲突。快速通信的优势是显而易见的,但是像移动电话和互联网这样的系统并非普遍可用,即使在发达国家也是如此。

关于该主题的营销报告可能明显具有误导性,因为报告始终关注市面上最快的系统,而且这些系统主要限于大型城市。因此,有人认为90%的人口可以使用最先进的高速数据源,这种说法是扭曲事实的。现实情况是,在大城市中90%的社会经济群体足够富裕,可能可以购买高速数据网络连接并从中受益。然而在郊区和乡村的大部分地区绝对不存在光纤连接。

无线电和卫星覆盖范围同样不完整,有的地区的数据速率明显下降。卫星系统还有一个复杂的问题,即信号只能以光速传播,这会导致传输延迟。卫星系统可以传输语音,但是绝对不是理想的快速数据通信方式。

如果一个人走在英国的许多地区(不一定是偏远地区),他会发现无法访问卫星导航系统,因为移动电话网络没有(也不能)完全覆盖。卫星电话可能会有所帮助,但它往往很大并缺少许多正常的电话功能。

没有宽带接入的输家立即显而易见,而且从美国的统计数据中可以清楚地看出。这个国家地域广阔,所以宽带服务在农村地区不可避免地质量不好。此外,有线电视公司数量有限,这意味着他们必然要收取高昂的使用费。因此,那些穷人或生活在偏远地区的人将被排斥。

此外,他们还无法获得视频点播、在线问诊、知识、数据库、在线课堂学习等各种服务项目。对于美国社会中较贫穷的成员来说,可负担得起的电子通信质量会很慢而且低于我们认定的正常标准。不幸的是,这种情况只会变得更糟(例如,如果他们被迫要使用在线职位申请)。因此在教育和机会方面,有钱的人与没钱的人之间存在鸿沟。最近的调查称,年收入低于2.5万美元的美国家庭中,只有40%的家庭接入了有线网络。相比之下,年收入超过10万美元的家庭中这个数字远远超过90%。美国的这些数字与种族密切相关,白人家庭安装网络的可能性比非洲裔美国人或西班牙裔家庭高出约50%。

总体而言,近30%的美国人没有接入有线互联网。这一现象部分原因是有些人购买不到互联网接入服务,部分原因是智能手机更便宜。然而,智能手机操作速度较低,数据下载可能需要十倍的时间。通过手机下载大文件可能还有额外费用。价格也不低,因为每个不同的公司经常垄断一个地区,而且可以任意提高快速服务的价格。

这绝对是美国体系的弱点。至于其他国家,从日本到瑞典,政府对价格进行控制,高速网络服务也受到更多客户的青睐。

因此,美国的数字鸿沟正在加大。尤其是我们的调查显示,家庭教育背景较低的贫困儿童观看视频或玩电子游戏(通常同时进行)的时间几乎要翻倍。在英国,情况也很类似,但总的观看时间略短。不幸的是,问题可能正在恶化,而且情况不会好转,除非有更多受过教育的人,他们会需要比仅有电视和视频更好的服务。这些困难导致个人和国家受到潜在的威胁。

移动电话无处不在,但在某些方面比大屏幕和计算机键盘对健康更具破坏性。更多美国的调查显示,青少年每天发送或接收约 100 条短信,每月发送超过 2000 条短信。英国的情况也差不多,每月总共有大约 14 亿条短信。接收短信对健康有潜在的不利影响,如弯曲的脊柱加之视力疲劳,手腕和拇指损伤(大约 40% 的重度短信用户受到影响)。其他现象包括拇指关节替换手术(与发短信相关)数量和短信成瘾的人数迅速增加,还有一些人出现心理上的不安全感、抑郁和自尊心变弱。这些特征在全球所有主要国家都有报道。

老年人的电子通道

在年龄段的顶端,由于财务限制而存在同样的网络访问问题,但是使这一问题雪上加霜的是许多老年人在年轻时没有使用过计算机。因此他们被计算机和互联网吓倒,缺乏学习信心。他们可能还会担心成本,而且在许多情况下无法区分与他们联系的人中哪些是善良的,哪些是诈骗犯,非常容易成为电子犯罪的受害者。他们可能同样容易被遇到的人欺骗,但电子邮件的书面文字似乎更具欺骗性,而且无法通过视觉接触来感知这个人是否诚实可信。因此老年人使用电子通信时要慎之又慎。确实,这很重要。

如果以为只有老年人不上网就大错特错了。2014 年英国的数据显示,五分之一的成年人从未使用过互联网。四分之一的人家里没有电脑,而对于 25 岁以下的人来说,互联网的使用率远远超过 90%,65 岁以上的人使用电脑的比例下降到 40% 左右。第一个猜测是,以后几代人会掌握更多的计算机和网络知识,所以 40% 的比例将提高。我认为这一猜测不完全对,技术的进步比人们学习和变老的速度要快,所以在新技术发展的推动下,穷人和老人更加被孤立也不无可能。

第二个困难是伴随着年纪变大,人的智力受损,因此计算机的使用对许多人来说变得极具挑战性。一个发人深省的想法是,在英国和美国,每个国家都有大量身体受损的人,仅仅是饱受阿尔茨海默病折磨的人就各有约 500 万。对于英国来说,500 万几乎是人口总数的十分之一,差不多影响到每个家庭。随着预期寿命的延长,生活困难和护理的净效应正在上升。

通货膨胀和自我孤立

老年人,特别是那些已经退休并靠养老金生活的老人,其根本困难在于,他们的思维方式适合年轻时的收入和生活成本。因此,他们认为有形商品和无形服务以及软件等产品都非常昂贵。一个正在工作的年轻人就会认为这种消费价格是合理的。这是不可避免的,因为对于现在已经退休的人来说,通货膨胀已经完全扭曲了他们对价格的理解。例如,如果现在 70 岁的老年人仍然以青年时的物价和收入来衡量当前的物价,0.5 升啤酒或一条面包的成本将增加 50 倍。平均工资很可能与此相符,但这并不是我们看待价格的方式,因为我们对物价的理解被我们第一次体验物价时的记忆所感染。房价当然更难以接受,因为房价涨幅更大。老年人花钱时精打细算是不可避免的,因为他们意识到他们的财务状况不太可能会改善,即使现在够花。

这种观点不利于一个人保持在计算机和互联网时代的最前沿。对于那些只有国家养老金的人来说,一个软件包等于几个星期的收入。对于这类人群,还存在一个危险状况,即不购买软件而是连续按月付款租用(即使只是非常偶然使用)。对于国家的经济健康,这是一个不好的举措,可能需要立法来封杀这些产品,特别是用这种租用软件的方式处理的文件、信件和照片,不应该可以再被访问。

我对这个问题感到担忧,对于大型公司来说,租用软件可能是可取的,如果这是一个广阔的市场,那么软件和服务提供商会将租赁视为创收的有效途径,而不会担心临时用户(特别是如果用户只是老人或穷人)的存在。

计算机和智能手机的现实问题

老年人不使用计算机不仅仅是因为不愿意学习新技能,而且还因为一个原则"没它也行,所以我不需要它"。老年人经常不知道或不愿意网购,因为他们不了解网购可能省钱,更不能接受在购买前看不到产品。

不幸的是,许多组织鼓励老年人进入计算机时代的努力是喜忧参半,因为许多进步最初都是值得的,但最终将达到他们极易遭受网络犯罪和恐吓的程度,正是因为他们没有充分应对与允许电子访问进入自己生活相关的挑战和威胁。

显然,计算机和电话对老年人最主要的困难在于视力,因为他们不能长时间聚焦于电脑屏幕,或者视力已经模糊。计算机是由年轻人设计的,适合年轻人。产品所需的视力和手指灵巧度是根据年轻人的情况来设定的。相比之下,老年人舒适的打字字号至少为 14 磅的字体,键间距和按钮尺寸需要比标准键盘的大。如果现有键间距和按钮尺寸增加约 50%,会有所裨益,但很少有人意识到这一点。此外,迫切需要提供更多屏幕颜色以供选择。我们的色觉随着年龄增长而变化(不仅仅是感觉不到光谱的蓝色末端),而且还要区分不同的色调的能力也在变化。

我仍然非常宽泛地使用"长者"一词,因为在英国可能认为这个概念适用于比我们年长 20 岁的人,当然还有任何退休的人(超过 65 岁)。

然而,作为衰老的一部分,即使精神状态非常好,身体状况也会下降。通常情况下,手指控制能力每况愈下,因此触摸屏使用起来很棘手,当然对于那些手大,或者一生从事体力劳动而且不熟悉打字或计算机的人来说,缺乏灵活性会使他们更加受到孤立。这些都是计算机和手机应该有大键盘的原因。

老年人和手机

现代手机有键盘和屏幕,其中对于老年人而言,打字字体太小且键触点太敏感。问题在于视觉和僵化的动作方面。视力衰退和僵硬的手指是衰老的正常结果,因疾病或衰老而手抖使这些问题雪上加霜。白内障和黄斑变性也很常见,大约有一半 70 岁以上的人受其困扰。因此,很多人使用电子通信受阻。固定电话按键特别大,预编程的一键拨号可以用于紧急情况或特殊联系。不幸的是,市面上很少有配有大键盘的手机。我看到的所有广告似乎都是关于非常基础的手机,手机里没有任何"年轻人"手机中那些好的应用程序。

手机制造商几乎没有意识到老年人手机的市场机遇很大。我看到的老年人手机样品中,通常数字非常大(这很优秀),但短信的字体没有增大,或者在某些情况下似乎显得更小了。对于年轻的手机设计师来说,这些字母可能已经很清楚,但对于目标用户来说远远不够。显然,手机设计公司需要雇用老年顾问并解决这些问题。

大手机很少有智能手机的许多功能,因为太多的应用程序会让人感到困惑。因此,用户无法设置常用的显示项和功能。

我生活的城市中有需要大键盘和大屏智能手机的例子。停车收费表正在被智能手机应用程序取代以支付停车费,因此,我现在知道有许多人认为他们无法开车进入城市,因为他们没有,不需要,抑或买不起或不会操作必需的智能手机。

老年人因手抖而无法操作手机的一个解决方案是通过语音识别来绕过这个问题,无论是向手机下达命令还是文字输入。语音识别软件在过去几十年中有所改进,但肯定存在许多初始问题。尤其是语音识别软件是由年轻人设计的(通常采用加利福尼亚硅谷地区的口音),然而对音调较高的女性和儿童,以及对老年人或其他口音的人来说,错误率很高。后一个问题也会影响那些说方言的人或使用外语的移民。

从许多这样的例子中的通信行业得出的总体信息是,一旦你退休、失业,或处理小手机有困难,那么电子世界的其余部分已经遗忘了你。在老年人比例增加的社会中,这是不可接受的。这也是一个非常糟糕的商业策略,因为有很大的市场机会可以销售适合老一代人群的产品。唯一值得安慰的是,随着时光的推移年轻的程序员也将进入老年群体,并可能发现自己同样被孤立。

对于一个年轻人来说,50 岁以上的人被认为是老年人,到 70 岁时他们仍然健在似乎令人难以置信(记得我在 20 岁的时候想的也大致相同)。现实情况是,目前英国约有 2200 万人超过 50 岁,其中 1450 万人超过 65 岁,超过 75 岁的达到 250 万人。70 岁身体仍然健康的人数的统计数据相当令人鼓舞,大约会有一半 70 岁的健康人群将活到 90 岁。百岁老人仍占少数,但按百分比计算,他们在过去 50 年中增加了 10 倍以上。

我要表达的是,年轻的电子设计师不仅要关注他们自己的年龄组,还要关注退休人群中超过 2000 万人的市场需求。从这个角度来看,2000 万是苏格兰人口的 4 倍,或者比大伦敦地区的总人口还多。手机营销策略和同辈压力很可能针对 15 岁以下的人群,因为这个群体数量庞大且易受影响,他们愿意购买最新版的手机,但纯粹的数字显示 65

岁以上人群的人数远远超过年轻人。这可能不是杂志和其他媒体呈现出来的形象,但在销售机会方面,手机厂商应该将其主攻市场定位为提供专门为老年人设计的电子设备。此外,价格要合理,因为许多大按键手机的价格比同等的小型手机更贵。

联想式输入法

人类在信息技术领域付出了很多努力,向手抖的人提供帮助的一个相当明显的方法是使用联想式输入法。通常联想式输入法在使用键盘时更容易,因为联想式输入法提供触摸屏上通常缺少的感知和反馈。触觉反馈对于手指控制能力较差的人来说是必不可少的。这里仍然存在年龄歧视,因为联想式输入法是为年轻人设计的,并由年轻人设计的。大多数手机上的联想式输入法是老年人所不适应的语言和风格。如果我使用联想式输入法,我会意识到我不再年轻。英语中的联想式输入法需要塑造和推广,以产生与不同年龄组和社会形态的风格相匹配的替代联想模式。每个年龄组使用的语法、词汇和俚语都不会相同。

这当然不是一项艰巨的技术挑战,因为已经存在更复杂的联想式输入法。例如,正如之前简要提到的,中国的联想式输入法使用 26 个字母,基于拉丁语的字母拼写拼音(用于制作普通话的声音变体)。汉语联想式输入法在人们输入一两个字母后切入,从 5000 个主要汉字缩略集中筛选最可能的中文汉字(特殊汉字需要更完整的拼音)。人们只要选择预期的正确汉字。联想式输入法为中文汉字提供了非常快速的文本输入路径,实际上它比正常输入更快。在接收信息的移动设备上,短信以普通话显示。然而,如果观看者是老年人或视力不佳的人,则会在小屏幕上再次遇到严重的汉字识别问题。

因年龄对声音和光的反应发生变化

身体灵活性下降并不是衰老的唯一负面变化。我们的声音、视力和听力也会受到衰老的影响。通常,我们对声音的敏感度从 20 岁到 70 岁不断下降,差距可达 1000 倍(30 分贝)。这不仅仅是音量损失,对高频声音的敏感度也会急转直下地降低,因此声音(和音乐)的特点会发生变化。许多老年人不能听到鸟鸣声和对年轻人来说明显响亮的噪声。这是标准的衰老效应,但对于现代人来说,有意识地暴露于大音量下会加剧这种情况。因此,移动电话、收音机、电视这类电子声音设备还有很大市场空缺,需要在整个频率范围内根据老年人的要求对声音的感官变化进行补偿,但是在标准设备上很少提供这种补偿。仅提高音量是不够的。

作为一名音乐家,我认识到我的听力同样显示出衰老的迹象:对音量和高频声音的敏感度都在下降,因此多年来我听到的音乐的特点发生了变化,听 CD 时只能设置更高的音量。我的听力一度很好:我清楚地记得当我看书时听到一只中等大小的蜘蛛爬过离我 3 米远的木地板的声音。那时我已经 30 多岁了,实际上已经过了顶峰敏感期。现代人 30 岁时甚至可能从未经历过这样的声音敏感度,因为通过耳机或扬声器播放的高强度音乐,去迪斯科舞厅、用其他技术驱动的音响系统,以及城市交通噪声等都会快速导致永久性听力受损。就敏感性而言,现在许多青少年的听力都不如早期农村几代人 70 岁时的听力。这种由技术造成人类关键感官能力的丧失确实是现代技术中最阴暗的一面。

人们应该批评由人类活动和技术引起的听力损失,因为它不是一种新现象。例如,人们早就知道那些在维多利亚女王时代嘈杂的工厂工作的人很快就会失聪。立法在工业层面会有所帮助,但是没有立法可以阻止我们通过耳机或扬声器收听过度嘈杂的音乐来毁灭自我。

技术、色觉、老化

在色彩领域,老年人遇到的问题被设计和销售电子设备的年轻工程师所忽视。色觉随着年龄增长而变化。我们对光照强度的敏感度也是如此,正常、健康、成熟的成年人与儿童相比需要更高的光强度,面对散射光和眩光会遇到更多问题,他们对光强度变化的反应较慢,对比敏感度和颜色辨别力也差得多,而且判断距离或专注于小字体的能力降低了。

对于许多人来说,特别是老年人和白内障患者,电脑屏幕会发射相当强的眩光。技术手段可以轻松缓解这个问题:(1)将背景从亮白色改为其他色调(例如淡绿色);(2)戴偏光眼镜,因为电脑屏幕光线强烈偏光,眼镜会使背景暗淡下来;(3)通过彩色滤光片看屏幕(例如尝试透明着色包装纸)。缩小颜色范围可以最大限度地减少观看时的色彩模糊。窄色滤镜也可以帮助一些患有阅读障碍等症状的人。

我们发现视野中的变化的一种迷人方式,是使我们的眼部肌肉不断跳动。如果我们凝视一个物体,那么我们最初的视野中的物体会在短时间内消失!这种集中注意力观察变化的需要是生存本能的结果。年龄较大的人的眼部肌肉较弱,眼部肌肉跳动速度下降,随之而来的是观察到的细节在不断变化的场景中丢失。

在强度方面,70岁的人需要3倍或4倍于20岁年轻人所需的光照强度。具体倍数在整个光谱范围内各不相同。与声音一样,较高频率范围减少最多。对于光线,这意味着我们对蓝色的敏感度下降得比红色更快。粗略地说,对蓝色的敏感度在10岁到20岁之间减半,到40岁时再减半,到70岁时再减半。非常不幸,虽然半导体光源的技术进步让大家交口称赞,但是在应用中,重点往往是技术创新和新颜色,而不是用户。因为现在可以制造蓝色发光二极管,它们被整合到从床头钟到电视显示器和收音机的各种设备中。

就视觉而言,使用蓝光是非常糟糕的选择,因为对于许多人(不仅是老年人)来说,当文字被嵌入黑色塑料背景时会显得很模糊且难以阅读。对于老年人来说,通常在蓝色 LED 显示屏上看不清时钟和显示器的信息。绿色是理想的,因为绿色是我们最敏感的颜色区域。我们已经进化到可以有效对绿色作出反应,因为绿色匹配来自太阳光透过大气的峰值颜色信号。

许多 CD 和电视显示器上的另一个技术问题,是控件被嵌入黑色塑料背景中,因此具有最小的对比度(任何年龄的用户都难以辨别)。最初,我认为这是一个设计特征,但是现在我意识到塑料制作过程会导致无法控制的黑色斑点,因此使用白色背景显示器时会有更高的残次品率。显而易见的大规模生产解决方案是使用黑色塑料,这样斑点就看不出来了。因此,整体而言,显示器的显示质量已经被生产技术所约束。

我想就市场营销和显示技术未能解决所有人的问题发表两条评论:首先,严格说来,大约 10% 的白人男性是色盲;其次,也许有一半的老年人患有不同程度的白内障。称其色盲实际上是用词不当,因为色盲要通过模式识别进行评估,例如,辨别被嵌入背景中的彩色数字或图片。对于"标准"眼睛的响应,颜色模式可以显示图片或数字,例如 8。对于那些对整个光谱的颜色具有不同敏感度的人,模式识别将是不同的;他们可能无法看到图像,也可能看到的是 3 而不是 8。

我特别注意到这一点,因为我没有通过标准测试,但这是因为我对红色的反应特别好,比正常人要好。因此,我的色彩敏感度绝对适合匹配颜色和欣赏彩色图像。看到色彩时我乐在其中。很多其他人的情况和我类似,但是他们被贴上色盲的标签,所以他们不应该有被剥夺感。事实上,我们可能有理由有优越感,因为我们有更大的光谱范围。例如,在有雾的条件下驾驶汽车时,对红色更敏感的反应能使人看得更清楚,因为红光的散射比波长较短的蓝色和绿色要小。

有些人视网膜中真的缺乏对颜色起反应的锥体结构,所以他们的世界是黑白的。虽然他们无法享受看到许多颜色时的乐趣,但是他们也是有补偿的,因为他们有更多的杆式探测器(在视觉中负责黑白对比)。杆式探测器可以比彩色探测器敏感 100 倍,因此他们的整体光敏性可能远远优于其他人群。

白内障很常见。白内障不仅会导致视觉模糊,而且会强烈吸收光谱蓝端的光线,因此随着白内障病情的发展,眼前的图像逐渐变为黄色,然后变为红色。对于任何希望了解病情如何发展的人,我建议您登录网站,查看莫奈(Monet)的画作。在他的花园里有一个小池塘和桥梁,他画了很多年。他的画作非常准确地描述白内障病情的发展。精细的细节渐渐变成了非常粗犷的笔触,色调逐渐变为红色。最终他通过手术移除了白内障,并被他自己之前的画作吓坏了,但在医学上这些画作是白内障病情的精彩记录。

虽然有一个清晰的市场(可惜许多显示器并不"清晰"),但是这些生产现代显示器的人似乎还不了解这种颜色呈现的微妙之处及其所需的修正。

设计师会为老年人调整电子产品吗?

老龄化的现实意味着与年轻人(设计师的年龄组)完全兼容的物品可能对老年人来说是劣等或不够好的。这需要设计师认清现实,改变理念和动机。到现在这一切都还没有发生,但我满怀希望,这不是出于无私的原因,而是因为发达国家的大量老年人,以及"灰色"英镑、美元和欧元的力量。有一个庞大而有购买力的市场未得到满足。

先进的医学中心

技术进步不局限于电子产品,不幸的是,技术进步孤立社会弱势群体的倾向在其他领域同样明显。这里再举一个与穷人或老年人有关的例子。医学是资源的主要消费领域,而且有一种趋势是将有专业知识的医学人员和昂贵的设备集中在有限的几个地点。这样做的逻辑和经济学原理是非常明显的,因为提高了技术人员的利用效率。然而,这意味着患者需要有足够的体力移动到这些"当地"卓越的医疗中心,但按照这些中心对病人的定义,所接收的病人是无法自己前往这些医疗中心的。因此,总体效果是技术进步已经把病人从所需要的医疗保健资源中孤立出来。

在与当地老年人护理组织讨论这些问题时,我得知他们完全被这些困难所难倒。距离仅几千米的当地医院现在已将许多专家组搬到距离该镇约 40 千米的专业中心。这个专业中心不能通过公共交通直接到达(即使假设患者有足够的体力使用公共交通工具)。前往医院新址,需要倒三趟巴士,单程需要两个多小时。此外,该中心在早上 8 点开始接受预约,患者不可能乘坐公共交通到达,因为这两个地区只有通过班次表时间不交错的几班公共汽车相连。因此,卫生组织必须资助出租车或私家车司机以单程方式运送病人。卫生组织表示,这超出了他们的预算,或大多数患者的预算。总体结果是,很大一部分人无法得到治疗。

对于许多老年人、贫困社区成员或不住在大城市的人来说,这一情况也普遍存在。医院领导层的主观臆断加剧了这一问题的严重性,这些管理层成员往往更年轻、更富裕、有汽车,或生活在可以使用移动公共交通工具的大城市。

这一问题不是个例。我在当地听说过其他例子,过度拥挤的医疗服务机构已经将患者转移到距离大约 140 千米、需要 3 小时才能到达的医疗中心。对于所涉及的养老金领取者而言,路费和路上的困难意味着许多人无法得到治疗。

我们能改进吗?

前面的例子说明,在生命的每个阶段,技术进步对不同年龄组都有负面影响。在所有情况下,穷人、弱者和老人受到的负面影响比其他人要大。虽然它确实正在发生——事实上这一直是整个人类文明的模式——不过目前尚不清楚它是否比过去更糟糕。变化的速度有所加快,对困难的意识也有所提高。因此,尽管目前生活中存在明显的困难、贫富分化、健康的人和病人之间有隔阂、年轻人和老年人之间有分歧,但是我乐观地认为人们会继续努力解决问题。我相信,在某种程度上,为老年人设计的商品拥有广阔的市场空间。

第十三章

消费主义和淘汰

淘汰和市场营销

在人类以外的动物世界中,生命的主要驱动力是食物和性。性驱动是雄性之间为雌性打架的动力,所以我们圣诞卡片上的知更鸟的形象有误导性,因为大约10%的雄性知更鸟在争夺领土和雌性的打斗中是杀手。人类也有同样的本能,只是文明这一层虚饰为我们的问题增添了另一层东西——财富和财产。因此,技术侵入我们的生活,优质技术提供更好、更理想的产品,我们需要它们。这意味着我们需要金钱购买新产品。有一首歌的歌词里说,金钱是万恶之源,这句话也许不完全正确,但对于大多数人来说,无论贫富,金钱都是优先考虑的问题。

社会地位和形象

富裕国家通过巧妙的营销手段和消费理念生存下来,但是其不好的一面是产生了大量的过时产品和不幸被孤立的社会群体(如前一章所述)。如果我们想要走向一个拥有长远未来的美好世界,那么一个目标应该是尽量减少浪费和淘汰。这可能看起来不合时宜,因为政治家和媒体都提出了如何增加收入的想法和建议,但是很少有人认真考虑或提出如何节约或为什么要节约。在政治上,原因是显而易见的,因为它几乎没有投票吸引力。同样,一般媒体和商业电视也需要广告资金。我怀疑我是社会中的另类,因为我对新技术的大多数广告都不感兴趣,而更关注未来。

可以接受的或商业推动的商品淘汰

商品淘汰可以分为几类。第一类是被更好的物品取代的产品,或者是一种可以消除与原产品相关的问题的物品。这种淘汰是好的。现在没有人会考虑建造一个冰屋来作冰箱,我们也不会主动选择购买一辆50年前的车在日常生活中使用,除非我们能够维修保养这辆车并从中获得乐趣。在设备和商品方面,无论是汽车、服装还是洗衣机,货物都会老化、磨损、腐烂,需要更换。这是不可避免的,我们也会变老、衰退或生病。确实可以通过真正的进步来推动淘汰,而就电子产品而言,我们可能会接受这些改进,为丢弃旧设备提供了正当理由。

同样,如果我们有自信和坚强的性格,那么就可以选择抵制,或跟随时尚达人所鼓吹的时尚变化。因此,正如我们可能选择的那样,时尚也属于可接受的淘汰。

强加于我们的故意淘汰要么让人不爽,要么让人不可接受。例如,我们在超市购买拖把,可是不久之后发现可替换的拖把头买不到了,因为超市已经更换了供应商。真正令人无法接受的例子是,我们不再拥有选择的自由,并且我们不得不丢弃足以满足我们需求的事物。

如果一种技术产品的消费者不了解这种产品工作方式的细节,那么在生产层面,同样的情况也可能会发生,但却是隐蔽的。例如,光纤通信迫使有线电视公司的信号容量在最多一年的时间内就能翻一番。

现有的技术很少能够通过简单的升级以应对这种变化,因此唯一的解决方案是发明新技术。不过这需要花费时间、相当大的努力和投资,因此在这些新技术也必须更换之前必须收回开发成本。开发新技术和收回开发成本的速度至关重要,因为任何延迟都可能让竞争对手抢占市场。

唯一务实和现实的解决方案是忽略早期的系统并采用新的系统。这同样可以造成淘汰,对光纤技术和基础科学的许多领域来说都是这样。公众并不能深刻体会到发展层面上持续的绝望,然而新技术不能交付将导致互联网流量拥堵和混乱。尽管到目前为止,这种流量超载大多已被避免,但不可避免地还会发生。然后我们需要全面审视并重新考虑什么是必要的互联网流量。也许给用户带来的一个额外好处是我们可能会采取措施阻止垃圾邮件和主动广告,因为这些垃圾邮件和广告估计超过电子邮件使用量的一半。也许更高的费用结构会严重打击垃圾邮件和未经允许的广告邮件,但是仍然能为有线电视网络公司创造收入。

我们应该对远程通信技术的持续发展交口称赞,而不是一味批评。历史上,通过旗语或反射日光发送的视觉信号,每个图案耗时大约一秒钟。因此拼写一个由 60 个字母组成的句子可能需要一分钟,这是不到两个世纪前最前沿的技术。莫尔斯码电报机的电路,在 19 世纪中期将传输速度增加到每分钟 200 个字符。20 世纪技术向无线电和电视的阀电子电路的转变代表了进一步的发展,每分钟传输的信息增多了大约 100 万倍。现在的半导体电子产品与现代光纤通信,每根光纤传输多达 100 个信道,每个信道的数据速率超过每秒 1 亿。因此,在 200 年内,通信效率已经提高了 10 000 亿余倍。这一进展令人刮目相看,这是通过完全抛弃早期方法和发明新方法(即控制和有意识地淘汰)来实现的。不幸的是,我们公众已经在更多领域应用通信技术,而且我们的需求的增长速度已经超过信号容量的增长速度。因此在不久的将来,出现流量拥堵或信号崩溃的可能性越来越大。

移动电话信号容量存在类似问题,特别是因为每天传输的数百万张照片。由于照片的预期寿命通常以分钟为计量单位,因此这不是对该技术的有效利用。总有一天人们可能会对数百万人查看的许多博客和其他社交媒体网站发表类似评论。

对我们的数据传输进行的监视,例如政府为了安全扫描电子邮件和互联网流量以查找与恐怖主义或犯罪有关的关键词,进一步扩展了通信系统。即使我们不喜欢这个做法,监控还是比较有效的,所以在实践中是合理的。相比之下,为了解个人癖好和生活方式进行电子窃听则是不可接受的侵入。在这种情况下,文档数据被用于自动推送相关的商业广告。但是,这两种类型的监视应用程序都大大增加了互联网活动。更令人讨厌的是,这种入侵目前不仅来自本国政府,而且还来自其他国家在我们的内部邮件和国际电子邮件等方面的操作。

不太明显的淘汰是由制造产品的质量引起的,尤其是诸如汽车和双层(或三层)玻璃之类的昂贵物品。我们关于理解质量的唯一明显线索就是保修期。我认为保修期短意味着产品质量很差,而保修期长则意味着更好的质量预期。如果保修仅适用于购买者而且产品通常在保修期内被转卖(例如,房主搬家了),则我们可能需要更加谨慎。保修是一个合理的指导,但并非绝对可靠,例如,以非常低价出售的高度受欢迎的汽车型号,就是因为在防锈等方面削减了成本。对新车而言,这并不明显,但对旧款的汽车,当这种情况发生时,价格缩水的模式就会显现出来。

制造商很少会说他们的设计是故意使产品早些损坏,但是他们的做法使消费者不得不在短期内再买新的。一个罕见的诚实例子是,我的一个朋友有一条运河船,他买了些看起来质量不错的新绳索防撞板,然后问生产工匠他们是如何持续经营的。工匠承认如果产品长期不易腐烂的话顾客就不会买新的,所以他在制作时会在其中加入一些石灰!

不等产品落伍就换新的

制造商驱动的淘汰是由计算机操作系统市场和计算机软件市场强加于我们身上的。计算机操作系统和软件市场可能反映了技术的改进,但是对于许多人来说,替换软件包中的额外功能是非必要的。我谨慎地选用了"可能"一词,因为新软件提供的改进通常是不需要的,而且我怀疑对于大多数人来说,我们根本用不到软件包包含的各种噱头和处理能力,或者我们甚至可能都没有意识到它存在于我们运行的软件包版本中。

唯一明显的效果是新软件似乎效率更低,因为它占据了更多的计算机内存,需要频繁更新(大概是为了修复已被发现的错误),这也意味着某些早期程序已不能运行。通常它会导致整台计算机运算能力不足,迫使我们更换计算机,换用新的操作系统。移动电话和软件的更新换代,试图促使我们在一年或两年的时间内购买新的。

升级、格式更改和新访问设备的真正令人恼火的问题是,我们的文档是以早期格式存储的而且需要使用早期软件读取,在软件升级后可能突然变得无法访问。无论软件公司认为我们多么应该将所有内容更新为新格式,这都是不切实际的。曾几何时我们所有的商业信函、银行详细信息和家庭记录都可以被安全地记录在纸上,保存在橱柜里,虽然我们极少拿出来翻阅(例如遗嘱认证),但它们毕竟被安全地保存着,不过所有存储在软件中的这些数据都无可挽回地丢失了。更糟糕的是,熟练的黑客可以访问当前存储在软件中的文件。当软件和格式发生变化时,电子存储的照片也将丢失。我之前引用的关于网络犯罪的例子以及对此类事件的担心,应该同样使我们关注仅以电子方式存储的任何记录的长期安全性。

我承认,一些更新是必不可少的,但是最近关于一个主要操作系统的发现显示,它在抵御非法网络入侵时存在固有的缺陷。该缺陷在被发现之前已经存在了 20 年,这一问题的暴露极大地打击了我们的自信心。从外部访问我们的私人生活、计算机、数据和参考资料显然成为一个日益严重的问题,无数大公司和政府机构安全系统被入侵的国际案例更突出了我们普通用户的脆弱。这并非毫无根据的偏见,前面我已经引用了克里姆林宫为了安全而花费 5 万欧元购买电动打字机的例子。我们不应该忘记用手写分类账簿记录的银行业务细节已经存在了几个世纪,历史文件也存在了几个世纪。也许手写分类账簿和账本将迎来新市场。

军火和战争

虽然经济驱动的淘汰既浪费资源又浪费资金,但是现在它已经在世界各地扎根。经济论据推动它向前发展,理由是我们需要它不断推动和扩大销售和生产。社会各阶层都忽视了这种做法的不可持续性,对新颖性和即时满足感的需求使我们忘记了为后代着想。

如果贪婪和消费主义是我们唯一的错误,那么人类可能会有不同的发展。不幸的是,就像那些漂亮的小知更鸟一样,我们会完全肆无忌惮地杀死我们的同伴。这些不仅仅是杀死其他动物以谋食(如果我们是狮子或北极熊,完全可以接受,且别无选择),还杀死了人类同胞。贪婪正在驱使我们抢占他人的土地和财产,把我们对世界的看法强加到他人身上。这包括奴役,把其他意识形态或宗教生活方式强加到他人身上,以及摧毁他们的文学、文化和语言。

我们通过杀戮、战争和种族灭绝获得了统治地位,这些都是通过一系列不同领域的科学进步实现的。因此,可以合理估计的是,在我们推进的"文明"进程中,技术已经杀死或征服了数十亿人。再强调一次,别忘了历史是由胜利者写就的,所以他们的残忍和屠杀很少会被记录下来。

例如,在学校学习拉丁语时,老师经常安排孩子们阅读凯撒(Julius Caesar)用拉丁语写的简单书籍。他在《高卢战记》(Gallic Wars)中讲述了他如何战胜法国的凯尔特人。他有时赞扬他们的军事技能和勇气,但从未提到在这场战争之前法国地区约有 300 万凯尔特人居住。到战争结束时,他的部队已经杀死了 100 万凯尔特人,并使另外 100 万人陷入奴役状态。剩下的 100 万人失去了他们的文化、宗教和语言,而且凯尔特人在欧洲大陆的重要性就此荡然无存。凯撒被描绘成一个伟大的成功将军,却从未被描述成施行种族灭绝的刽子手。

此类军事和政治活动远远没有到达终点,我们在屠戮和设计更具破坏性的武器方面的效率都在提高。从技术角度来看,这些都是重大进步。的确,我们是如此成功,以至于预测人类将被彻底摧毁也不无道理。我们目前的军事技术已经可以实现这一目标,而且随着对新武器的持续大量投资,我们可能会使用这些武器以证明其存在的合理性,这是非常危险的。

为我们在屠戮同胞这方面的聪明才智和科学进步歌功颂德并登记造册非常容易,但是完全应该谴责为什么会研发这些技术。用于狩猎的弓箭和燧石刀是最初的例子,剑和盔甲的考古出土证明人类早期已经掌握了铸铜和铸铁技术。因此,在不需要担心世界会过度拥挤的情况下,我们已经出于提高杀伤性的原因改进了冶金能力。同样,对于武士刀而言,炼钢方面的进展非常顺利,但是这种进展并不是为了锻造更好的犁。

这种模式还在爆炸物、机枪、潜艇、陆地地雷、海上鱼雷以及炸弹中有所体现。现在可以通过遥控导弹或无人机投掷最先进的爆炸物,而且就强大的破坏力而言,单颗原子弹(不论是采用核裂变还是核聚变原理)可以摧毁整个城市。一把剑或一支箭可能会在相对较近的地方杀死一名敌人,但是由于存在很大的个人风险,持剑人或持箭人也需要极大的勇气。相比之下,现代炸弹是从安全的掩蔽所发射出的,可以摧毁上百万同胞。我们还创造性地在战争中使用惯性系统、卫星导航和激光瞄准系统,将化学武器和生物武器、飞机和高速远程导弹通过精确定位技术投放战场,从而推进了战争升级。

新的发明仍在继续,但传达的信息很清楚,我们一直愿意将资金和精力以及人类的创造性智慧投入破坏性技术的发明中。我论述的前提是:技术存在阴暗面,而这可能是大错特错的。我和其他评论员一样自欺欺人。的确,有人可能会说,我们在开发更好的材料方面取得巨大进展的主要原因是我们最初是打算用它们来杀死我们同胞的。从这种更为愤世嫉俗的观点来看,技术的积极效益是偶然的副产品,与我们的最初目标相比,它是次要的。在医学和生物学的进步中存在着相同的感知逆转因素,我们通过治疗受伤的士兵或角斗士获得知识,或者通过战争推进假肢技术和整形手术的进步,并为之提供资金。实际上,我怀疑我们无法将两种相反的观点区分开来,因为人性对我们同胞的态度既消极又积极。

如果我们在地球范围之外讨论这个话题,并询问在整个宇宙的其他行星系统上是否存在文明,那么我们还需要考虑我们是否能够探测到外星文明。试图估计其他文明是否存在的弗兰克·德雷克公式(the equation of Frank Drake)包括许多项,例如存在的行星的数量,以及它们是否适合居住。等式还包括不确定性,例如它们是否可以发展出智能生命并与我们进行沟通。找准时机也很困难,因为这样的生命形式可能会在生存一段时间后灭绝,所以我们也许只能接收到已经灭绝很久的古老智慧生物发出的信号。宇宙是巨大的,来自遥远星球的信号可能在数千年以后才到达地球。

尽管有这些巨大的不确定性,但是人类仍积极尝试接收外星人信号,同时我们正在从地球向外发射广播,告知我们的存在。与那些专注于此目标的尝试一样,我们所有的电视和无线电传输都是这样做的。在寻找外星社会信号的半个世纪中,我们尚未发现任何信号。这实际上可能非常令人鼓舞,因为这意味着任何已经开发出必要技术的社会都可能像人类一样具有自我毁灭性和扩张性。因此,如果他们找到地球,那么他们就有可能入侵地球以剥削我们的资源,甚至灭绝人类。该模式与我们早期的人类文明完全相同,后者通过摧毁其他大陆的居民和资源而扩张繁衍自己。

如果外星人比我们稍微智慧一点,那么他们可能相对没有贪婪、权欲和支配他人的欲望。因此,我们没有从他们那里收到任何信息是一个好消息,因为这可能意味着他们是一个和平的、理想主义的鲁里坦尼亚式社会*。在这种情况下,他们的技术将集中在除星际通信、太空旅行和开发以外的其他主题上。

知道还存在其他人口稠密的世界对人类来说既欢欣鼓舞又极度羞辱,但与他们的接触对我们来说可能意味着彻底的灾难。尽管如此,天文学家在过去20年中所使用的技术的进步已经确定了在其他恒星周围存在行星物体。搜索还处于起步阶段,但在这个非常短暂的时间内,我们已经观测到大约2万颗行星围绕相对较近的相邻恒星运行。如果我们已经可以从近邻看到这个数量的行星,那么当我们扩大数字以匹配我们的星系,以及我们可以看到的无数星系时,其含义是有数百万个其他行星可以支持智能生命形式的存在。

---

* 源自霍普(Anthony Hope)所著小说中虚构的中欧国家:鲁里坦尼亚王国。——译者

　　许多外星文明存在的可能性不太可能与地球上的生命直接相关。然而,知道生命形式可能存在(或曾经存在)在其他星球上,肯定会让我们重新评估自己的重要性。宇宙不是专门为人类创造的,因此我们需要考虑如何为这里存在的其他生物和生命形式保护宇宙中我们生存的这一小块地方。重新评估自己的重要性的一部分,将是限制我们对资源和生物的破坏。这意味着需要控制我们自己的人口增长并减少对有限资源的需求,因为目前破坏的一部分是由我们的商业活动驱动的,例如刻意的淘汰。

　　对于那些有宗教信仰的人来说,同样需要重新评估自己的思维范围。创造需要从整个宇宙的角度来看,而不仅仅是其中一个微小的小行星。因此,他们对创造者的看法同样需要扩展。哥白尼(Copernicus)受到人类中心主义者的批评,因为他意识到地球只是我们太阳系内的一颗行星,而不是宇宙的中心。这急剧降低了他所处年代的狭隘观念中的人类重要性。从真正的宇宙角度看待这个问题,更是将人类重要性降低了数百万级。尽管如此,更智慧的宗教思维实际上会欣然接受这种总体规模上的领悟,因为这种非传统的看法认为,造物主比人类能设想的还要伟大数十亿倍。与一般观点相反,科学知识不是拒绝创造,而是将其置于一个更明智的、更博大的视角之中。

第十四章

拒绝知识和信息

我们有多好学?

在被夸大的人类进步形象中,我们似乎很想学习新的想法和技能。但现实是,我们经常主动拒绝新想法以及事实上的新信息。乍一看这种态度似乎不合理,为什么我们不想学习新的事实或概念,或者如此盲目以至于我们无法理解它们? 然而,这个问题是众所周知的,而且对于所有教师来说都是非常明显的,不仅仅是在中小学校里孩子们有些不情愿学习,即便在更高层次的大学阶段也是如此。(这可能已经是对我评价的考验了!)不能把这种现象归因于缺乏兴趣或注意力不集中,似乎由于惰性我们忽视了新颖想法。学习可以有相当的选择性,除了与我们已经理解的观点相近的观点之外,我们都会存在心理障碍。有一些科目对我们有特殊吸引力,于是我们的心理抵制减少。至于其他科目内容,我们要么觉得难以学会,要么直接拒绝。明白了这点,以及充分了解了人类行为,我想我现在应该在内心向许多似乎漠视我教的课的学生道歉。

通过经验和实验可以实现自学成才,例如品尝新食物。因此,"谨慎"对于需要尝试未知食物的婴儿和儿童来说是一个明智的策略,在实践中,对于新想法同样如此。在生活中挑选朋友、进行投资、开展新活动或相信新想法时,小心谨慎还是明智的。然而,当我们已经积累一些相关的经验时,我们应更勇于实验,然后从安全的角度进展到新的领域。这种谨慎的做法被称为确认偏见。我们的思想和行为之间也可能存在脱节,这种脱节称为认知失调。总的来说,这意味着无论有多好的支持证据,远离我们经验的想法最初会自动被拒绝,而与我们认为真实的想法或事实相近的肯定会得到正面考虑并可能被接受。这看起来有些奇怪,但是听到我们理解的东西时我们会更开心——会释放大脑中的多巴胺和血清素等,这对我们来说是一种享受。新想法则产生相反的效果。我们对愉悦感的喜爱,同样以微妙的方式为许多其他决定着色,甚至驾驶错误和飞机失事也与未能识别和作出困难决定有关。

拒绝新想法不一定是永久性的,因为给点时间,我们是可以逐渐接受创新概念的。如果我们相信向我们陈述新想法的人和想法的来源,对新想法的信心会有显著改善,特别是如果我们相信发言的人是该主题的专家。父母、教师、神职人员和电视明星都可能扮演这种"专家"角色,只要我们已经习惯于信任他们。但总的来说,新颖性在我们的优先级列表中排名很靠后,我们更喜欢现有的概念。哲学和宗教总是以观点为基础,因此拒绝新的观点可能不足为奇,但是对于有过硬证据和可再现证据的科学实例,我们再拒绝就不太理性了。然而,全新的科学概念几乎总是首先被拒绝,然后在接下来的 20 年(即大致新的一代人)中逐渐被接受。一旦流行,新奇的想法就会从异类变为主流(即使它是错误的!)。

从社会角度来看,一代人也可能不足以实现态度的彻底变化。例如,在英国,立法反对奴隶制需要近一个世纪,而在其他社会方面实现平等的时间要长得多。在许多方面,我们似乎仍然没有取得任何进展。

从专家那里学习知识是一种久经考验的获取进步和知识的途径,

但它有一些严重的缺陷。并非所有"专家"都是正确的,如果他们错了,也很难对他们提出质疑。我想提出新想法,但是你的本能反应可能会拒绝相信。所以我会撒谎。我已经对医学作了一些评论,我将再次以其为例。于是在潜意识里对你来说这就不是新信息,所以你更有可能相信,快乐的大脑化学物质会流动。

这绝对是一种有效的方法,被广泛用于宗教和政治灌输——通过重复的"咒语"(再以高音量重复播放背景音乐)。在一大群人中,其他人都在说同样的话,你很难不从众,过了一会儿,你会深陷其中,主动去相信他们的话。

在 20 世纪中叶之前,我们对医生和其他权威人士的态度是不加质疑,唯命是从。因为医生有专业知识,许多人认为他们无懈可击,或者至少不应该质疑他们。只是在最近几年,互联网使我们可以轻易获取意见和知识,公众也清晰地看到医学界存在异议和一系列相互矛盾的医学观点。

电视报道突出了许多例子,从他汀类药物和激素替代疗法到盐对高血压的影响。我们想要信任专家,因为在某些情况下每种治疗方式都有其价值,但可能在长期方面对大部分人有副作用。有时候副作用比原来的问题更难对付。我们希望专家能够提供帮助,但实际上他们彼此间可能会得出完全相反的结论,即使采用了相同的统计数据。于是对我们来说,根本找不到南北。

在医学和生物科学中,误解或不正确的模型、预测以及使用新药的范围是相当大的,因为有很多因素需要考虑。此外,对于生物,无论是人类还是其他动物,我们都不会有理想且可重复的实验样品。因此,如果我们正在寻找一种特定的效果,而且我们在一些研究中发现它,我们会自动地将其视为我们观点的证据。其他证据和与我们相矛盾的事实仅仅被看作异常的个例。数据解释也是一个难题,例如,将阿尔茨海默病患者在老年时的行为，与年轻时服用抗抑郁药的人之间的关系进行解释，就存在困难。一种观点可能是药物促成了这种情况，另一种观点可能是这两种因素在患者中相关。但是，统计数据本身并没有给出支持。

另一个例子，从我们的角度来看是完全错误的，在 20 世纪 20 年代，妇女被鼓励吸烟，因为据称吸烟会使她们不发胖。从统计数据上看，这可能是真的，但原因完全错了。

在很多情况下，工程、技术或医学方面的新科学思想，基本上超出了我们的知识范畴，所以我们唯一的选择是相信我们选择的专家。不幸的是，科学一个分支中的专家可能在其他领域没什么知识，所以相信专家也不是一个理想的策略。一个领域的老牌领导者会发现很难接受同一领域的新想法，特别是如果新想法暗示他在很长一段时间内都是错误的。自我和心理调节远远强于事实逻辑。老专家难以远离他们的知识背景并看到新的观点。

相比之下，那些门外汉可能百无禁忌，所以会发现新的前进方向。门外汉的困境在于，他们很难说服那些认为自己已经熟练并且在该领域具有专业知识的人。尽管如此，门外汉仍然可能会对挑战官方专家感到恐惧。（例如，我们会有"白大褂顺从综合征"。）

专家声明并非绝对可靠，即使他们拥有诺贝尔奖或经营价值数百万美元的公司，我们也应该非常谨慎地知道应该信任谁。有的名人发表的评论后来被证明是完全错误的，寻找这样的例子令人十分振奋，搜索网站将找到许多这类的例子。在大加挞伐之前，我们需要将思维重新调整到当时可用的知识上，更何况对进步进行干预可能改变了他们的评论和观点的相对重要性。19 世纪和 20 世纪早期的错误似乎是显而易见的，但不能保证我们目前 21 世纪的预测不会同样缺少关键的想法。下面列出不幸的早期疏忽。

19世纪40年代,科拉东(Colladon)和巴比内(Babinet)分别发明了在玻璃或水中沿弯曲路径使光线弯曲的方法,他们的想法被用于喷泉和舞台照明。然而,这在当时被认为不可能应用于内窥镜检查和通信。甚至在20世纪60年代,工业领导者的观点也没有太大变化,因为光纤只被看作一种永远无法取代无线电通信的实验室噱头。

1876年,电话的性能并不好。"它有太多的缺点,需要认真考虑能否作为一种交流手段。"西部电信评论道,"该设备本质上对我们没有任何价值。"

1878—1880年,电气照明同样举步维艰,"当巴黎展览会闭幕时,电灯随之关闭,不会再听说它了","这是一个明显的失败"。

1883年,"X射线将被证明是一个骗局"——开尔文男爵(Lord Kelvin,时任皇家学会主席)。

1903年,"马将继续使用,汽车只是一时新奇,一种时尚"——来自银行反对投资福特汽车公司的评论。的确,1903年道路崎岖,在颠簸的路上开汽车实在不舒服。对于发动机动力的真正激励来自技术的阴暗面:第一次世界大战期间,坦克等武器造成数百万匹马死亡,而且马在战争中的脆弱性暴露无遗。

1946年,"电视不会持久"——20世纪福克斯的想法。

1959年,"复印机的全球潜在市场最多是5000台"——IBM。对于当时正在生产的机器,这是公平的评论。

1977年,"没有理由一个人要在他家中放一台电脑"——DEC。这一观点不无道理,因为当时具有较大处理能力的机器运行成本极高。

大多数此类声明是无知和缺乏远见的结果,但有些错误是由一厢情愿或偏见所驱动的。在担任科学顾问时,我多次看到偏见或盲目的观点。总而言之,与我服务的客户相比,我最初对这个领域一无所知,因此必须非常仔细地询问他们想要克服的困难是什么,以及为什么这些方法受到青睐。典型的回复是他们总是这样做,没有人质疑它。作为一个不受约束的门外汉,可以提出新的想法。在这些咨询职位中,内部商业专家愿意倾听,因为是他们向我支付咨询费,或者向我寻求建议。如果一个不请自来的门外汉自愿提出同样的想法,公司总会忽视这些想法。更明智的顾问告诉我,如果顾问费更高,公司会更容易接受意见。

这不是一个新想法,提高价格以提高产品的吸引力是成功营销的一个熟悉的例子,它适用于从香水和服装到汽车和旅游度假的领域——这个现象在意料之中。

因不信任宗教和文化差异而拒绝相信事实

上述提到的案例中,人们很难接受与我们以前的经验相去甚远的新想法似乎是一种合理的态度,但更令人惊讶的是,即使我们能够看到切实的证据,仍然可以完全不予置信。

人类行为的一个意想不到的反应是,人会强烈地运用自己的偏见和自我心理调节来完全拒绝和不相信事实,不仅仅是听到的事实,即便可以亲自验证证据的事实也是如此。我在电视上看到的一个突出的例子是一个讨论回收废弃物价值的计划。这个概念的逻辑很明显,因为它可以最大限度地减少对新资源的开发,提高原材料的利用率,降低加工成本,减少垃圾填埋场废弃物处理的规模,尤其是在管理良好的情况下,还能为有效实现这一目标的理事会提供经济利益。

该计划采访了一群表达清晰的人,他们不仅没有尝试回收他们的废弃物,而且强调他们完全不相信地方议会真的采取了行动,尽管官方已有公开的声明。对一些理事会或中央政府的不信任可以理解,但完全令人惊讶的是,看到回收工厂后,他们仍觉得它只是为了减少垃圾填埋量！只有在获得由回收材料制成的产品并被告知其为理事会产生的收入规模后，他们才重新评估他们的偏见，并认识到废弃物回收在许多方面都是有价值的，而且是一种更可持续的方式。

原则上，高效、组织良好的回收可以减少对自然资源的消耗，因此应予以鼓励。对于公众来说，困难在于这些方案是可变的，因此没有明确的模式出现。电视的例子还表明，相关的理事会未能有效地告诉公众他们的效率和对他们的城市能产生多大的利润，并没有强调政策的更广泛好处。

过度依赖初始观点

如果我们相信我们已经理解了一个问题或一个想法，我们也会像蒙上眼睛一样，要么忽略了完全清晰的关键信息，要么重新解释关键信息或者驳斥关键信息，以使其符合我们先入为主的观点。同样，这不是偏见，而是固有的人性。这种始料不及又微妙的拒绝信息的原因，在于我们在第一次遇到某人或某种情况时作出的快速价值判断的技能和能力。这是一个很好的策略，因为我们会迅速分清孰敌孰友。遗憾的是，一旦我们下了决定，我们会下意识地寻找后续证据来强化我们的初始观点。

如果我们获得的信息与我们的初始观点相矛盾，那么就可以有几种选择。第一种选择是忽略新信息，第二种选择是尝试重新解释它以使其符合我们的初始观点。无论哪种，我们都是在欺骗自己。第三种是承认自己错了。这种可能性排在最后。

无法接受自己错了的事实是人类的通病（尤其是那些缺乏信心的人），似乎贯穿于我们与人和事交往的整个过程中。在科学方面，有许多优秀科学家的例子，他们错过了可以帮助他们的关键信息。在社交环境中,我们会犯同样的错误。陪审团成员在法庭审判中犯的错误就是特别严重且鲜有报道的例子。在危险时刻,我们需要当机立断。因此,我们会在第一眼看到被告时有意或无意地进行初步快速评估,判断其有罪或无罪。然后,陪审团成员倾向于忽视与其初始观点相矛盾的证据。因此,当你进入法庭时,一定要装出一副无辜的模样!没有第二次机会给人留下第一印象。

在研究医生如何浏览查看 X 射线图像以寻找癌症时,可以跟踪他们的眼球运动,看看他们如何勤奋地观察整个图像。一个非常普遍的情况是,一旦他们发现了可疑区域,就会被吸引走他们所有的注意力。他们会认为他们正在继续查看整个图片,但实际上他们的眼睛只是短暂地掠过图像的其他部分(可能包括第二个癌症部位)。找到一个异常点后,通常的行为是关注它并忽略图像中的任何其他信息。缺乏经验的医生是这样,专家也是这样。

此外,即使是能够同时进行多项任务的最聪明的大脑,也只能对极有限的任务数量和可处理的信息位产生反应。因此,如果被扫描的图像很复杂,医生就束手无策了。克服人类的这种固有的弱点(不仅仅是在医学影像中)是使用计算机的模式识别的理由之一,因为计算机避免了人类的这个弱点,图片的每个元素都将受到同样严格的审查。一旦用计算机确定了重点,人类专家将很乐意接受并查看所有关键特征。也许这是因为这样做使他们对信息的态度不那么个性化,因此他们对某个区域的有限焦点不会受到限制或过度依恋。

当新的想法和信息与当地文化、人的社会地位或宗教以及从小就根深蒂固的思想发生冲突时,人们同样会拒绝。在这里可以找到许多极具争议的例子,这里仅讨论一个由 17 世纪的奖学金引起的例子。一位爱尔兰主教乌舍尔(James Ussher),使用他可用的文献来试图估计人类文明的时代。他成功地证明了西方世界至少在公元前 4000 年有书面记录。(他没有查看更古老的书面记录,比如中国的。)然而,他对时代的确定后来表现为与对造物元年的估算有关,因此还与宇宙的年龄有关。潜在的问题是,作为自私的人类,我们希望相信自己是宇宙中最重要的生物,并希望宇宙是专门为人类创造的。实际上,这是"宠儿综合征"。

任何证据都表明人类是从早期生命形式演变而来的,由此贬低了人类的自我重要性,因此许多人拒绝这种证据。

从21世纪的数据来看,我们现在可以说地球已经存在而且已经发展了数十亿年,就我们所能发现的而言,宇宙已经演进了大约138亿年,这些都是乌舍尔无法获得的科学数据。这些数据当然不会证明是神灵创造了一切,只说宇宙诞生不是专门为了人类的利益,我们如今需要对整个宇宙有个更令人印象深刻的事件。以"宠儿综合征"的视角来看,我们已"沦落"成整个宇宙中非常小的一部分。因此,一些人本能的反应是说科学数据是错误的,而不是试图正视和理解难以想象的大尺度宇宙现实。事实上,这并不是模式的最终版本,因为天体物理学家也试图超越可探测的宇宙思考是否存在先行者,或隐藏的平行宇宙。对于我们大多数人来说,这个挑战超出我们的理解范围。

因数据过多造成信息丢失

如果以极高的速率收集过量的信息,则几乎不可能对其进行处理和分析。一个有据可查的例子是卫星图像,许多国家用它来调查其他国家的军事行动或检查不同地区的农业产出。在监测另一个国家的军事地点和部队调动时,卫星数据每天可以产生数千个地点的观测结果,而且相当详细。现代系统在解析单个卡车或坦克方面没有困难,而且这些车辆的运动在军事方面是有用的。每天有数千张图像,就需要数百人查看。因此,通常的做法是丢弃大部分数据以方便管理。在保留的数据中,每个观察者需要确定图像哪些反映了重要内容,并将这些数据提交给更高级别的管理层,最终最高级别需要对这些信息片段有所了解。针对大国的监视做到这么细是不现实的,通常有60%的信息甚至从未被查看过,而且很多剩下的只是以备将来参考。然后决策又回到了依靠直觉、偏见、来自基层的直接信息和好运,与此同时,会提出需要更多资金和更多监视卫星。(我并非嘲讽,只是准确表述。)

在许多其他调查或测量中,遇到过的确是相同类型的过量数据。例如,在粒子物理学领域,人们正在寻找由异常速率生成的异常反应的证据。由人工来分析是完全不可能的,因此使用编写的软件来搜索数据以试图找到并确定具体现象。这对于常见的类型效果不错,但是,如果软件没有统计对意外和新现象的搜索结果,那么分析时将不会显示它,而且它将被遗漏和丢失。

搜索一个非常大的数据库时,成功与否取决于分析软件作者的眼光是否足够长远,因为计算机搜索引擎本身无法看到原始模式。粒子物理学实例并没有批评这种基于计算机的搜索,而是精确地展示了为什么需要它们。在寻找称为希格斯玻色子的粒子时,高能质子受到影响,质子碰撞的碎片中的一种副产物可能是希格斯玻色子。这绝对不是一个正常的分裂过程:每一百万亿次分裂活动中它仅发生一次。要花足够长的时间来检测它以确保它不仅仅是统计或计算中的误差,这意味着我们需要进行大量的积极识别。在这种超大的数据处理规模上,计算机分析是唯一的选择。

一个关于地壳的例子

我刚才提到的行为模式非常笼统,但是例子可以大体说明偏差。

我将从我们如何发现或接受新想法的问题开始,引用一个关于科学理念被错误拒绝的例子,因为这个想法来自该主题领域的门外汉。这就是板块构造的概念。该理论描述了整个大陆大小的地球板块如何漂浮在地球表面。这个想法应该归功于德国气象学家魏格纳(Alfred L. Wegener),他用科学的观察方法进行了广泛的观察工作。他指出,南美洲的形状大致与非洲海岸的轮廓相匹配(事实上,当我们看地图时,大多数人都发现了这一点),此外他还查看了这些海岸线上的化石,以及它们的序列、岩层。他发现每种情况都有相似之处:每当形状匹配时,化石和地质就都很相似。例如,在大西洋东岸和西岸,岩石的下层可能同是花岗岩、板岩和砂岩。魏格纳的思维跳跃着,进而猜测在某个古老的历史时期,两块大陆连接在一起,但后来分裂开,直到现在两岸漂离到相距很远。他在1912年的一本书中发表了他的观点。不幸的是,他不是地质学家(也就是说,他干错行了),也因为这个想法是完全新颖的,他的作品遭到拒绝并被扔进了垃圾桶。更糟糕的是,他的名声受损,不得不寻找新工作。更为不幸的是,随着德国于1914年开战,这项研究工作的出版也被搁置了。

另一个问题是魏格纳非常精细地拼接大陆海岸线,而海岸线与当前的海滨形状有所不同。他的批评者并不理解这一点,反过来他也不理解他们的评论,因为批评者的评论是用英语写的。直到20世纪50年代经历印度板块构造运动的古地磁作用研究和20世纪60年代在大西洋进行的水下潜艇研究,才发现火山活动导致非洲和南美洲大陆分离,魏格纳的观点才得到证明。

有趣的是,潜艇研究并不关心地质问题——这些数据是在与潜艇战相关的军事研究中收集的。大西洋中陆脊的数据细节非常详细,甚至包括了分离运动的时间表。魏格纳的模型现在已完全被认可并列为标准教科书材料。可怜的魏格纳没能等到这一天,因为他在探险中冻死了。

正如我已经提到的,板块构造运动非常重要,因为它们是许多火山和地震的驱动力。因此令人惊讶的是,我们在过去的半个世纪中才开始理解和相信这一点。

哥白尼面临的困难

哥白尼有许多障碍需要克服。首先是他想提出一个想法,即太阳是行星的中心,行星都围绕着大致圆形的轨道(或至少是椭圆形的轨道)运转。卖点是,如果行星和地球围绕太阳盘旋,那么这些轨迹就会比复杂的周转轨道更容易理解。事实上,这并不是一个完全新颖的想法,因为公元前 3 世纪的希腊人亚里斯塔克斯(Aristarchus)曾考虑过以太阳为中心的一系列天体运动。不幸的是,哥白尼是一名牧师,教会认为如果地球不是宇宙的中心,就会破坏人类(尤其是教会)作为宇宙代表的核心重要性。因此,哥白尼在思考了几十年之后才提出了他的想法,而直到他去世那年他的书才出版。作为一个明智的政治举动,他把他的书献给了教皇。

接受他的理论的第二个难点在于,当时已经有完全有效的科学理论。第谷·布拉赫(Tycho Brahe)进行了出色的天文测量,他意识到日心模型对解释绕太阳旋转的行星非常成功。然而,该模型预测,由于恒星看起来是固定的,它们必须距离太阳系很远(即比任何行星都远得多)。而且,所有恒星都不太可能处于同一距离。然而,我们看到的恒星图像的大小都非常相似,而且不比行星的体积小很多。实际上,考虑到真正遥远的恒星,我们看到的图像已经非常大了。

第谷的评论和批评是正确的。直到两个世纪之后,我们对光的理解已经发展,才意识到光具有波动的特性。这意味着我们的知识已经提升到我们可以理解微小的图像,明白看到的"点的大小"是由望远镜和我们的眼睛(而不是与原始星球的距离)决定的。虽然在地球表面看到的远处物体比近处类似物体要小,如果物体距离很远而且图像尺寸很小,那么需要添加更复杂的物理学原理。这个涉及光的波动特性的现象现在已经很好地被人类理解。

总的来说,这是我们如何拒绝新思想的一个很好的例子,因为我们缺乏所有必要的信息,这并不是偏见。

我们应该相信谁

我已经提到过,我们会根据提出新思想的人的地位来改变我们对新思想的接受(或拒绝)程度。经过慎重考虑,我选择以科学为基础的例子,因为在这些情况下,输入数据可以被测量、重复和量化。这为我们作出正确决定提供了可能性。然而,魏格纳失败了,因为他提出的新思想不是关于他原本的工作领域,其他人很难测试他的理论。相比之下,欧姆(Georg Ohm)是一位教师,他在 1827 年发表了一些结果,用今天的话说,让电流 I 通过一块金属,驱动电流的电压 U 和电阻 R 符合 $U = IR$。今天,没有人会在简单的电路中对此提出疑问,但在 1827 年他完全被拒绝,因为当时的德国哲学认为实验结果是不必要的。此外,他的想法与法国的数学著作有些冲突。原因很简单,学校认为他不适合担任教授。

相反,也存在学术地位压过批评性评论的危险,在少数情况下,我们的敬畏和钦佩会阻碍正常的谨慎。爱因斯坦(Einstein)可能是 20 世纪最伟大的科学家,在他自己的研究领域这么说是完全无可非议的。然而,他对哈普古德提出的假设感兴趣,即北极冰的运动可能会在短时间内突然引起地球的地壳运动。哈普古德的这个想法似乎忽略了魏格纳的板块构造理论,或者与魏格纳的板块构造理论发生冲突。尽管如此,爱因斯坦还是为哈普古德的书写了一篇谨慎的支持性序言,而且由于序言作者的杰出地位,该理论暂时变得流行起来。最终哈普古德的书被证明是错误的。

爱因斯坦的广义相对论是现代宇宙学的一个基本部分,而且其与宇宙创造的现行理论的相关性是毋庸置疑的。这似乎是正确的,但很少有人提到该理论是在大量实验观察支持现代宇宙学之前多年发表的。根据我们目前的知识,询问是否应该考虑修改爱因斯坦的广义相对论可能是明智的(或异端的)。由于爱因斯坦的科学地位,任何重新评估似乎都不太可能,因为很少有人会考虑冒着声誉受损的风险去质疑他。但是,最终对爱因斯坦的广义相对论进行重新评估或增补是不可避免的。

我们可以想象,科学的超级英雄是诺贝尔奖获得者,但如果话题不是读者专业知识的一部分,那么对诺贝尔奖得主的工作全盘接受是不明智的。鲍林(Linus Pauling)的论断是一个非常有益的例子。鲍林无疑是一位出色的化学家。他是仅有的两位获得两项非共享诺贝尔奖的人之一,因此无论他讨论什么话题,人们都会相信他。他对维生素 C 的作用提出了极端主张,因为他说维生素 C 可以预防和治愈感冒,后来他又说维生素 C 在癌症治疗方面很有效。这些说法帮助他出售了许多书籍,并收获了多个奖项,还成立了一个研究所。从他的想法中产生的维生素 C 产业估计在美国每年可达数亿美元。

不幸的是,最近重新评估他支持和反对维生素 C 功效的证据,表明他具有高度选择性和偏见性。事实上,许多后来的研究都毫不含糊地反驳了他的主张。尽管如此,维生素 C 产业仍然蓬勃发展。

我想说的是科学中的例子可能不如哲学或政治问题那么有争议,因为在自以为是的话题中,总是存在冲突的观点而不是安全的数据。

然而,科学主题范围的一个极端是数学。对于我们大多数人来说,高等数学是需要努力学习而且通常具有相当智慧才能理解的东西。这有几个后果。首先,直觉通常是不可靠的,如果没有完成所有步骤并考虑替代方案,很难挑战某个数学思想或证据。其次,如果我们承认我们无法理解它,那么我们就会丢面子。因此对于大多数人(包括专业科学家)来说,简单的选择是假设一个复杂的数学证明是正确的。在这种情况下,我们错误地接受了由错误理由设定的想法。

我听过狄拉克(Paul Dirac,诺贝尔奖得主,理论物理学家)在讲座中举过这样一个有关错误的典型例子,当时他正在向一大批科学观众讲述他的早期成果。他开始说,我意识到我只在和你们中的一些人谈话(这个评论既幽默又真实),然后引用了他在 20 世纪 30 年代末提出的著名方程式。这个方程式被广泛使用。他指出,尽管他的方程式适用范围很广,但是他 10 年之后才意识到他的方程式是错的,而且没有人注意到这个错误。他的声誉崇高到没有人想过怀疑或挑战他的研究成果。

得出的结论是,有时我们被征服了,并假设名人的新想法一定是正确的,特别是如果我们不好意思承认我们无法完全理解它。通常的情况是,使用外来词意味着我们不理解并选择简单方式,即我们对此不挑战、不质疑。许多人声称医生、律师和神职人员故意使用基于拉丁语的词语来压制异议。

教师向学生传播思想时,在文化上也有差异现象,例如,学生知道老师错了,但由于他们地位较低而无法说出来。我经历过许多次,因为以前我的学生比我更聪明(现在也可能比我聪明),当我犯错时,有些学生非常不愿意指正。最后,我意识到自己的错误,然后问道,你们为什么不告诉我? 根据他们的背景文化,答案各不相同:因为你是老师,因为你是长者,甚至因为你是男人而我是女人。

在信息丢失或失真方面,所有这些例子都证明了取得进步是多么困难。如果我们的基本信息和理解是错误的,那么我们就会破坏知识,阻碍进步,或者扼杀任何新的灵感和深刻见解。

地理分隔的仇外心理,宗教和偏见造成的信息排斥

故意破坏与战争和宗教有关的信息的例子令人沮丧,但此外还有许多更为独特的例子,其中信息和知识因仇外心理而被驳斥。偏见有几个层次。第一个可能只是因为事实或想法是用外语表达的,这些外语来自特定国家或历史时期,我们几乎没有接触或很少理解。这种无知导致在很多国家或几个世纪前就取得的与当前同样的成果被埋没,而没有意识到人类现在只是在重新发明前人的东西。例如,毕达哥拉斯(Pythagoras)关于直角三角形边的相对长度的著名理论,现在被认为是在他的理论问世之前几个世纪就已经知道的。早期的版本是在埃及的底比斯城发现的,由一位金字塔建造者撰写的。

毕达哥拉斯在埃及学习了一段时间,所以目前还不清楚他是否对埃及底比斯有任何了解,或者他是否完全彻底改造了这个定理,但值得肯定的是,他为证明并推广这个理论作出了贡献。

还有其他的科学例子。西方数学家认为,早期文明不可能深刻理解数学,而实际上中国、埃及、印度和波斯的数学往往远远领先于西方。现代数学家引用的两个经典例子,π 的概念和 π 的值东方都比西方提前了好几个世纪。

从文学到艺术和音乐以及科学知识,我们所有的文化都因缺乏联系而无知。音乐中有许多隔离于古代著作的例子,在这里绝对不是语言问题,因为音乐符号是全球性的(至少对于西方古典音乐而言)。然而,如果有人在英国听"古典音乐",那么会发现多产的作曲家数量非常

有限,而且他们的音乐很少在电台播放,甚至很少在音乐厅演奏。这要么意味着伟大的作曲家非常罕见,要么是因为时尚或其他孤立因素的变化而淡忘了许多同等品质的作曲家。其中有过滤元素在作祟,我们经常只能接触到最优秀的外国作曲家的作品,但是由于固有的民族主义,当地人更加宽容并接受较低级别的本地作曲家的作品。这只是局限的一部分。在许多情况下,音乐评论家会崇拜一位作曲家或音乐家,而这种影响掩盖了同时代其他艺术家的作品。例如,如果被问到芬兰作曲家的名字,大多数人都会想到西贝柳斯(Sibelius),但对他的同时代作曲家一无所知。

古典音乐频道又强加了一条限制:他们有一个 100 或 200 首音乐的列表,然后投票决定经常播放哪些片段。所以你会听到 5 分钟的片段不断重播,不用多问,肯定是那些投票投出来的最受欢迎的音乐片段。商业营销已经将他们带入了"万事但求安全"的境地,他们通过用很少的努力普及优秀的音乐,获得财富,然而这些音乐可能并不是真正最受欢迎的。

不应低估特定作曲家或音乐风格的宣传价值。巴赫(Bach)目前排名很高,但是在他去世的 50 年内,除了那些进行音乐训练的人,几乎无人知晓他的作品。然而,一个世纪之后,当时的时尚作曲家门德尔松(Mendelssohn)对巴赫的音乐产生了兴趣,巴赫的音乐于是一直延续到现在。巴赫的许多同时代作曲家在巴赫时代得到的评价更高,但是,由于没有拥趸,他们已经从我们的集体记忆中消失了。公众的品味是善变的,容易被操纵,所以伟大而有益的音乐可能被忽略。同样的情况在美术和文学中也是显而易见的。无论怎样,这些都是由人类活动造成的信息丢失的例子,而不是由文字材料的物理损失造成的。

与这种吸引大众的项目并行的是对有些作品的忽略,因为不那么熟悉的作曲家的作品没有远离他们的家园。我非常热衷于古典音乐,但我常常惊讶于我经常会遇到很少被提及或播放的作曲家写的非常有乐趣的音乐。在我的本地音乐库中，有许多当前流行的 CD，以及来自这些被遗忘的作曲家的一些曲子。由于他们的作品和演奏品质往往很好，因此怎么会发生这种情况原因不明。我注意到的一种状况是，在这些作曲家生活的时代，他们的祖国正经受外国入侵者或政治独裁统治。这可能意味着他们无法前往外部世界，也无人邀请他们赴国外演出。

典型的例子是两位波兰作曲家肖邦（Chopin）和多布任斯基（Dobrzynski），他们出生于 19 世纪的前 10 年。他们是同时代人，都是住在华沙的埃尔斯纳（Elsner）的学生。他们都很出色，但埃尔斯纳老师认为多布任斯基更优秀。肖邦离开波兰并巡回欧洲其他地区，收获了极高的名气、声望和众多追随者。多布任斯基留在波兰，但波兰在 1830 年 11 月的一次起义中陷入政治动荡。多布任斯基活了下来并继续写音乐，但由于政治孤立，他的作品似乎只有波兰人才知道和欣赏。从英国人的角度来看，他的学生和同事遭遇了类似的命运。他和来自欧洲各国的类似情况中的许多人，都为世界其他国家奉献了不为人知的遗产。对我来说，这是信息拒绝、政治干预和民族主义排斥的副作用。

即使不涉及任何语言，也存在对大量音乐作品的忽视。在任何涉及语言的领域，从哲学到科学，思想和信息都更有可能包括未知的有价值和利益的作品，尤其是因为要在起源的语言和语境下翻译时。音乐是为了娱乐，但作为一名科学家，我想要与我的研究领域相关的信息，我不介意它来自哪里，如果结果和想法得到充分展示，原籍及其政治背景并不重要。我的态度显然并不普遍，因为我曾经在几个国家工作过。

西方的图书馆不会订阅东欧集团的期刊，因为他们声称"外国人"由于资金不足，可能没有原创的想法和数据。在其他情况下，我看到因政治上的反感而拒绝阅读特定地区出版的期刊的现象。我也曾在对立的国家工作,然后我反过来注意到了同样的态度。这种相互仇外的心理令人特别悲哀,因为科学领域与这些国家之间的宗教和政治差异毫不相干。

偏见和仇外心理的印迹通常是非常明显的(即使是名义上的自由派人士),无论是在政治和日常生活,还是在科学的"公正"世界中,它们一样容易出现。科学家花了大量时间写乞讨信,虽然它们被官方称为"资助提案",而且在获得资助后,他们试图通过在高评级期刊上发表他们的成果来建立自己的声誉。在这两种情况下,评估、资助或拒绝都应该由相关领域的公正专家进行。不幸的是,公正性往往受到资助提案提交者的姓名、声誉、国家或机构的影响。来自著名机构的知名人士从中受益,因此具有实现目标的高成功率。问题很明显,一些期刊曾经做过实验,在将文章发送给评委之前,对提案作者和机构的名称进行了修改。正如预期的那样,同样的文章,若资助者声誉较高或机构较为著名,那么它将会受到较少批评;如果这些文章的资助者被修改为地位较低的不知名的作者或机构,那么这些文章将会收到更多批评性评论和拒绝。

在非常受欢迎的领域,科学的资助和出版似乎也更容易,即使作品水平一般,然而新颖的项目会引起更多的批评。了解了这个问题后,可以通过在授权提案和出版物中加入有名气的人士和机构来提高成功率。据我的经验,这种"橱窗装饰"很有帮助。

姓名,特别是文章的第一作者,同样重要,尤其不幸的是科学引用的数量变成质量的保证。在一些国家,实际操作总是按照字母顺序罗列作者,但对于世界上其他不了解操作管理的人来说,我们误解并搞错了第一作者。姓名以 A、B 等字母开头的求职面试者,也在字母顺序排序中收获了很多好处。

在求职面试中,以及在比较乐器质量的音乐测试中,因为知道必须从一组5人或5个乐器中作出决定,我们的判断被扭曲。在乐器比较的例子中,这种现象通常出现在当乐手藏身屏幕后面时,例如在5把不同的小提琴上演奏相同的音乐。最初,我们是谨慎的,并认为我们必须等到我们听完所有乐器的演奏再作决定,但是最后我们变得很无聊。因此,中间位置的赢家数量不成比例。甚至在同一乐器不止一次播放的情况下都会发生!如果我们正确地告诉每个乐器的制造商,那么著名的制造商有更高的机会被评为最佳。通过给乐器错误命名可以成功地误导观众,改变并非反映乐器本身质量的选票情况。

包含情绪化词汇的名称同样歪曲了我们的判断。《科学美国人》(Scientific American)的一篇文章在濒危物种保护领域对此进行了讨论。他们列举了人们给不同生物起名时所出现的截然相反的热情程度。这些名字包括爱国者隼或杀手隼、美洲鹰或食羊鹰、美洲水獭或毛鼻水獭。* 在每种情形下,前者的支持度要比后面具有较少吸引力或情绪化名称的支持度多50%左右。

同样显而易见的是,新移民使用更为常见的东道国的名字的情况,要么是因为它更容易拼写或发音,要么是因为它有很多与之相关的隐含意义。第一次世界大战时期的一个典型例子是,在英格兰,皇室有德国名字萨克森-科堡-哥达,它来自阿尔伯特亲王。维多利亚女王也是汉诺威家族的德国人。就欧洲君主制而言,阿尔伯特亲王和维多利亚女王都表现出优秀的血统。然而,自从1914年与德国开战以来,萨克森-科堡-哥达并不是博得爱国者支持的理想名称,到1917年,这个家族更名为温莎王朝。温莎是一个非常具有英伦风情的小镇,拥有令人印象深刻的城堡,靠近兰尼米德,1215年《大宪章》(Magna Carta)在那里签署。

---

* 每一对名称都是同一种动物的不同叫法。——译者

所有这些例子都强调了这样一个事实,即我们有时没有作出理性的判断,而且我们的偏见在我们没有意识到的情况下就存在。

新闻报道

媒体向我们提供的事实、新闻和观点不可避免地受到控制媒体并呈现新闻的人的歪曲或限制。我们大多数人都有强烈的狭隘性,并对当地的活动感兴趣,特别是如果它们包括我们所知道的地方和人物。这种选择性的新闻报道被动地或积极地塑造了我们的观点和世界观。一旦进入我们的思想观念,"事实"就会变得根深蒂固,而且很难被改变。在某种程度上,技术进步是有用的,因为我们不仅可以从全球访问网络观点,而且卫星电视提供比国家电视更多样化的视角。在许多场合下,我看到通过一些卫星频道报道的相同事件,然而对同一事件的评论却天差地别,即使对于非政治性的事件也是如此。这是技术进步的一个非常积极的方面。

外国电视频道不仅表明故事背后的事实可能会根据是谁呈现它们而不同,而且对于自己家乡的非常本地化的事件,我们经常对其中被报道的内容有实际的了解。当发生这种情况时,经常会发现由于报道程序、正确的消息来源、时间限制以及出售文章的需要,我们很少完全同意所报道的版本。我们应该将此作为对全球政治宣言的准确性和公正性的警告。部分正确或不正确的信息可能比无知更糟糕。

故意歪曲或伪造的虚假信息在政治中并不鲜见,而且在科学项目中也可能同样严重。市场营销中有很多实例,身穿白大褂的"科学家",对产品的功效以及来自高效实验室和个人的产品提出了令人生疑的主张。类似的扭曲已深入报道的核心。有一次,我正在接受电视节目的采访,但电视工作人员对我没有穿白大褂感到不高兴,他们说穿上白大

裯可以让我的工作更加可信。他们认为这是权威的标志。官方的"制
服"是一个虚假的形象,尽管它的确会影响我们。在医疗环境下,由身
穿正式制服的护士测量的血压总会产生更高的读数,因为正式制服会
增加我们的精神压力。这些是技术工艺扭曲信息的典型案例。

故意扭曲信息的例子并不罕见。我已经看到了一些,例如已知不
正确的数据在实验室申请拨款时没有被撤回,或者发布有意识地转移
外国势力的注意力的"信息"。这些都不足为奇,因为我引用的例子涉
及政治和各类职业。我主要的担心是怀疑自己经常遗漏这类事件,并
相信了可疑的声明。

相比之下,对单一国家媒体的依赖可能在不知不觉中是排外的和
有偏见的。我记得曾在一个奥运会的主办国出差,在当地电视台看过这
届奥运会。我一开始还以为主办国一定很优秀,因为当地媒体报道出
来的唯一的形象是他们本国的选手,但后来我才意识到他们并没有说
这些选手在比赛中的排名,或者干脆不提任何获胜者,除非他们的国民
是奖牌获得者。他们正在迎合并鼓励一种非常狭隘的心态。

同样的压力适用于政治领导人,他们在与其他国家打交道时必须
表现得强大并维护国家利益。因此,他们会避免使自己在当地不受欢
迎的信息和决策的产生,因为这可能会害得他们失去选票和国内影响
力。他们的偏见同样可以由那些负责筛选向前线政治家所提供的信息
的主管部门造成。常见的陈词滥调是"知识就是力量",但政治"力量"
来自只了解被精心挑选过的信息(绝对不是知识)的选民。

开发资源中的失败

技术可以通过一些关键思想和商业开发来进步,但总的来说社会
要复杂得多,进步需要整个国家的投入和获益。独裁政权——军事或

宗教治理的国家——存在着重大的弱点，即大部分人口既没有从国家的整体社会财富中获益，也没有能力作出贡献。在政治上，这是不幸的，也是对国家潜在资源的浪费。对于这些极端的例子，他们的失败是显而易见的。然而，即使在像英国这样的国家，也有很多因素表明我们在许多方面同样有错。

英国在社会方面可能富有多元文化组合，多元文化组合应该为国家提供不同的观点和贡献，但是由于种种原因，这些特征要么没有被开发利用，要么适得其反。分歧来自阶级、宗教、文化和种族等因素，加上因两性并未得到平等对待而存在的明显差异。

在不同宗教和种族群体之间的交流中也存在类似的困难，而且一如既往，无法充分沟通可能导致厌恶或怨恨。这些问题在一些主要城市可能很严重，一个极端的例子是伦敦，其政府和议会代表涉及使用大约 300 种不同语言的人。尝试在如此多样化的人口条件下操作，面临的挑战是很严峻的。

议会代表制和实践

尽管有一个民选议会，但是其成员并不能真正代表大多数公众。2010 年的国会议员中，有超过三分之一的国会议员毕业于私立学校，相比之下，一般人口毕业于私立学校的比例约为 10%，而大约 20 名国会议员都来自伊顿公学。在某些方面，这并不奇怪，因为伊顿公学既有优秀的学术传统，又有学生和员工强烈的精英管理意识。全国大多数学校都无法达到这种态度和能力的选择标准。此外，大约 90% 的国会议员有大学经历，相比之下，与他们同年龄的人中有大学经历的人数约占 10%。然而，统计数据记录了自 1721 年以来的 55 位首相（在撰写本文时）中，至少有 41 人曾就读于牛津大学或剑桥大学，这意味着首相们并不能代表各所大学多样化的培养。

因此,政府由一部分人群主导,他们可能从未在政治之外工作过,也没有"真实"世界的经验,而且出自同样的导师,这些导师同样可能在学术界之外没有实际经验。这样的群体不可避免地会从让他们感到满意的人群中选出党派候选人和内阁成员。令人遗憾的是,国家以一种高度自我选择的过程生存下来,而这种过程并没有从受治理的国家的更多元化观点和背景中受益。同样,政府无法密切关注大多数人的需求和态度。

这是对与整个国家直接相关的信息和知识的隔绝。此外,这种值得批评的现象不仅限于英国。

类似的批评可以针对大多数国家的政府,即使领导人是民选领袖,而不是世袭的或是由军队或独裁统治强加的。例如,美国有一个竞选系统,候选人在经过激烈的拉票和自我推销之后,由主要政党根据州投票的结果选出总统候选人。这些竞选活动的成本是巨大的,只有那些拥有非常可观的财富的人才有可能获得足够的媒体报道来吸引追随者。公共记录公布了候选人个人财富的大致数字以及他们吸引的额外竞选资金。

从数据来看,竞选活动中的幸存者是千万富翁甚至亿万富翁的情况并不罕见,这种财富水平可能是继承来的或从事大型商业活动的结果。这很可能表现出一种积极而有力的个性,但这无疑表明他们极有可能认识不到大多数国民的生活状况。另一个问题是,竞选活动所需的个人性格并不能必然保证他们与领导国家所需的政治家风度相匹配。这种竞选过程的另一个负面特征是,它大大降低了女性或少数族裔候选人参选的可能性。

口诛笔伐很容易,但找到更好的路线来选择领导者和政府,并实施这一路线,对任何相对民主的体系都是一个相当大的挑战。

前进的道路

在本章中,我将重点放在拒绝认知以及随之而来的未能学习新想法或未能认识和理解事实证据的问题上。我们目前根深蒂固的态度仍存在不利因素,虽然如果这些不利因素产生的结果是谨言慎行,则不愿意盲目转向新方向是明智的。然而,拒绝新观点的原则意味着我们的知识有限,而且观点盲目。因此,如果我们要从技术进步中受益,就需要对更广泛的信息基础加以理解。在某种程度上,这一定比为掌控各国发展方向的各国领导人提供的现有培训更加科学。不幸的是,科学目前被贬低,即使在许多主要国家也是如此。这一事实并不协调,因为发达国家完全依赖科学来处理通信、电力、物资、食品保健和军备等各方面的问题。如果没有生物学、化学、地质学、数学、物理学、动物学等各种学科的知识,我们将完全无法真实地从全球视角看到当前技术的阴暗面是如何通过消耗自然资源、产生多种污染物和无情地导致其他物种灭绝来改变地球的面貌。

气候变化已经被无休止地讨论,现在人们已经认识到天气模式改变的一些方面(例如更强烈的风暴),即使是那些在政治上或经济上反对其可能性的人也认识到了,特别是如果这会影响他们的利益的话。实际上,尽管举行了许多专业会议和全球会议,但是我们为减少未来不良气候影响采取的行动很少。事实上,一些污染源,例如航空和航运,都没有考虑到,尽管这些是造成污染的巨大因素。我们需要在观念和认识方面进行重大转变,这将需要一代或更长时间。第七章引用了卡森在 1962 年的著作《寂静的春天》。她的信息很明确,而且被广泛认为是真实的,但是半个世纪后,同样的问题仍然存在(尽管通常已采用了更新型的化学品和工艺)。

地球或许可以支撑正在阅读本书的大部分发达国家人们的生活，但绝对不能确定在一代或两代以内还会维持同样的情况。

我的希望是，我们可以获得知识，传播知识，让知识得到人们足够的重视，使人们采取行动，确保人类能够长期生存。这一问题的关键在于责任感，在于理解支持我们技术的科学。教育的这一方面需要深深扎根于我们未来的领导者，因为技术远比过去文明的经典著作更为重要。我对后者之所以持批评态度，并不是因为我是一位科学家，而是因为我们似乎从历史记录中学的知识太少，学得太慢。事实上，早期文明的许多例子都没有证明"文明"这个词的合理性，因为早期文明的基础是奴隶制和战争，而支持奴隶制和战争的是迷信和各个宗教之间排除异己的思想。

我希望我们能够专注于教育，以便使我们对新思想的恐慌反应更加理性和可衡量。如果取得成功，我们就应该向全球互动型社会迈进，学习如何停止为了自己的愉悦和物质利益开发和破坏资源，并开始为子孙后代思考。这种态度转变的困难存在于社会各阶层。这种转变不会在一夜之间就发生，但它是极其重要的。

第十五章

后见之明、远见卓识、激进建议和一线希望

文明和我们对技术的依赖

在最后一章中,我将从先前评论中获得的后见之明开始,总结一些关键问题,然后尝试提出不远的将来所需的远见卓识。前面的章节基于事实数据,在这里则需要提供建议和想法,即使它们稍显激进。我的主要关注点以及要传达的整体信息是,我们不仅容易受到自然灾害的影响,而且由于技术的原因,我们越来越可能从以前无关紧要的自然事件中遭受损失。令人非常担心的是,我们已经并且仍然在以导致我们自己灭绝的方式开采和摧毁地球的资源。首先要考虑三种类型的挑战。对于第一类,例如大型流星撞击,这类事件是我们无法控制的,不过非常罕见。一旦发生,我们(即所有生命)可能会灭绝。所以我会忽略第一类,因为有更多可能的突发事件,我们可以做一些有用的准备工作。

第二类自然事件(例如太阳黑子和耀斑)什么时候发生也是不可预测的,但是它们是常规事件,有可能对人类造成巨大的损害。如果我们有意愿和动力,那么应该计划好并做好可以最大限度地减少其影响的防御措施。大型太阳黑子什么时间会再度来袭是不可预测的,但是从

先前记录的事件中可以肯定,在本世纪可能会发生一次严重的太阳黑子爆发。

我们在这里的选择是明确的。立即准备不会花费过高,而且从技术上讲准备工作是可行的。应急准备工作应该使发达国家能够减少死亡人数,在连续性爆发的情况下生存下来。无所作为和未能进行计划并准备替代方案将意味着会遭受不可承受的损失,诸如电网崩溃、卫星通信崩溃或两者兼而有之。这些可能会破坏许多技术先进的社会。唯一略微积极的结果是,处于不发达社会的人们可能会幸存下来。人类的延续性将成为他们的责任,但世界经济的变化将引发全球文明倒退。

最后关注的是目前对地球资源的保护,以及我们对陆地、海洋和大气的持续污染再加上迅速扩大的人口规模。虽然我们对这种情况的所有消极方面负有全部责任,但是我们似乎不愿意承认它们的存在。尽管我们迫切需要阻止环境污染进一步加剧,并有许多讨论和建议,但是很少付诸实践。我们可能仍然能够阻止(也有可能阻止不了)甚至逆转正在产生的一些破坏。如果我们这一代人还不采取行动,必然会导致文明的崩溃,甚至人类的崩溃。

一位传统学者可能会把技术的阴暗面比作释放了许多魔鬼的潘多拉魔盒。这个比喻非常贴切,因为我们在不了解未来结果的情况下开始了技术进步。如果不对技术加以限制,只为盈利而不关心后果,那么我们注定要失败。尽管如此,潘多拉发现的这个盒子里还有一项:希望。这同样适用于我们控制技术后果的尝试。这是一个非常小而脆弱的因素,因为它要求我们采取符合全球普遍利益的行动,而不仅仅是为了本地的富裕和生活便利。我们必须通过积极和直接的无私行动承担起保护人类和地球资源及其他生物的责任。我们小小的希望在一些领域已经成长变大了,因为近年来我们至少攻克了一些较简单、不那么有争议的问题。例如,原子武器的长期缺点得到了公认(但也没有阻止各国试图建造原子武器来展示各国的实力）；石棉正逐渐被淘汰；已经阻止了氟氯碳化物污染，以便臭氧层空洞可以恢复，使高层大气中的臭氧层得以改造，继续提供紫外线防护；我们认识到了除草剂等的许多污染和影响，至少有些国家已经努力限制除草剂的使用。希望确实存在，但需要在关键学科领域得到鼓励并付诸行动，加上施行一些鼓励机制，使我们从关心消费和商业利润转向关心地球，这不仅是为了现在，也是为了子孙后代。

以下段落讨论的领域虽然危险但恢复快，我们可以在这些领域产生一些影响，采取行动。接下来是关于改变人类行为的更基本的建议。如果不能改变人类行为，可能意味着人类的灭绝，因此有充分的动机去考虑为什么需要改变人类行为。

关于太阳辐射和现代技术的后见之明

地球两极附近流光溢彩的极光，已经从美丽的光影变为对现代电子系统的潜在威胁。正常的极光是来自太阳随机射出的高能粒子，被地球的磁场俘获在大气层中。极光发生在广阔的大气层中，代表着数百兆瓦的电力。人类面临的危险是，太阳黑子发出的粒子是有方向性的，其强度远远大于一般的背景辐射。太阳离我们大约 15 000 万千米，随机背景辐射和定向粒子束之间的能量差异大约是 5 万倍。此外，太阳黑子能量可以是正常表面发射能量的 1 万倍。如果能量脉冲恰好朝向地球，那么来自太阳黑子的光束可以向极光电磁风暴提供数百万倍的能量。这将危及电子通信、电网网络，以及发达国家期望拥有的所有相关服务。一个通俗的比喻是老式灯泡的光强度与高度定向的脉冲激光的区别：前者很有用，后者会非常明亮，而且会造成不可逆转的伤害。

在通常情况下,高风险国家处于较高纬度地区,特别是在极地地区,但真正的强烈极光活动远在古巴南部都可以看见。因此,即使是规模有限的太阳黑子和太阳耀斑也会使以下地区可以观测到极光:南部地中海、整个欧洲、加拿大、美国北部、日本、中国北方等,他们将处于太阳耀斑、太阳黑子灾难的前线。此外,主要大都市的持续电力故障将同样具有破坏性。卫星一旦崩溃意味着非常长期的全球后果。

恢复当地设施将很困难。美国对中型太阳耀斑爆发后果的预测是,电网至少会在一个月内失效,但可能延续至数年。我认为该报告包含政治粉饰,是为了尽量减少公众关注或恐慌,因为它低估了灾难的规模。即使一个月的电力和通信损失也可能导致高死亡人数(以百万计),令整个社会陷入混乱,特别是如果事件发生在冬季,因为在模型中只假设美国北部各州受到影响,假设的前提是该国其他地区可以立即支援食物、电力和服务。

对于太阳耀斑事件的预警是必不可少的,因为它们肯定会发生,从统计学上来说,在相对不久的将来可能会出现真正的大型爆发。现在的设计和投资可能无法完全解决问题,但是应该可以做到避免相关地区崩溃。此外,保护措施可以最大限度地减少试图触发类似结果的恐怖袭击。

太阳辐射事件的第二个方面,是用于通信的电子系统远不如高等级、高功率的电力网那么强大。当地的通信网络极有可能遭到破坏。通信涉及卫星,即使它们在高功率定向日冕物质抛射期间暂时停用,它们的电子电路也可能被破坏或者无法重新激活它们。这个弱点完全可以归因于技术。因此,对于这种可能性,我们的前瞻性规划中需要有独立于卫星的替代通信系统。尽管卫星的运转表现非常出色,但我们还是不能将所有鸡蛋放在一个篮子里。

其他计划应当包括一些方法,可以实现覆盖正常光纤互联网活动、阻止所有非关键用途以防止过载。尤其是在这样一场危机之际,人们将疯狂地尝试沟通。从技术上讲,互联网控制是可行的,但需要作好立即行动的准备。不幸的是,由于存在这种可能性,人们怀疑许多国家和恐怖组织已经在试验他们是否可以控制互联网流量,以便出于政治或商业原因破坏互联网通信。

卫星通信非常成功,还有更多的卫星正在发射,这将在几十年后引发问题。卫星寿命有限,一旦被摧毁就会分解成许多高能碎片,从而对其他卫星构成威胁。这是一个可预测的问题,可能有时间和动力找到解决方案。已经有成千上万的动能充沛的空间碎片,所以我们预期在大约10年内会发生失控效应。卫星损失可能是不可逆转的,我们的后代也不会再使用卫星技术。我们在卫星运行中也经常表现出远见卓识,国际空间站经常重新定位,以避免碰撞。

然而,需要的是用卫星带上移除碎片的方法。如果移除不了,后代将不能继续使用卫星通信。这是一个需要想象力的技术挑战。我觉得这个问题的解决方案比目前认可的许多更深奥的研究更值得获诺贝尔奖。这个观点可能会引发争议,但是没有解决方案将无法在其他领域取得进展。因此,这一问题在科学界的地位应该提高。

关于技术驱动的灾害导致发达国家(以及超大型都市)崩溃的任何讨论,更复杂的潜台词,是对世界其他地区的影响可能会很小。我个人觉得这是非常令人担忧的,因为从各种政治或宗教观点来看,先进社会的崩溃可能会受到欢迎,它可能是由仅使用现代、现有技术技能的有意识的行为引发。不幸的是,目前新型恐怖主义的例子加强了我的论点。恐怖主义分子可以堵塞通道,最近已有一些试图超载特定互联网网站的例子。这些活动时间短暂,但我怀疑它们只是在进行小规模试验。

我们能够控制的相关技术的话题

除了文明崩溃的外部原因之外,还有许多阴险的想法正在破坏人类的未来。它们虽然只是悄然发生,但并不意味着我们可以放松警惕,因为在许多情况下无法扭转它们,至多只能减小负面影响。这一类重申的主题中包括人们对自然资源的无节制使用、粮食生产、医疗保健中自我引发的失败,以及人口膨胀这个凌驾一切之上的问题(该问题也使其他问题变得更加严重)等问题。

如果这些是关键问题,那么人们就会想知道为什么人们还没有采取更多的行动,或者为什么只有少数人在讨论和反对过度行为,而这些人由于人数太少,会被视为怪异而非理性。事实上,我们更倾向于拒绝年轻、穿着随意、留着胡须的环保主义者的观点,而不会拒绝一个穿着考究的成熟企业家。此外,大多数人都对世界事务有狭隘的看法,所以只会集中精力解决当地问题,而不会考虑我们行为的长期影响。

正如我所说的那样,人们沉迷于物质商品和利润,因此,我们想要新玩具、新食品、更多的旅行、更好的医疗保健,但花费要更低。人们认为可以继续沿着这条路走的唯一途径就是扩大市场(即人口增长)。目前商业策略的一部分是引诱同辈抛弃旧物品,并不断丢弃还能用的物品,以便用更时尚的新物品取而代之。这种浪费也适用于从未食用过的大量食品。人们想要更低的生产成本,低成本生产总是通过欠发达国家劳工的低工资(相当于现代奴隶制)来实现的。我们还需要更多的电力和矿物(通过消耗矿山、森林和自然资源)和过剩的食物(过度农业种植和过度捕捞)。由于这种行为导致我们不重视健康和教育,因此,也希望有更多的医疗服务来解决我们自己惹出来的问题。

凭借知识和理解,我们或许能够改变这种根深蒂固的态度,寻求一个全新的人类行为世代,理想的新方法可能会使社会财富重新分配,摆脱目前许多国家 95% 的财富由 5% 的人掌控的状态。这种模式降低了财富的多样性,2016 年来自乐施会的传单说,62 个人与世界一半人口拥有同样多的财富(即 62 个人与 36 亿个人相比)。

这里我故意选择了"世代"(epoch)这个词。人们最近对地球的技术影响已经足够巨大,国际地层学委员会提出人们已经进入了一个新的地质时代,他们希望将其称为人类世。按传统地质学,目前人们处于全新世。他们主张使用新名称的原因是,我们人类已经作出了不可逆转的变化,未来的地质学家将把"人类"作为这个全新世/人类世的标志,这将伴随着第六次大规模物种灭绝,其中至少有四分之三的物种将灭绝。除非人们足够聪明并作出明智的改变,否则人类可能也是被灭绝的物种之一。

另一种选择是,我们在沿着人科链的行为和进展中向一个新的变体迈出了进化的一步。尽管我们有更多的骨骼和原始人的信息(例如尼安德特人或丹尼索万人),但大多数早期的人科分支成员只留下了它们存在的零碎证据。林奈(Carl Linnaeus)在 1758 年更新了物种的名称,并添加了 Sapiens(现代人),称我们为智人(Homo Sapiens)。但那是在工业革命之前,从当时获取的知识来看,工业革命后的人被称作智人可能稍微合理一些。然而,新世代的新名称似乎是合理的,但它必须与全球化的思维方式相匹配,这种思维方式保护了地球、资源和物种。这些人类未来后代的潜在缩写可以来自"充满关怀和科学的人类",因为"充满关怀和科学的人类"会吸引政治家和工业家,而且这个名称并没有被困在古老的语言中。

远见、资源、食物

生态学家的关键词是可持续性。这并不意味着只种植我们自己的食物,而是以不消耗资源的方式使用农业、渔业、土地和矿产资源。它可能导致较小的利润和较少的食物,但是在一个改善健康的新世界模式中,通过我们自己的努力减少肥胖、有勇气抵御煽动性营销、避免浪费、节约食物,较小的利润和生产可能确实是适宜的。现在各种作物中有一半到四分之三从未被吃掉,因此在发达国家,有很大的节约余地。看一下现有的工资范围(英语中对"工资"的多种称谓就意味着把人划分成各个阶层),在较大的公司中,从上层高管到底层员工,工资差别在20倍或更大的并不少见。在全球范围内,收入更加多样化。特别是对于高端消费者而言,降低购买力不会影响他们的生活质量,但能节省宝贵的资源。

目前与食品生产有关的是人造化学品、专门的生长激素、肥料、除草剂、抗生素和药品的巨大投入,以及最近培育转基因生物的努力,以便动植物能够抵抗特定疾病(例如成功抵御呼吸系统疾病的猪)。所有投入都费用高昂,而且即使在美国,食品药品监督管理局也常常控制不力。例如在2013年,他们要求制药公司不要仅仅为促进动物生长而出售抗生素。这似乎非常幼稚,因为动物个头增大是有利可图的,因此行业的自我监管将受到蔑视。过量药物持续存在于我们的食物链中的事实,是非常不可取的,而且这促使动物对抗生素的抗药性增强。

总的来说,这种短期利益可能看起来令人鼓舞并在新闻报道中获得好声誉,但是这些方法隐藏的许多阴暗面几乎没有浮出水面。我们食用产品,然后已经有足够多的案例记录证明随后的反应、可导致的疾病以及对人类具有永久性遗传效应的突变,对此我们应该非常谨慎和深切关注,这些都是全新的科学领域。

从历史上看,几千年前通过运河浇灌肥沃的新月地带似乎是一个好主意,但最终导致土地盐碱化,作物产量降低和永久性损害。其背后的科学道理是粗浅的。现代科学令人难以置信地更为复杂,这意味着

即使科学的一小部分要充分理解也是相当困难的,而且由于我们观察
的角度过于狭隘,隐藏在其背后的长期损害更是长期而复杂的。

如果我们关心后代,减少过度开发是必不可少的,即使短期利益会
减少。不幸的是,药物驱动的动物个头改善和对特定疾病的抵抗力,可
能不仅仅导致我们在进食后变异成更胖的人。电影和书籍情节还设想
了其他可能出现的不可预测的副作用——从超级恶棍到超级英雄的特
征,甚至普遍不育。在这个例子中,唯一安全的方法是不使用任何可能
具有导致突变的药物,但是如果发生的一些变化直到两代或更多代后
才会出现,那么当代人认识到这种可能性是非常困难的(最近动物研究
表明橙剂的危害直到第四代才显现出来)。

唯一的解决方案似乎是尽量减少食物链中任何物品的所有遗传改
变,但在许多情况下,这是一个非常糟糕的策略。例如,通过山羊的基
因工程,山羊奶可以含有抗菌蛋白溶菌酶,这种酶存在于人乳中,在预
防腹泻方面非常有效。对于许多贫穷国家来说,这是一个神话般的进
步,因为目前每年约有 80 万儿童死于腹泻(即每 9 个小孩就有 1 个死
于腹泻)。不过由于法律现在还不允许出售这种基因改良的山羊奶,儿
童死亡的悲剧还在继续。不幸的是,这一解决方案不会带来大量商业
利润,否则会有更大动机去采用它。

健康产业

在 20 世纪,生物学和医学、药物开发和新手术技术取得了巨大进
步。在各个可以想象的领域出现了大量药物、治疗设备和专业知识。
因此,毫无疑问,人类会从许多进步中受益,但是我们现在讨论阴暗面,
所以我会提醒你其他因素。

几乎所有国家的预期寿命都在增加,而不仅仅是那些拥有高度医

疗技术和完善医疗机构的国家。花费最多的美国的预期寿命在世界上仅排在第 34 位(男性)和第 36 位(女性)。拥有免费医疗服务的英国在第 20 位和第 25 位,略胜一筹。但是这两个例子都表明,医疗保健方面的高支出并不一定等同于长寿。的确,这些数字可能会被我们维持名义上生命的能力所扭曲,而这些患者实际上可能不希望在身体或精神方面无法忍受的条件下生存。富裕国家国民的寿命更易延长。预期寿命取决于收入、生活方式和教育,因此同一个国家内也会有很强的地域差异和社会差异。

英国和美国有超过 100 万人患有阿尔茨海默病和痴呆等疾病,这一数字每年都在增加。在这个年龄段的另一端,美国第一次一代人的健康程度和运动能力比起父母同年龄段时要差。与肥胖有关的疾病发病数仍在增加。至少在英国,一项有力的反吸烟运动使以前因吸烟而出现的癌症和其他疾病明显减少。与此相关的教育成本远低于国家的医疗费用(以及患者及其家属的痛苦)。因此,这种类型的政治行动是有效的,应以更大的热情开展,因为政治人物可以看到开支在降低。在癌症和肥胖等领域,更好的自我保健和有远见的好处是显而易见的,因为三分之一到三分之二的病例是吸烟、酗酒、吸毒、暴饮暴食等行为导致的。

由于引发各种疾病的细菌和病毒发生变异并存活下来,因此只能研制出更多抗生素和其他药物。这是医生应该尽量减少因患者要求而开出治疗药物的一个重要原因。同样,对动物和农产品的处理应该更有针对性,药物和化肥能不用就不用。我们开发新药的速度永远赶不上细菌和疾病突变的速度。我们还必须认识到,医疗保健在各个层面都很昂贵,从治疗到设施、技术人员、药物和设备。虽然国家内部和国家之间的质量和成本差别很大,但利润很大,销售和营销工作回报也很丰厚。宣传很少集中在我们通过改变生活方式可以轻松实现的改进

上。宣传工作当然是有效的,因为有许多自助团体在减少酗酒、吸毒和
合理处理与他人的关系等方面提供了很大的帮助。因此,在新的人类
世,要使人类更好,合乎逻辑的进步是将更多的医疗预算花在教育人们
如何形成健康生活的生活方式上,鼓励体育锻炼,避免暴饮暴食、吸毒、
酗酒等过激行为。人类在这些领域会取得一些成功,因为在政治上,这
将成为每个地区可衡量和可量化的一个记录。它也可能使国家更健
康、更协调、更幸福,唯一的缺点可能是因为生活质量提高带来人口
增加。

世界人口减少的好处

我所罗列的需要立即解决的全球问题清单上的最后一项,是人口
的迅速增加。目前总数约 70 亿,但数字具有欺骗性,因为在富裕国家
的贫困人群和欠发达国家的较贫困地区中,人口数量迅速增加。预测
各不相同,但合理的估计是到 2050 年为 100 亿,到 2100 年为 150 亿—
300 亿。因此,降低增长率、在理想情况下减少人口总量,必须成为全球
优先事项,否则将导致整个地球缺乏粮食和资源。人口不削减,就会发
生不可持续的局面,有可能在 2050 年之前就会出现瘟疫和全球战争。
更悲观的估计是人口的增长速度将会更快,因此冲突将很快发生。

近期世界人口的变化规模是,在 1990 —2010 年间,尼日利亚人口
增加了 62%,巴基斯坦增加了 55%,孟加拉国增加了 42%。印度或美国
等国家虽然比较发达但增长幅度也非常大。其他国家最初可能看起来
更稳定,但这些数字可能会产生误导。例如,如果每年增长 3%,增长率
看起来不是很高,但对于我们这些需要简单数学提示的人来说,基本概
念是每年 3% 的增长率会使人口在 25 年内翻倍。对于一些国家来说,
3% 的增加可能是由于战争地区流离失所者外迁,或气候变化和作物歉

收而发生饥荒造成的大规模人口迁移所致。还有一些有意识的移民行动，以改变小国的政治或宗教平衡。一些宗教团体公开提出这种策略，他们希望改变小国的法律和精神——通过高出生率和移民，使外来人口超过原东道国人口。

小的人口变化可以导致高幅度的长期增长。为了方便理解"加倍"的意义，可以视为目前的英国人口全部移居到法国或意大利，或任何其他有6000万人口的地区。这不仅仅是一个数字问题，而是在这个规模上，问题是文化背景多元化，移民不能也不愿意被东道国同化或学习东道国的语言，这两个因素都是政治动荡的基本原因。

这是人们从早期文明历史中可以学到的最明显的教训之一。例子虽然是针对英国的，但同样也适用于其他地方。在美国，从国家的角度思考可能更简单，尤其是现在有几种语言在使用，这具有多元文化。对于一个共同的社会，使用两种语言的能力不是问题而是奖励。事实上，人类正在积极尝试保留即将消亡的原始母语，因为有大约240万人认为自己是美国印第安人或阿拉斯加原住民。

全球需要协调步骤，一致努力控制人口。受教育程度较高的地区肯定能做到自我监管，而且家庭规模较小，但是减少人口数量是一项国家基本政策，或许迄今为止只有中国严肃地大规模推进每个家庭不超过一个孩子的政策。政策相当有效，但不适用于世界所有地区。这项为期30年的试验表明，人口减少与经济扩张并不兼容。在社会方面，困难在于有四个祖父母和两个父母，孤独的后代经常被宠坏（称之为小皇帝现象）。这一政策的后果是，当老一代人随着年龄的增长需要帮助和照顾时，那么一个人需要照顾6个老人。因此，我认为生育限制将提高到两个孩子（尽管可能突然出现人口飙升）。这可能是稳定的上限。

这种强制执行的政策在世界某些地区阻力很大，但控制生育的后果远不如目前不受控制（或故意鼓励）的人口爆炸造成的后果更具灾难性。理想情况下,目标应该是以可控方式**减少**世界人口,而不是通过战争、饥荒或疾病。不仅要减缓世界人口增长,还要减少世界人口,因为应该拥有足够的可持续资源来维持每个人的高质量生活。这显然是一个非常理想化的目标,需要所有国家和政治领袖的努力才能朝着这个方向前进。认识到问题紧迫性的政治家和公众应该尽快制订并实施必要的步骤。

潘多拉魔盒中也有一线希望。因此,人们应该引用这样一个事实:在大多数大陆,自1950年以来总体生育率(即每个女性出生的孩子数量)已经下降。许多宗教团体反对生育控制和避孕(历史上天主教徒和穆斯林这么规定过)。尽管有其宗教背景,突尼斯仍脱颖而出,成为成功的一线希望。1957年,突尼斯的第一任总统哈比卜·布尔吉巴(Habib Bourguiba)保证妇女完全公民身份,享有基础教育权和投票权。他还禁止一夫多妻制,提高了最低结婚年龄,并允许女性离婚。后来还提供了避孕药具。这些因素的综合作用使初始生育率从约7%降至约2.5%。同时该国的经济也迅猛增长。因此,如果有政治意愿,改变是可实现的。

激发人类态度大逆转的主意

我们的挑战不仅仅是保护资源,降低出生率和减少总人口,还要试图改变我们人性中固有的侵略性和破坏性。作为一个物种,人类有长期的部落、民族主义、宗教和政治分裂的历史,它们产生了仇恨、不包容、压迫和战争。因此,我提出的关于改变人类行为方式的建议,将面临极大的困难!可以想象人类行为方式不会改变,并在50或100年内将自我毁灭。这将是一个遗憾,因为至少在这个星球上,我们似乎是迄今为止存在的最聪明的物种。

世界是由领袖们引导的,其余大部分人盲从主流。因此,要想作出改变,领导者和大多数人需要接受良好的教育,不仅要认清本地问题而且还要看清全球问题。按照目前政府运作的方式,这意味着我们需要摆脱政党政治的简单化思维。相反,需要为我们自己的国家和整个世界设立共同目标。现实情况是我们的经济已经全球化,因此所有解决方案必须从全球生存、全球可持续性和全球福利的角度考虑。

只喊空话是不够的,需要切实改变传统的思维模式,专注于这个新方向。因此,一个激进的想法是,重新规定地方议会、议会参议院和国会以及联合国的运作方式。因此,这是一个非常简单、技术上可行的建议,会破坏党派政治分歧和单独竞争团队的固有利益,而不会损害整体利益。部落遗传倾向于分裂系统,就像在体育赛事、街头骚乱和军队服役中一样,我们愿意站在某一边。但一旦这样做,如果我们与一群具有类似目标的人在一起,那么我们的行为将失去理智。这种暴民统治态度会破坏生产力,所以如果能够破除暴民统治态度,社会就会有进展。

技术和政治排座方案

英国选举国会议员有一个比较公平的投票制度。需要提醒的是,邮寄投票和代理投票可能完全由同事或当地的家庭或宗教领袖执行。民主选举的第二个缺点是,虽然每个人都有投票权,但是选民有可能不了解他们投票的内容。这一点意味着需要拥有受过良好教育的选民。一旦当选,只有极少数的代表参加辩论。这些人数与那些在建筑物中(以及其他地方)听到投票通告铃声的人的数量相去甚远。还有那些根据政党的要求亲自投票的人,他们对投票的决定肯定与辩论中可能进行的任何讨论无关。如果选民不同意他们的党派,如果这对他们的政治生涯不利,他们就不太可能提出自己或者大多选民的意见。很少有投票被定义为"自由投票",而情况可能始终如此。在地方议会会议上也是如此,每个政党都举办一个预先理事会会议来决定他们将就不同议题如何投票。理事会会议内的"辩论"只是掩饰。

对于重大议题(政治领导人认为重大的议题),由于众议院场地有限,我们会听到一些令人难以置信的可怜的在学校操场上双方互相叫嚷式的抗议。这根本算不上辩论,但只是喋喋不休地传达着"我们是最好的,你错了!"的信息。我们接收到的最重要的信息是,如果双方仅仅是以某种方式诋毁对方,那么内容是无关紧要的。由于领导成员通常有相似的背景,因此在很多问题上,根本分不清他们谁左谁右。的确,如果他们想要表现得像独立的正常人,他们就不会在每个问题上都与他们的党完全妥协。

就此,一个小小的技术变革将是每个成员在进入房间时亮出身份证,在随机座位生成器上刷一下,然后他们必须坐在规定席位。幼稚的对抗性呐喊比赛将非常困难,因为相邻席位可能会持完全混合的意见。原来面对面的两侧之间留一个空间,最初设计用于叫停战斗(就像把剑挂在室外一样),如今这有没有也无所谓了。这个概念不仅限于面对面的议会,而且可以同样适用于其他集会的半圆桌座位,如美国参议院和国会,或联合国(可能还有其他所有国民议会)。

这将淹没对方团队和暴民的统治特征,而且人们只关注正在解决的问题。如果你和你的反对派坐在一起,你很难对他们完全反感。有不同意见是好事,事实上很多问题缺乏一个简单明确的解决方案,所尝试的方案因政治直觉不同而各异,但成员不会再将失败归咎于另一方的政策(在我的排座系统中不存在"另一方")。

第二项技术(针对英国)是免除钟系统(包括当地酒吧中的任何一座钟),但是当要进行投票时,必须在由计算机随机分配的座位上进行,分配到该席位的人(即参加辩论的人)只有指定的座位才会有一个可以激活的三键投票系统。对于其他座位,按钮将不起作用。三个选项是赞成、反对和弃权。投票完全秘密,所以投票将反映真正的意见,而不是由鞭子强迫。投弃权票对于那些不同意其政见的人来说可能是有价值的,但对于在一个重大问题上投反对票的人来说价值不大。

这并不能解决所有政治问题,因为通常没有符合法律和政治行动完全有效的解决方案。尽管如此,随机座位将迫使采用一种非常不同的辩论方式,这可能更加合理,并阻止目前所见到的对抗性垃圾辩论。它将标准从关注地方政治升级到关注国家和全球问题。对抗性政治抑制了对有利于国家利益的关注。

男女完全平等的好处

在教育水平较高的地区、地域和国家,进步、理解和宽容得到极大改善。教学重点可能有所不同,但成功系统的定义是鼓励并使人们作出理性决定。即使决定与多数人不同。在一个人们受到良好教育的社会,异议不应受罚。这种想法很无私,但很少发生。即使在地位较高的社会阶层,女性想接受与男性相同的教育水平也是特别难实现的。在职业、工作机会和薪酬方面的待遇,女性肯定与男性不同,罕见的例外有效地强调了这种差异。这种情形下,常常未被认识到的特征是,受损失的不仅仅是女性,而是整个国家。

人类历史上的许多社会已经表现出并且继续表现出对妇女的野蛮态度和非正常对待。她们被剥夺了接受教育的权利,如果男女做出同样被认为是非法的行为,同一社会中的男子不会受任何惩罚而女性会受到严重的惩罚。她们完全被视为一个不同的物种,没有享受任何应该给予她们的权利。目前的新闻节目、电视和其他媒体每天都会举出这些令人憎恶的例子。

人们会轻易说,这常常是宗教教育的推动所致,但显然这更大程度上基于人们的行为,从地域、国家和信仰的历史中很容易找到例子。直接反对对妇女的迫害是很困难的,特别是如果它受到宗教的约束。因为任何批评都被认为是干扰,反而会加剧这种情况。因此,更有成效的方法是询问社会因边缘化女性而失去了什么。这个问题甚至适用于像英国这样的社会,在这个社会中只口头上承诺女性平等和给女性投票权,但在许多职业中,女性的代表性严重不足,她们的工资也较低。

随着对知识的需求、对技能和智力利用的持续关注,以建立强大和富裕的社会,任何忽视或贬低一半人口的社会机制将远远低于其实际潜力。事实上,未能让女性接受教育并让她们获得平等机会比将潜在知识和智力减少一半要严重得多。儿童严重依赖于他们在最早的生命形成阶段所学到的态度、信息和技能。他们主要的互动对象是母亲(和祖父母),所以如果母亲没有受过教育,那么所有儿童(男孩和女孩)的精神发育注定要远远低于其真正的潜力。在头几个月和几年内未能经常在精神方面影响儿童将造成不可逆转的损失。

丈夫和妻子的关系也是如此,因为两者都需要精神上互相激励,这只有在具有相当的教育水准时才可行。因此,女性和男性同样接受高水平教育是国家必不可少的,即使他们都不选择进入普通劳动力队伍。

在妇女教育方面任何失败的政治领导,无论是世俗的还是宗教的,在其国家的发展和经济增长方面也必定是失败的。发达国家的经济严重依赖技术技能,认识到可以使其国家的经济和文化地位翻倍,进而采取行动的领导人将受到他们国家人民的欢迎,并被后代视为英雄。

在早期的历史时期,男性的优越体力在狩猎和体力劳动方面特别有价值,但现在这在大多数活动中都无关紧要。例如,在战争中,复杂的设备很少依赖于物理强度,而是需要理解和控制电子设备(例如,年轻女性操控导弹和无人机时可以像成年男子一样精准地瞄准和操作)。

在平民角色中,很高比例的男性从事需要基于计算机或文化技能的办公室工作,或者工作在由机械提供动力的地方。对于这样的任务,男人和女人同样适合。事实上,正如20世纪的两次世界大战所表明的那样,即使在男性奔赴战场后,女性在手工工厂和农业劳作方面也完全胜任。更为脆弱的可能性是,国家高级管理层中女性的高度集中,可能意味着人类历史上最近几千年来男性垄断地位的降低。

男女在工作机会、工资和教育方面平等的逻辑和价值是显而易见的,性别平等与哪些国家是当前世界主要成功国家之间存在相关性。尽管对于主要国家来说,存在一种渐进的趋势,使妇女能够进入任何职业或行业,而且肯定会通过该系统进入工业和政治的关键岗位,但真正的平等尚不存在。自满还为时尚早。对那些妇女被低估的国家进行鼓励和督促仍然是一项紧迫的社会和政治优先任务。

教育和妇女平等的最后一个非常积极的方面是,在男女平等的国家,出生率明显下降,健康状况以及寿命显著改善。

战争引发的教育灾难

未能从妇女的技能和智慧中受益往往是宗教引起的问题,如果男性人口受教育程度低,情况会变得更糟。这意味着知识被勇猛刚毅所取代,随之而来的是对所有人的侵略。从历史上看,有许多知识被刻意压制,愈演愈烈导致军事行动的案例,如早期的欧洲野蛮人,或横行亚洲的入侵者,或十字军和殖民主义者的屠戮行径。

然而,我们似乎没有勇气因前线部队的野蛮态度,或者使用酷刑而批评他们,尽管这些行为在许多名义上称为文明社会的现代军队中受到鼓励。我认为我们应该反对这种训练,不仅是出于道德原因,还因为将来军人回归正常社会会有困难。在军事力量和报效祖国与对人类价值观的破坏之间,找到正确的平衡是一项艰巨的挑战。

在当今世界,有几个国家几十年来一直陷入政治和宗教引发的内战和革命。无论是在全球还是在当地,这都是灾难性的。这意味着整整一代人的受教育程度降为最低,社会不稳定,对杀戮和酷刑文化保持接触。10岁儿童手持武器被灌输杀人理念的电视画面震惊世人。无论这样的战争何时能够结束,都会为这个世界留下不良的遗产,在这个世界里,无知、狭隘和对战争的嗜好普遍存在,而且对于下一代人来说,这种态度将继续存在下去。现代技术使战争很容易发生,其中非常黑暗的一面是对未来世界文明的整个结构造成破坏。

技术的两面性

技术给了我们很高的期望,使得世界人口不断增加,以及不断满足对高标准生活的需求。人类成功的代价是破坏物种和地球大部分区域的地貌以生产食物、开挖矿石和矿物,并为过剩的人口提供水源和电力。我要传达的信息非常清楚,技术给我们带来了巨大的进步和财富,同时也为我们播下自我毁灭的种子。如果不改变这些意图和行动,文明彻底崩溃也不无可能。而且在不久的将来就可能发生。积极而富有希望的观点是,有些人现在认识到了危险并开始采取行动,我们可能有能力防止文明崩溃并创造更好的世界秩序。

尽管有证据表明我们需要作出改变,但必要的行动很可能在政治上和工业上遭到反对或放缓,因为改变可能意味着经济增长的减少,特别是发达国家的经济增长。此外,那些有权力和影响力的人大多是中年政治家和工业家,没有长期的政治参与经历。然而,我们现在需要采取行动,因为替代方案是全球贸易和知识的崩溃,这必然会导致战争、饥荒和疾病。

也许有两种情景可能从我们目前的过激行为中演变而来。首先，自然事件或战争将摧毁我们这些依赖技术生存的人，这意味着发达国家将灭亡。对于我们这些处于有利地位的人来说，这是一个非常坏的消息，但这一结果可能会受到欠发达国家的欢迎，或者发达国家的灭亡的确是由欠发达国家积极引发的。

第二种更糟糕的情况是，技术的阴暗面可能通过参与全球战争导致人类彻底灭绝：使用原子或化学武器，然后是全球饥荒，这些灾难相结合来清除人类。如果发生这种情况，地球将最终再生，新的生物将会进化。也许未来有意识的人，将会发现我们作为一个非常短命的物种存在的痕迹，但他们可能无法意识到我们的科学和技术成就使我们自我毁灭。

我不想以由此而生的悲观情绪结束本书，我喜欢将我们视为是一个有求生欲的聪明物种，因此，通过对自我生成的灾难情景的认知，我们正在采取一些初期的、微小地前进的步骤来承认危险的存在。在认识到错误之后，至少有希望可以尝试纠正这些错误行为。激励我们所有人——从公众到政治家和企业家——有足够的紧迫感去进行全球变革将是艰难的，但必须这样做。我的希望是，认识到这一问题的人应当具有智慧、远见和动力，要积极主动地传播这个信息。

致　谢

　　感谢我的好友古多尔(Angela Goodall),她在我撰写此书的数个版本中不断地付出,或鼎力相助,或提出切中要害的问题,或提出有益的建议,使我受益匪浅。

延伸阅读

我已经提到了一些我喜欢阅读的相关书籍,下面列出了这些书籍。《技术的阴暗面》涉及的范围非常广泛,我当然引用了大量不同的文章,包括《科学美国人》和《新科学家》(*The New Scientist*),以及一般媒体和许多网站中的信息。所有这些都引导我去查阅其他参考资料。我的这本书想要指出,技术不仅有缺点,还有一些非常积极的优点。因此,相同的学科领域可以揭示完全不同的观点。在查找关于各种主题的文章、意见以及媒体项目方面,互联网的搜索引擎非常有价值。我发现来自政府和主要科学资源的更正式的文件特别有用。相比之下,没有进行同行评审的文章相互差异很大。有些传达了大量信息,有些是明显错误的,而在其他方面,个人的政治观点或偏见会掩盖有用的内容。尽管如此,阅读这些网站上的资料对于传播观点和激发想法是有益的。有些文章明显缺乏对科学的基本理解,因此,如果有疑问,要找到确凿的证据。

然而,对于读者特别感兴趣的学科领域,我建议点击进入搜索引擎罗列的多个项目,而不仅仅是在搜索列表的第一页上出现的项目。在第 10 页或第 20 页的信息可能仍然有价值,即使它们没有被大量引用。我非常清楚我自己的科学论文从最少到数百条的引用量,作为作者,我认为论文的质量和重要性与引用数量几乎没有相关性。总的来说,许多人讨论的常规文章引用次数更多,但真正创新的结果和想法在其他人开始研究特定学科之前,经常会长期无人问津。

我提到的书籍如下。请注意大多数都有几个版本。

Carson, Rachel (1962) *Silent Spring*. Houghton Mifflin, USA; reprinted 2002. Mariner Books.

Fraser, Evan and Rimas, Andrew (2010) *Empires of Food*. Random House, London.

Goldacre, Ben (2009) *Bad Science*. Jarper Perennial, London.

Kahneman, Daniel (2011) *Thinking, Fast and Slow*. Farrar, Straus and Giroux, New York.

Hlein, Naomi (2015) *This Changes Everything: Capitalism vs. the Climate*. Penguin, London.

Rees, Martin (2003) *Our Final Century? Will the Human Race Survive the Twenty-first Century?* William Heinemann Ltd, London.

Townsend, Peter（2014）*Sound of Music: The Impact of Technology on Musical Appreciation and Composition*. Amazon Books.

Winston, Robert（2010）*Bad Ideas? An Arresting History of Our Inventions*. Random House, London.

图书在版编目(CIP)数据

技术的阴暗面:人类文明的潜在危机/(英)彼得·汤森著;郭长宇,都志亮译.—上海:上海科技教育出版社,2024.1

(哲人石丛书:珍藏版)

书名原文:The Dark Side of Technology

ISBN 978-7-5428-8102-1

Ⅰ.①技… Ⅱ.①彼… ②郭… ③都… Ⅲ.①科学技术-技术进步-普及读物 Ⅳ.①N1-49

中国国家版本馆CIP数据核字(2023)第251041号

责任编辑	王 洋 伍慧玲 林赵璘	**出版发行**	上海科技教育出版社有限公司
封面设计	肖祥德		(201101 上海市闵行区号景路159弄A座8楼)
版式设计	李梦雪	**印 刷**	启东市人民印刷有限公司
		开 本	720×1000 1/16
技术的阴暗面——人类文明的潜在危机		**印 张**	22
[英]彼得·汤森 著		**版 次**	2024年1月第1版
郭长宇 都志亮 译		**印 次**	2024年1月第1次印刷
姜振寰 校		**书 号**	ISBN 978-7-5428-8102-1/N·1209
		图 字	09-2023-0926号
		定 价	88.00元